Python

自动化办公从入门到精通

让Excel、Word、PPT飞起来

（微课视频版）

龙豪杰◎著

中国水利水电出版社
www.waterpub.com.cn
·北京·

内 容 提 要

本书将易懂好学的 Python 编程语言，与当前使用最广泛的 Office 办公软件进行结合，旨在解决开发人员、职场人士在大批量、自动化处理表格数据、Word 文档数据、PPT 数据展示、邮件的自动化处理、网页的自动化操作等方面的问题，通过 Python 编程实现自动化、智能化、高效化处理办公问题的目标，解放双手，提升工效。

本书具备三大特点：覆盖面广，易学易懂，可操作性强，配视频辅导和案例演练。本书讲解 Python 自动化办公的知识技能覆盖面非常广，不仅仅融合了 Excel 办公软件，而且还融合了我们办公常用的 Word 办公软件、PPT 办公软件、邮件的自动化处理、网页的自动化操作，而市面上的书籍仅对 Excel 办公软件进行了融合；书中配套了微课视频讲解，学习过程中有不懂的地方，直接扫码观看视频即可，方便高效；在讲解 Python 自动化操作 Office 软件、邮箱、网页的时候，配备了相应的案例，这些案例使得我们能迅速达到学以致用的目的。

本书从编程零基础开始学起，主要面向刚步入职场的大学生、渴望提升工作技能的普通办公职场人士、Python 自动化办公方向程序员、Python 编程爱好者。

图书在版编目（CIP）数据

Python自动化办公从入门到精通 ：让Excel、Word、PPT飞起来 ：微课视频版 / 龙豪杰著. -- 北京 ：中国水利水电出版社，2021.3 （2024.8 重印）

ISBN 978-7-5170-9501-9

Ⅰ. ①P… Ⅱ. ①龙… Ⅲ. ①软件工具－程序设计 Ⅳ. ①TP311.561

中国版本图书馆CIP数据核字(2021)第052561号

策划编辑：周春元　　　　责任编辑：杨元泓

书　　名	Python 自动化办公从入门到精通——让 Excel、Word、PPT 飞起来（微课视频版） Python ZIDONGHUA BANGONG CONG RUMEN DAO JINGTONG—RANG Excel, Word, PPT FEI QILAI (WEIKE SHIPIN BAN)
作　　者	龙豪杰　著
出版发行	中国水利水电出版社 （北京市海淀区玉渊潭南路 1 号 D 座　100038） 网址：www.waterpub.com.cn E-mail：mchannel@263.net（答疑） sales@mwr.gov.cn 电话：（010）68545888（营销中心）、82562819（组稿）
经　　售	北京科水图书销售有限公司 电话：（010）68545874、63202643 全国各地新华书店和相关出版物销售网点
排　　版	北京万水电子信息有限公司
印　　刷	三河市鑫金马印装有限公司
规　　格	185mm×240mm　16 开本　19.25 印张　453 千字
版　　次	2021 年 3 月第 1 版　2024 年 8 月第 9 次印刷
印　　数	24001—26000 册
定　　价	68.00 元

前　言

随着科技的发展，办公技能越来越追求智能化、高效化、精准化。作为职场人，我们都会面临各种各样的办公问题：重复性处理数据、机械性整理数据、低效整理文件等，这些问题虽然也能在网上找到一些第三方的软件或者工具来辅助完成，但在网上所花费的查找和测试时间足够来完成任务，得不偿失，并且不能保证每个个性化的问题都能找到对应的解决工具。

试想一下，当我们有一千份 Excel 工作表需要筛选、整理数据，并收集到一个新的工作簿中的时候，你会怎样做？当我们需要将工作表中的数据进行逐条拆分，将每条数据拆分为一个新工作簿，而数据量有一千条的时候，你会怎样做？当我们需要将 Excel 工作表中的数据映射到一千份 Word 模板中的时候，你会怎样做？当我们将一千张图片进行统一加文字、加 logo、抠背景时，你会怎样做？当我们需要根据一千条身份证号统计性别、统计距离当天的生日时间时，你又会怎样做？凡此种种，不得不让我们压力山大，甚至熬夜通宵，即便这样也不能保证所完成的数据能精准无误。

当遇到这些类问题的时候，我们会想假如自己是一名程序员那该多好啊，直接写几行代码，设计一个程序就能辅助我们自动完成任务，完全摆脱这种低效、痛苦、重复的劳动，从而大大节约时间。这几乎是每个职场人都梦寐以求的事情。当然作为一名程序开发者兼职场人，对此我深有体会，所以决心写这本书，目的是可以让职场小白学习之后迅速成为职场达人；可以让没有任何编程经验的学员依然能轻松入门，并真正地用于工作中，提升工效；可以让职场"老人"拥有一项面向未来的办公技能。

Python 自动化办公是处理以上问题最方便、最简洁、最全面、最行之有效的一套方案。目前市面上找不到第二种能像 Python 一样解决办公类问题这么全面、简洁、实用的编程语言。Python 编程语言简洁又不失强大的优点，让越来越多的人对它情有独钟，所以网上有一句流行语叫：人生苦短，我学 Python。

Python 编程语言火，所以市面上有关 Python 编程类的书籍也非常多，但是将 Python 编程和办公 Office 软件进行结合，解决办公类问题的书籍却是凤毛麟角。但在我们工作当中确实会遇到各种各样的办公问题，而这些问题通过常规的办公软件又无法解决。Python 自动化办公能更高效处理并解决这些问题，也是未来办公方向的一项新技能。

本书从编程零基础开始学起，将人人皆可学习的 Python 编程语言与 Office 办公软件 Excel、Word、PPT 相互融合，Office 办公软件是我们职场人办公再熟悉不过的工具了，功能非常强大，但和 Python 编程语言的融合，让 Office 办公软件如虎添翼，针对大批量、重复性的工作，优势非常明显。

Excel 是办公中使用非常频繁的一个表格工具与数据分析图表制作组件，本书讲解了 Python 的第三方库 xlwings 如何操控 Excel 表格，如何批量处理数据，对 Excel 重度使用者来说是非常实用的，可以快速实现办公自动化、智能化的目的，极大减少重复性劳作，解放双手。

Word 也是办公中使用非常频繁的一个文字制作工具，Python 编程与 Word 自动化的融合的使用场景也是非常常见的，主要讲解对 Word 数据的读写操作，表格、图片、文字的格式控制，讲解如何批量处理 Word 数据，且在本书中也会详细讲解 Word 和 Excel 融合操作，将 Excel 中的数据按照 Word 模板批量生成数千份的 Word 文档，编写的程序可以打包生成 exe 可执行文件，在没有 Python 的编辑环境中依然可以正常运行，这就为没有 Python 环境的用户提供了极大的便利，实现一键处理工作问题的目的。

PPT 是日常办公中进行动态展示的综合型工具，我们使用 Python 编程来操作 PPT，对 PPT 进行数据的读写、文字、表格、图片的各项操作，批量处理 PPT 数据。针对于处理大量、重复性的 PPT 数据，Python 编程的优势就突显出来了。

本书不仅重点讲解了 Python 对 Office 办公软件的操作，还将我们日常工作中常用的邮箱进行自动化操作讲解，当工作中来往邮件比较频繁的时候，我们通常会花费大量的精力进行审阅邮件、回复邮件，有时候还会面临批量发送邮件的问题，用 Python 来操作邮箱就变得非常智能化，尤其是对邮件信息的数据处理，对邮件的自动回复，批量自动发送邮件，Python 的优势会发挥得更加明显。

本书还讲解了通过 Python 如何自动化操作网页，使用网页自动化测试库 Selenium，可以对各类网页模拟人工进行自动化操作，让网页的操作也变得智能、自动化。

由于篇幅、时间和作者水平等方面的限制，本书出现的错误在所难免，敬请各位同行专家及读者不吝指教、指正批评，作者的邮箱：longhaojiede@163.com。

编者

2021 年 2 月

目　录

第1章 走进编程世界

本章学习目标

- 了解 Python 语言的发展过程以及 Python 语言的特点。
- 了解在不同系统环境中如何搭建 Python 编程，并熟练掌握在自己计算机系统中安装搭建 Python。
- 了解 Python 中常用的内置函数。

本章先向读者介绍了 Python 的两个版本：Python 2 和 Python 3，以及 Python 语言的特点，再介绍如何在 Windows 系统、OS X 系统、Linux 系统下搭建 Python 编程，最后介绍了 Python 的内置函数，如输入、输出函数等，为之后的学习打好基础。

1.1 搭建编程环境

1.1.1 Python 语言的发展

Python 作为如今的主流编程语言之一，语法精简，入门相对简单，在以后的学习和工作中它将成为我们爱不释手的伙伴。下面我们对 Python 这门语言先有一个初步的了解。Python 目前有两个不同版本：Python 2 和 Python 3，每种编程语言都会随着概念以及技术的不断创新而得以发展，Python 也不例外。Python 2 为早期版本，随着功能的不断丰富和强化，Python 3 版本面世。Python 3 在设计的时候，为了不加入过多的累赘，没有考虑向下相容，因此许多针对早期 Python 版本设计的程序都无法在 Python 3 上正常执行。简单来说，Python 3 不完全兼容 Python 2 的语法。因此，在进行版本选择时，建议选择 Python 3，这样就可以体验功能更加丰富的新版本。

1.1.2 幸运程序之 Hello World

不管是哪种编程语言，输出 Hello World 都将是你学习这门语言所编写的第一个程序，它将是你在编程世界中获得的第一份惊喜。

使用 Python 编写 Hello World 程序，只需要一行代码：

```
print("Hello World")              #print 输出 Hello World
```

程序运行结果如下：

```
Hello World
```

这个程序虽然看起来编写简单，但是如果它能够成功运行，将意味着你的编程环境搭建成功，你所写的每一个 Python 程序都能够在你的系统上正确运行。

1.2 在 Windows 系统中搭建 Python 编程

Python 软件安装和环境配置

1.2.1 Windows 系统版本安装

首先打开 Python 官网（https://www.Python.org/），单击 Downloads 按钮，在下拉列表中选择 Windows 按钮选项，你将会看到 Python 2 和 Python 3 两个版本，此处我们选择 Python 3 选项，你将会看到 Files 列表，然后根据你的计算机是 64 位还是 32 位进行选择下载，如图 1-1 所示。

Files

Version	Operating System	Description	MD5 Sum	File Size	GPG
Gzipped source tarball	Source release		387e63fe42c40a29e3408ce231315516	24151047	SIG
XZ compressed source tarball	Source release		e16df33cd7b58702e57e137f8f5d13e7	18020412	SIG
macOS 64-bit installer	Mac OS X	for OS X 10.9 and later	8464bc5341d3444b2ccad001d88b752b	30231094	SIG
Windows help file	Windows		bf7942cdd74f34aa4f485730a714cc47	8529593	SIG
Windows x86-64 embeddable zip file	Windows	for AMD64/EM64T/x64	c68f60422a0e43dabf54b84a0e92ed6a	8170006	SIG
Windows x86-64 executable installer	Windows	for AMD64/EM64T/x64	12297fb08088d1002f7e93a93fd779c6	27866224	SIG
Windows x86-64 web-based installer	Windows	for AMD64/EM64T/x64	7c382afb4d8faa0a82973e44caf02949	1364112	SIG
Windows x86 embeddable zip file	Windows		910c307f58282aaa88a2e9df38083ed2	7305457	SIG
Windows x86 executable installer	Windows		c3d71a80f518cfba4d038de53bca2734	26781976	SIG
Windows x86 web-based installer	Windows		075a93add0ac3d070b113f71442ace37	1328184	SIG

图 1-1　Python 版本型号

1.2.2 环境变量配置

右击“我的电脑”，选择“属性”选项，找到“高级系统设置”，单击“环境变量”按钮，在系统变量中双击“Path”，打开“编辑系统变量”对话框，找到 Python 中 IDLE 文件位置复制到“变量值”栏中，用分号与现在路径隔开，单击“确定”按钮即可。

接下来要检查配置的环境变量是否正确。按 Windows+R 键，输入 cmd 进入 dos 命令输入 Python 按回车键，如果出现 Python 的版本信息就说明环境变量配置成功，如图 1-2 所示。

```
C:\Users\你好>python
Python 3.7.3 (v3.7.3:ef4ec6ed12, Mar 25 2019, 22:22:05) [MSC v.1916 64 bit (AMD64)] on win32
Type "help", "copyright", "credits" or "license" for more information.
>>>
```

图 1-2　进入 Python 编辑环境

1.2.3　输出第一个 Python 程序

IDLE 是 Python 的集成开发环境，也就是编写软件的开发工具，是一个通过输入文本与程序交互的途径。当安装好 Python 以后，IDLE 就会自动安装，不需要另外去下载安装。

打开 IDLE，可以看到“>>>”提示符，它就是在告诉我们，Python 已经准备就绪，等待输入指令。我们可以在屏幕上显示 Hello World，完成第一个 Python 程序的编写，如图 1-3 所示。

```
>>> print("Hello World")     # 输出：Hello World
Hello World
```

图 1-3　print 输出 Hello World

1.3　在 OS X 系统中搭建 Python 编程

1.3.1　Mac OS 版本安装

Mac OS 系统计算机自带 Python 环境，打开终端，输入 Python，按回车键就能够看到 Python 的版本型号。默认安装的是 Python 2.7 版本，这个 Python 版本主要用于支持系统文件和 XCode，因此在安装新的 Python 3 版本时不要卸载自带的版本。

首先打开 Python 官网（https://www.Python.org/），单击 Downloads 按钮，在下拉列表中选择 Mac OS X 选项，你将会看到 Python 2 和 Python 3 两个版本，此处选择 Python 3 选项，将会看到 Files 列表，然后单击“macOS 64-bit installer”进行下载。

1.3.2　输出第一个 Python 程序

Python 3 安装完成后，打开 IDLE，单击“File”，在下拉列表中选择“New File”选项，然后在编辑器中输入“print("Hello World")”，按 Ctrl+S 键进行保存，文件名为“Hello World.py”，然后按 F5 键运行，就会在屏幕上输出“Hello World”，完成我们的第一个程序，输出框如图 1-4 所示。

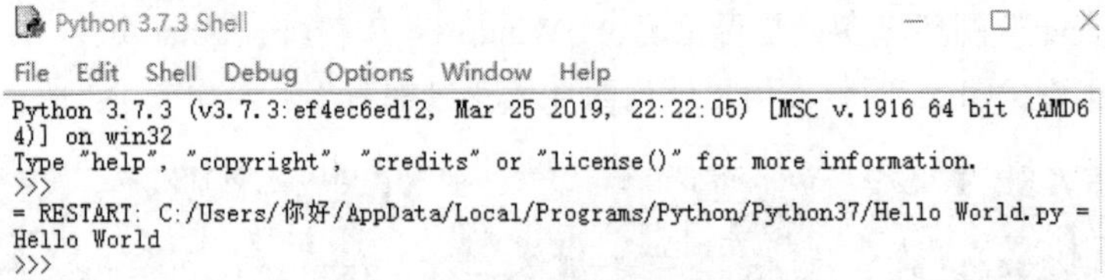

```
Python 3.7.3 Shell
File  Edit  Shell  Debug  Options  Window  Help
Python 3.7.3 (v3.7.3:ef4ec6ed12, Mar 25 2019, 22:22:05) [MSC v.1916 64 bit (AMD6
4)] on win32
Type "help", "copyright", "credits" or "license()" for more information.
>>>
= RESTART: C:/Users/你好/AppData/Local/Programs/Python/Python37/Hello World.py =
Hello World
>>>
```

图 1-4　输出结果

1.4　在 Linux 系统中搭建 Python 编程

1.4.1　检查 Python 版本

在大多数的 Linux 系统中，基本上都默认安装了 Python，也就是说，在 Linux 系统中基本上不需要安装什么软件，就可以使用 Python。

首先，运行应用程序 Terminal（如果用的是 Ubuntu，按 Ctrl+Alt+T 组合键），打开一个终端窗口。输入命令“Python”，指出系统自带的 Python 版本。大部分 Linux 默认安装的版本为 Python 2.7。接着需要检测系统是否自带 Python 3 版本，在终端窗口中输入“#python 3”，如果出现 Python 3 版本相关信息，则说明系统自带 Python 3 版本，如图 1-5 所示。

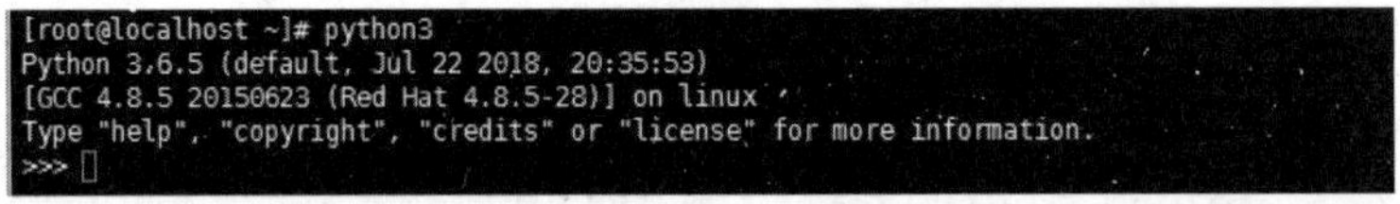

```
[root@localhost ~]# python3
Python 3.6.5 (default, Jul 22 2018, 20:35:53)
[GCC 4.8.5 20150623 (Red Hat 4.8.5-28)] on linux
Type "help", "copyright", "credits" or "license" for more information.
>>> 
```

图 1-5　输出 Python 版本型号

如果没有，则在终端窗口中输入“sudo apt-get install Python 3”进行安装更新。

1.4.2　输出第一个 Python 程序

文本编译器 Geany 的优点为无须通过终端就可以运行所有程序，在 Linux 系统中，只需在终端窗口输入“$sudo apt-get install geany”就可以下载。

首先，打开 Geany，单击“File”，在下拉列表中选择“Save As”选项，将当前空文件保存到文件夹 Python 中，并将该文件命名为“Hello World.py”，输入“print("Hello World")”，选择 Build→Execute 选项，按 F5 键运行程序，这时屏幕上就会显示出“Hello World”，我们就完成了第一个 Python 程序。

1.5　总结回顾

在本章的学习中，我们对 Python 这门语言有了一个初步的了解，并且在自己的计算机系统中成功安装了 Python，还能够运用编译器编写我们的幸运程序——Hello World，并且成功运行，此时的我们已成功打开了通向 Python 的大门。

第2章 变量和简单数据类型

本章学习目标

- 了解什么是变量，熟练掌握变量的命名规则和使用规则，以及如何对变量进行赋值。
- 了解字符串的表示方法。
- 熟练掌握字符串的基本操作，如何读取、修改、删除字符串。
- 熟练掌握不同转义字符的作用以及用法。
- 熟练掌握不同字符串运算符的作用以及用法。
- 了解字符串内建函数，熟练掌握常用的字符串内建函数。
- 了解常用的数字类型以及数据类型之间的转化。
- 了解不同类型的数字运算符以及运算符的优先级。
- 掌握注释的表示方法。

本章先介绍了什么是变量，变量应该如何命名，以及如何给变量进行赋值，接着对字符串的表示方法，通过例子对字符串的基本操作做了详细的解释，然后介绍常用的转义字符、字符串运算符以及字符串内建函数，并对它们的作用和用法做了详细的解释，最后介绍了数字类型，以及常用数据类型之间的转化。

2.1 变量

Python 中的变量讲解

2.1.1 变量命名和使用

变量其实就是一个值的名称。当我们要给一个值起名称时，它将会存储在内存中，这块内存就被称为变量，通常称为给变量赋值。在给变量命名时要注意以下几点：

（1）变量名只能由字母、数字、下划线或汉字组成，并且开头只能是字母或下划线，数字不能作为变量名的开头。

（2）变量名中间不能包含空格，可以使用下划线将字母隔开。

（3）变量名不能使用关键字或者函数名，比如 print、del。

（4）变量名最好不要随便起，比如 a、b、c 等，尽量要能够体现这个值的作用以及相关含义，能够见名知其意。

2.1.2 变量赋值

Python 变量不需要声明数据类型。当我们创建变量的时候，在内存中会做两个动作：开辟指定的内存空间和赋予指定值。变量在内存中的地址是唯一的，因此可以允许多变量赋值。运算符“=”为变量的赋值符号，等号的左边为变量名，等号的右边为存储在变量中的值。

代码示例：

```
number = 12                    #给整型变量赋值
name = "xiaoming"              #给字符型变量赋值
```


2.2 字符串

2.2.1 字符串表示方法

字符串类型是 Python 中最常见的数据类型，它是由数字、字母、下划线组成的一串字符，通常使用单引号、双引号或三引号进行表示。

代码示例：

```
name1 = '小张'          #使用单引号赋值
name2 = "小王"          #使用双引号赋值
```

2.2.2 字符串的基本操作

1. 字符串的读取

字符串中每一个字符都对应一个下标，通过公式 name_new = name[开始索引:结束索引]，就可以读取字符串中的任意片段。

知识锦囊 在读取时，截取的字符串包含左边界也就是开始索引的位置，但是不包括右边界也就是结束索引的位置。

代码示例：

```
name = "abcdefg"               #给变量进行赋值
print(name)                    #输出整个字符串
print(name[0])                 #输出字符串中第一个字符
print(name[:3])                #输出字符串中第一个到第三个字符
```

```
print(name[2:5])                #输出字符串中第三个到第五个字符
```

输出结果：

```
abcdefg                         #输出整个字符串
a                               #输出字符串中第一个字符
abc                             #输出字符串中第一个到第三个字符
cde                             #输出字符串中第三个到第五个字符
```

2. 字符串的合并

字符串的合并是使用运算符“+”进行连接的，可以使用“+”进行多个字符串的连接。

代码示例：

```
first_name = "Guido"                    #给变量进行赋值
last_ name = "van Rossum"               #给变量赋值
new_name = first_name + last_name       #合并两个字符串赋值给新变量
print(new_name)                         #输出新的字符串
```

3. 字符串的修改

Python 中字符串是不可变类型，无法直接修改字符串中的某一字符，如果我们希望修改字符串可以通过合并进行实现。

代码示例：

```
first_name = "Guido"                            #给变量进行赋值
new_name = first_name[:3] + "van Rossum"        #通过切片操作修改字符串
print(new_name)                                 #输出新的字符串
```

通过 replace 函数修改。

代码示例：

```
new_name = first_name.replace("Guido", "van Rossum")        #修改字符串
print(new_name)                                             #输出新的字符串
```

4. 字符串的删除

Python 中字符串是不可变类型，可以删除整个字符串，但是无法直接删除字符串中的某一字符，如果我们希望删除字符串可以通过修改的方式进行实现。

知识锦囊 需要注意的是 del 函数只能删除整个字符串，如果使用 del(first_name[0;3])会报错。

代码示例：

```
first_name = "Guido"            #给变量进行赋值
new_name = first_name[:3]       #截取原字符串赋值给新字符串
print(new_name)                 #输出新的字符串
del(new_name)                   #删除整个字符串
```

2.2.3 字符串的转义

1. 转义字符“\n”

转义字符“\n”可以放在字符串中，将字符换行。

代码示例：

```
name = "Gui\ndo"          #给变量进行赋值
print(name)               #输出字符串
```

输出结果：

```
Gui
do
```

2. 转义字符“\000”

转义字符“\000”表示空格。

代码示例：

```
name = "Gui\000do"             #给变量进行赋值
print(name)                    #输出字符串
```

输出结果：

```
Gui do
```

3. 转义字符“r”

“r”表示取消转义，在字符串外加“r”就可以取消转义。

代码示例：

```
name = r"Gui\000do"            #给变量进行赋值
print(name)                    #输出字符串
```

输出结果：

```
Gui\000do
```

2.2.4 字符串的运算

1. 运算符“*”

“*”表示重复输出字符串。

代码示例：

```
name = "Rossum"                #给变量进行赋值
print(name*2)                  #输出两个原字符串
```

输出结果：

```
RossumRossum
```

2. 关键字“in”

“in”可以判断一个字符串是否在另一个字符串中。

代码示例：

```
name = "Rossum"                #给变量进行赋值
print("p" in name)             #输出判断结果
```

输出结果：

```
False
```

3. 关键字“not in”

“not in”可以判断一个字符串是否不在另一个字符串中。

代码示例：

```
name = "Rossum"                #给变量进行赋值
print("a" not in name)         #输出判断结果
```

输出结果：

```
True
```

2.2.5 字符串内建函数

1. 函数 len()

函数 len()返回字符串长度。

代码示例：

```
name = "Rossum"                #给变量进行赋值
num = len(name)                #将 name 的长度赋值给 num
print(num)                     #输出
```

输出结果：

```
6
```

2. 函数 lower()

函数 lower()可以将大写转换成小写。

代码示例：

```
name = "Rossum"                #给变量进行赋值
new_name = name.lower()        #将 name 中的字符全部转换为小写
print(new_name)                #输出
```

输出结果：

```
rossum
```

3. 函数 upper()

函数 upper()可以将小写转换为大写。

代码示例：

```
name = "Rossum"                #给变量进行赋值
new_name = name.upper()        #将 name 中的字符全部转换为大写
print(new_name)                #输出
```

输出结果：

```
ROSSUM
```

4. 函数 swapcase()

函数 swapcase()可以进行大小写转换。

代码示例：

```
name = "Rossum"                #给变量进行赋值
new_name = name.swapcase()     #将 name 中的字符大小写进行转换
print(new_name)                #输出
```

输出结果：

```
rOSSUM
```

5. 函数 count()

函数 count()可以查找在字符串中出现的次数。

代码示例：

```
name = "Rossum"                    #给变量进行赋值
num = name.count("s")              #查找 name 中 s 出现的次数
print(num)                         #输出
```

输出结果：

```
2
```

6. 函数 Index()

函数 Index()可以返回对应的索引值，也就是下标。

代码示例：

```
name = "Guido"                     #给变量进行赋值
num = name.index("u")              #查找 name 中 u 所在的下标
print(num)                         #输出
```

输出结果：

```
1
```


2.3 数字

2.3.1 浮点型

浮点类型，相当于数学中的小数，不受长度的限制，受可用的虚拟内存限制。可以进行四则混合运算，优先级和数学中所讲解的一致。

2.3.2 整型

整数类型，相当于数学中的整数概念一样，包括正整数、0、负整数。不受长度的限制，受可用虚拟内存限制。可以进行四则混合运算，优先级和数学中所讲解的一致。

2.3.3 布尔类型

布尔类型，只有 True 和 False（注意首字母必须大写）两个值，也可以使用 0 和 1 进行表示。

2.4 数据类型转化与运算

数据类型转化

2.4.1 数据类型转换

字符串类型 str、整型 int、浮点型 float 这三种数据类型之间是可以进行相互转换的，前提是原则上可以进行转换。例如，从用户中输入一个数据“学生”，那“学生”这个数据是没有办法转换成整型数据的。

知识锦囊 强制转换为整型，用 int()；强制转换为浮点型，用 float()；强制转换为字符串，用 str()。

代码示例：

```
a = 12.455                #创建变量，并赋值
i = int(a)                #将 a 强制转换为整型
print(i)                  #输出 i 的值
print(type(i))            #输出 i 的数据类型
b = 12                    #创建变量，并赋值
j = float(b)              #将 b 强制转换为浮点型
print(j)                  #输出 j 的值
print(type(j))            #输出 j 的数据类型
s = str(12)               #将 12 强制转化为字符串
print(s)                  #输出 s 的值
print(type(s))            #输出 s 的数据类型
```

输出结果：

```
12
<class 'int'>
12.0
<class 'float'>
12
<class 'str'>
```

2.4.2 基本运算符

1. 算术运算符

假设有两个变量 a = 10，b = 20，见表 2-1。

表 2-1 算术运算符

运算符	描述	示例代码
+	加，两个对象相加	a+b 结果为 30
-	减，两个对象相减	a-b 结果为-10
*	乘，两个对象相乘	a*b 结果为 200
/	除，两个对象相除	a/b 结果为 0.5
%	取模（取余），返回除法的余数	a%b 结果为 10
**	幂，x**y 返回 x 的 y 次方	a**b 结果为 10^{20}
//	取整数，返回商的整数	5//3 结果为 1

2. 赋值运算符

假设有两个变量 a = 10，b = 20，见表 2-2。

表 2-2　赋值运算符

运算符	描述	示例代码
=	赋值运算符，不是比较符号	num = 12
+=	加法赋值运算符	a += b 等效于 a = a + b
-=	减法赋值运算符	a -= b 等效于 a = a - b
*=	乘法赋值运算符	a *= b 等效于 a = a * b
/=	除法赋值运算符	a /= b 等效于 a = a / b
%=	取模（取余）赋值运算符	a %= b 等效于 a = a % b
**=	幂赋值运算符	a **= b 等效于 a = a ** b
//=	取整数运算符	a //= 等效于 a = a / b

3. 比较运算符

假设有两个变量 a = 10，b = 20，见表 2-3。

表 2-3　比较运算符

运算符	描述	示例代码
==	恒等，表示对象是否相等，与“=”是不一样的	a == b 返回值为 False
!=	不等于	a != b 返回值为 True
>	大于号	a > b 返回值为 False
<	小于号	a < b 返回值为 True
>=	大于等于	a >= b 返回值为 False
<=	小于等于	a <= b 返回值为 True

注意：比较运算符的结果全部都是布尔类型。

4. 身份运算符

身份运算符用于比较两个对象的存储单元。假设有两个变量 a = 10，b = 20，见表 2-4。

表 2-4　身份运算符

运算符	描述	示例代码
is	is 表示是否引用同一个对象	a is b 返回值为 False
is not	is not 表示是否不引用同一个对象	a is not 返回值为 True

注意：身份运算符的结果全部都是布尔类型。

5. 逻辑运算符

假设有两个变量 a = 10，b = 20，见表 2-5。

表 2-5 逻辑运算符

运算符	描述	示例代码
and	布尔“与”同真则真：and 两边同时为真，则结果为真	a and b 返回值为 20
or	布尔“或”一真则真：or 两边有一个为真，则结果为真	a or b 返回值为 10
not	布尔“非” 不真则假，不假则真	not(a and b) 返回 False

2.4.3 运算符的优先级

运算符的优先级遵循以下规律：优先级高的先执行，优先级低的后执行；相同优先级的，从左到右执行；对于四则运算的优先级，应该遵循先乘除后加减的原则，见表 2-6。

表 2-6 运算符优先级

运算符级别	描述
**	幂
* / % //	乘、除、取模、取整
+ -	加减法
>、>=、<、<=、!=、==	比较运算符
=、+=、-=、*=、/=、%=、**=、//=	赋值运算符
and、or、not	逻辑运算符

2.5 代码注释

在编写代码的过程中，添加注释是一个好的代码习惯。不仅可以方便更高效地回顾自己的代码，还能让别人更加快速地理解我们的代码。注释就是在代码编写过程中，为了能清楚表达代码的含义，而添加的一些文字说明，增加代码的可读性。

注释的内容不参加编译。代码的内容是给计算机理解的，但注释是给我们学习者或开发者看的。添加注释的方式有两种：单行注释、多行注释。单行注释是以“#”开头，而多行注释开头和结尾分别使用三个单引号或双引号。

代码示例：

```
name = "Rossum"                    #创建姓名变量，并给变量进行赋值
"""
创建姓名变量
给变量进行赋值
"""
```

2.6 总结回顾

在本章的学习中，我们不仅了解了什么是变量，以及变量的基本类型，还学会了给变量赋值，并且能够根据变量的含义及操作添加注释。在变量的基本类型中，重点介绍了字符串和数字，在字符串的介绍中重点对字符串的基本操作进行了介绍以及代码示例。同时通过表格形式对运算符进行了介绍，并对运算符的优先级做了分析。希望同学们在课后能够及时回顾本章节内容，并完成后续的章节测试，对自己知识的掌握程度做一个检测。

2.7 小试牛刀

1．以下变量命名错误的是（　　）。

A．first_name　　B．name_1　　C． 1_name　　D． _name1

2．以下变量赋值操作错误的是（　　）。

A．str = "abcd"　　B．str = abcd　　C．num = 123　　D．str = 'abcd'

3．设 str = "I Love Python"，则语句 print(str[8:11])的输出结果是（　　）。

A．Pyth　　B．Pyt　　C．yth　　D．ytho

4．设 str = "Python"，想把第一个字母改成小写，其余字母还为小写，以下语句正确的是（　　）。

A．print(str[0].lower() + str[1:])　　B．print(str[1].lower() + str[-1:1])

C．print(str[0].lower() + str[-11:])　　D．print(str[1].lower() + str[2:])

5．以下关于字符串类型的操作的描述，错误的是（　　）。

A．想获取字符串的长度，用字符处理函数 str.len()

B．str.replace(x,y)方法把字符串 str 中所有字串 x 都换为 y

C．想把字符串 str 所有字母都大写，用 str.upper()

D．设 str = "aa"，则语句 print(str*3)的输出结果为"aaaaaa"

6．语句 print((1 < 5) or (1 == 3)的输出结果为：________。

7．语句 print(3 +2 * (3 == 5) /2)的输出结果为：________。

8．编写程序，输入一本你喜欢的书的书名，输出其字符串长度。

9．编写程序，输入一首你喜欢的英文歌曲的名字，并将其所有小写字母转换成大写字母。

10．编写程序，输入一个日期格式如“2020/08/08”，将输入的日期格式转换为“2020 年-8 月-8 日”。

第3章 程序控制结构

本章学习目标

- 了解什么是分支结构，熟练掌握if单分支结构、if双分支结构、if多分支结构的用法。
- 了解什么是计数循环，熟练掌握单重for循环、多重for循环的用法。
- 了解range()函数的用法。
- 了解什么是条件循环，熟练掌握while循环的用法。
- 熟练掌握break语句以及continue语句的作用及用法。

本章先向读者介绍什么是分支结构以及分支结构的分类及用法，接着介绍什么是计数循环，以及计数循环的语法，即如何使用for循环，然后介绍条件循环，以及条件循环的语法并通过例子进行分析，最后介绍停止和跳出循环语句，即break语句和continue语句。

3.1 分支结构

Python中的分支结构

3.1.1 什么是分支结构

程序设计的三种基本结构为：顺序结构、分支结构和循环结构。任何程序的设计都是由这三种基本结构反复嵌套构成，这就使得程序结构清晰，提高了程序设计的质量和编程效率。下面先来介绍分支结构，分支结构也叫选择结构，就是我们经常使用的if条件判断语句。在执行if条件判断语句时，条件成立或者不成立都有固定的流程。

3.1.2 if单分支结构

if是单分支结构的关键字，表示如果的意思。if关键字之后为所要判断的条件，条件是用能够得到布尔类型结果的运算式表示的，在满足条件的情况下，即条件运算式的结果为 True，程序会继续向下执行，执行属于 if 语句的代码块。

if 单分支结构语法：

```
if 条件表达式:
    语句块
```

知识锦囊

Python 中所有的冒号都表示要开启新的代码块。

缩进是 Python 的灵魂，缩进的强制规范使得 Python 的代码非常简洁并且有层次。这样我们就可以清晰地知道每条语句所对应的代码块。开启新的代码块一定要缩进，使用 Tab 键进行缩进操作。

代码示例：

```
score = 95                      #创建变量，并赋值
if score >= 90:                 #判断成绩是否大于等于 90
    print("优秀")               #输出
```

输出结果：

```
优秀
```

3.1.3 if 双分支结构

if、else 为双分支结构的关键字，if 表示如果，else 表示否则。当 if 条件语句判断不成立时，会执行 else 语句所属模块的代码块。

if 双分支结构语法：

```
if 条件表达式:
    语句块
else:
    语句块
```

代码示例：

```
num = 12                        #创建变量，并赋值
if num % 2 == 0:                #判断数字是否为偶数
print("偶数")                   #输出
else:
print("奇数")                   #输出
```

输出结果：

```
偶数
```

3.1.4 if 多分支结构

if、elif 为多分支结构的关键字。在使用多分支结构时一定梳理清晰程序的逻辑。

if 双分支结构语法：

```
if 条件表达式 1:            #如果条件表达式 1 成立（结果为 True）
    语句块 1                #执行语句块 1 中的代码
```

```
elif 条件表达式 2:        #否则，如果条件表达式 2 成立
    语句块 2              #执行语句块 2 中的代码
elif 条件表达式 3:        #如果条件表达式 3 成立
    语句块 3              #执行语句块 3 中的代码
...
```

代码示例：

```
score = int(input("请输入你的成绩:"))      #用户输入
if score >= 90:                          #判断成绩是否在 90 分及以上
    print("奖励笔记本")
elif score >= 80:                        #判断成绩是否在 80 以上 90 以下
    print("奖励 Python 学习教程")
elif score >= 70:                        #判断成绩是否在 70 以上 80 以下
    print("奖励一支笔")
else:                                    #判断成绩是否在 70 以下
    print("重做试卷")
```

用自然语言描述该程序，即如果你的成绩在 90 分及以上，奖励一台笔记本；如果你的成绩在 80 分及以上，奖励一套 Python 学习教程；如果你的成绩在 70 分及以上，奖励一支笔，否则你就要重做试卷。

3.2 for 计数循环

3.2.1 单重 for 循环

在编写代码的过程中，经常会出现需要不断重复的操作，这时就需要用到循环结构了。计数循环，即已经知道了所要循环的次数，当循环的变量值超过预先设定的值时，循环结束。

for 循环语句的语法：

```
for 变量名 in 列表:
循环体
```

代码示例：

```
for a in [12,4,"你好",6,8,"h"]:        #for 循环
print(a)                              #输出
```

输出结果：

```
12
4
你好
6
8
h
```

3.2.2 range()函数

range()函数是 for 循环的一个小伙伴，它可以为指定的整数生成一个数字序列。

range()函数的语法：

```
range(结束索引）
range(开始索引,结束索引)
range(开始索引,结束索引,步长)
```

代码示例：

```
for i in range(5):
    print(i)
#输出结果为 0,1,2,3,4
for i in range(2,5):
    print(i)
#输出结果为 2,3,4
for i in range(1,10,2):
    print(i)
#输出结果为 1,3,5,7,9
```

注意：如果没有开始索引，就默认从 0 开始，另外遍历过程中不包括结束索引。

3.2.3 嵌套可变 for 循环

嵌套可变 for 循环就是 for 循环进行层层嵌套，从单层 for 循环变成多重 for 循环。举一个例子来说，打印九九乘法表时，单层 for 循环只能控制行或者列，而乘法表行和列都需要变化，所以就需要双重 for 循环。

代码示例：

```
for i in range(1,10):                    #控制行数
    for j in range(1,i+1):               #控制列数
        print(str(j) + "*" + str(i) + "=" + str(j*i) + ' ', end = "")
        #将数字强转为字符输出，end=" "意思是末尾不换行，加空格
    print("\n")                          #换行
```

输出结果：

```
1*1=1
1*2=2 2*2=4
1*3=3 2*3=6 3*3=9
1*4=4 2*4=8 3*4=12 4*4=16
1*5=5 2*5=10 3*5=15 4*5=20 5*5=25
1*6=6 2*6=12 3*6=18 4*6=24 5*6=30 6*6=36
1*7=7 2*7=14 3*7=21 4*7=28 5*7=35 6*7=42 7*7=49
1*8=8 2*8=16 3*8=24 4*8=32 5*8=40 6*8=48 7*8=56 8*8=64
1*9=9 2*9=18 3*9=27 4*9=36 5*9=45 6*9=54 7*9=63 8*9=72 9*9=81
```

3.3 while 条件循环

while 循环和 if 条件判断类似，执行 if 语句时，只要条件为真，属于 if 条件下的语句就会执行一次。而执行 while 循环时，只要条件满足就会一直执行，一直被执行的代码块称为循环体。

while 循环语句的语法：

```
while 布尔表达式:
循环语句
```

代码示例：

```
#下面代码将打印 1+2+...+100 的计算结果
i = 1                        #创建变量，控制循环次数
sum = 0                      #创建变量，储存计算结果
while i <= 100:              #循环条件
    sum += i                 #循环体
    i += 1                   #循环体
print(sum)
```

输出结果：

```
5050
```

3.4 停止和跳出循环

3.4.1 break 语句

break 语句的作用是终止当前循环，跳出循环体。break 语句常用来结束整个循环。

代码示例：

```
#下面代码将打印 1+2+...+100 的计算结果
i = 1                        #创建变量，控制循环次数
sum = 0                      #创建变量，存储计算结果
while i <= 100:
    sum += i
    i += 1
    if i > 100:
        break                #停止循环
print(sum)
```

输出结果：

```
5050
```

3.4.2 continue 语句

continue 语句的作用是跳过本轮循环中循环体的剩余语句，并开始下一轮循环。

需要注意的是在开始执行下一轮循环时，会先对循环条件进行测试，满足条件程序才会继续

向下执行。

代码示例：

```
#下面代码将打印 100 以内的偶数
for i in range(100):                #for 循环
    if i % 2 == 1:                  #如果是奇数就跳过
        continue
    print(i,end=' ')
```

输出结果：

```
0 2 4 6 8 10 12 14 16 18 20 22 24 26 28 30 32 34 36 38 40 42 44 46 48 50 52 54 56 58 60 62 64 66 68 70 72 74 76 78 80 82
84 86 88 90 92 94 96 98
```

3.5 总结回顾

在本章的学习中，我们对程序设计中的两种结构——分支结构和循环结构分别作了详细的介绍。循环结构又分为计数循环和条件循环，分别对这两种循环的使用进行了案例分析，并对循环控制语句 break 语句和 continue 语句的使用做了说明。希望同学们在课后能够及时回顾本章节内容，并完成后续的章节测试，对自己知识的掌握程度做一个检测。

3.6 小试牛刀

1．以下关于循环结构描述，错误的是（　　）。

A．使用 range()函数可以指定 for 循环的次数

B．用字符串做循环结构时，循环次数为字符串长度

C．for i in range(5)表示循环 5 次，i 的值为 1 到 5

D．break 语句能够停止循环，而 continue 语句可以跳出当前循环，并开始下一次循环

2．执行以下程序，输入“22Python 33”，输出的结果是（　　）。

```
w = input('请输入数字和字母构成的字符串：')
for x in w:
if '0' <= x <= '9':
    continue
else:
    w.replace(x,*)
```

A．Python　　B．Python 2233　　C．22Python 33　　D．2233

3．执行以下程序，输入 xy，输出结果是（　　）。

```
n = 0
while True:
c = input("请输入 x 退出： ")
if c == 'x'
    n += 1
```

```
        continue
    else:
        n += 2
        break
    print(n)
```

A．3　　B．2　　C．1　　D．4

4．编写程序，要求用户输入两个数 a、b，如果 a 被 b 整除或者 a 加 b 大于 100，则输出 a 的值，否则输出 b 的值。

5．编写程序，让用户输入学员的成绩，然后输出学员的结业考试成绩评测结果。

成绩 >=90：A

90> 成绩 >=80：B

80> 成绩 >=70：C

70> 成绩 >=60：D

成绩 <60 ：E

6．编写程序，输出 100 以内所有能被 3 和 5 整除的数。

7．编写程序，输出如下图形：

```
*******
 ******
  *****
   ****
    ***
     **
      *
```

8．编写程序，输出 2020 年以后出现的第一个闰年。

第4章 序列中的列表

本章学习目标

- 了解什么是列表，熟练掌握列表项的基本操作，如增加列表项、查找列表项、修改列表项、删除列表项等。
- 熟练掌握列表分片，即列表索引的方式。
- 了解列表排序的方法，熟练掌握常用的列表排序的方法。

本章先向读者介绍什么是列表，接着介绍如何对列表进行增加、修改、查找、删除一系列操作，然后介绍列表是如何进行索引的，最后介绍列表的排序方法。

认识什么是列表

4.1 列表的概念

列表（List）是Python内置的一种数据结构，它可以把相互之间有关联的数据保存在一起，同时这些变量可以是不同类型的，即列表的数据项不需要是相同数据类型的。

列表是用中括号表示的。创建列表时，只需要用中括号将列表中的元素括起来，并将其中的元素用逗号隔开。

列表定义：

```
变量名=[值 1,值 2,值 3...值 n]
```

代码示例：

```
list1 = ["小明","Guido",666,True]        #创建列表，给列表进行赋值
print(list1)                              #输出列表
```

输出结果：

```
['小明', 'Guido', 666, True]
```

4.2 列表的基本操作

列表的基本操作

4.2.1 增加列表项

1. 使用 append()函数增加列表项

使用 append()函数增加列表项时，新增元素会自动添加在列表尾部。

使用 append()函数增加列表项的语法：

```
列表.append(值)
```

代码示例：

```
student = ["小明","小王","小李"]          #创建列表，给列表进行赋值
student.append("小张")                    #添加新的列表元素
print(student)                            #输出列表
```

输出结果：

```
['小明', '小王', '小李', '小张']
```

2. 使用 extend()函数增加多个列表项

使用 extend()函数增加列表项时，列表末尾可以一次性追加另一个序列中的多个值，即用新的列表来扩展原来的列表。

使用 extend()增加列表的语法：

```
列表.extend(列表)
```

extend()函数不能添加单个元素，比如 student.extend("abcd")，系统会默认它是一个列表，输出为"ab"，"cd"。

代码示例：

```
student = ["小明","小王","小李"]      #创建列表，并赋值
student.extend(["小张","小杜"])       #增加列表项
print(student)                        #输出
```

输出结果：

```
['小明', '小王', '小李', '小张', '小杜']
```

3. 使用 insert()函数增加指定列表项

使用 insert()函数可以将元素添加到指定位置，根据所指定的下标将元素插入到指定位置。

使用 insert()增加列表项的语法：

```
列表.insert(下标,值)
```

代码示例：

```
student = ["小明","小王","小李"]          #创建列表，并赋值
student.insert(1,"小杜")                  #增加列表项
print(student)                            #输出
```

输出结果：

```
['小明', '小杜', '小王', '小李']
```

4. 使用“+”号进行合并操作

使用“+”号进行合并操作时，只需将要添加的新的列表放在“+”后即可。

代码示例：

```
student = ["小明","小王","小李"]            #创建列表，并赋值
student1 =   ["小张","小杜"]               #创建列表，并赋值
Students = student + student1              #合并列表
print(Students)                            #输出
```

输出结果：

```
['小明', '小王', '小李', '小张', '小杜']
```

4.2.2 查找列表项

1. 使用 index()查找列表项

使用 index()函数查找列表项，是根据索引下标进行查找的，可以指定查找范围。

```
index = 列表.index(值)
```

从列表中找出某个值第一个匹配项的索引位置。

```
index = 列表.index(值,下标)
```

从列表中指定下标位置开始查找，找到第一个匹配项的索引位置。

代码示例：

```
student = ["小明","小王","小李"]            #创建列表，并赋值
num = student.index("小李")                #返回元素所在下标
print(num)                                 #输出下标值
```

输出结果：

```
2
```

2. 使用关键字 in 查找

使用关键字 in 查找列表项时，如果列表项存在，返回 True，不存在则返回 False。

代码示例：

```
student = ["小明","小王","小李"]            #创建列表，并赋值
check = "小李" in student                  #判断元素是否在字符串中
print(check)                               #输出判断结果，布尔类型
```

输出结果：

```
True
```

3. 通过 for 循环进行查找

通过 for 循环，将列表中每个元素都与所要查找的元素进行对比，每次取一个元素进行对比。

代码示例：

```
student =   ["小明","小王","小李"]                #创建变量，并赋值
for i in student:                                #for 循环
    if "小李" == i:                              #判断是否存在
        print("存在")
        break                                    #跳出循环
```

输出结果：

```
存在
```

4.2.3　修改列表项

通过对指定下标的元素重新赋值来对列表项进行修改。

代码示例：

```
student = ["小明","小王","小李"]          #创建列表，并赋值
student[1] = "小张"                       #更改指定下标元素
print(student)                            #输出修改后的列表
```

输出结果：

```
['小明', '小张', '小李']
```

4.2.4　删除列表项

1．使用 clear()将列表清空

使用列表名调用 clear()就可以将列表中所有元素删除。

代码示例：

```
student = ["小明","小王","小李"]          #创建列表，并赋值
student.clear()                           #清空列表
print(student)                            #输出
```

输出结果：

```
[]
```

2．使用 pop()删除指定下标列表项

使用列表名调用 pop()函数，根据指定元素的下标删除元素。

使用 pop()删除列表项的语法：

```
列表.pop(下标)
```

代码示例：

```
student = ["小明","小王","小李"]          #创建列表，并赋值
student.pop(1)                            #删除指定下标元素
print(student)                            #输出修改后的列表
```

输出结果：

```
['小明', '小李']
```

3．使用 remove()删除指定列表项

使用列表名调用 remove()函数，直接删除指定元素。

使用 remove()删除列表项的语法：

```
列表.remove(值)
```

代码示例：

```
student = ["小明","小王","小李"]          #创建列表，并赋值
student.remove("小王")                    #删除指定元素
print(student)                            #输出修改后的列表
```

输出结果：

```
['小明', '小李']
```

4. 使用关键字 del 删除指定索引范围的列表

使用关键字 del 删除列表项时，需要指定列表项范围，根据指定的范围删除指定范围内的列表项。

使用 del 删除列表项的语法：

```
del 列表[下标]
```

代码示例：

```
student = ["小明","小王","小李"]          #创建列表，并赋值
del student[0:1]                          #更改指定下标元素
print(student)                            #输出修改后的列表
```

输出结果：

```
['小王', '小李']
```

4.3 列表分片

列表分片

列表分片即通过索引的方式，连续获取多个元素。

例如 student = ["小明", "小王", "小李", "小张"]，小明对应的下标为 0，小王对应的下标为 1，小李对应的下标为 2，小张对应的下标为 3。

student[3]表示的是 student 列表中，下标为 3 的元素；student[2:3]返回的是下标为 2～3 之间的元素，不包括下标为 3 的元素。

知识锦囊

截取的元素包含左边界也就是开始索引的位置，但是不包括右边界也就是结束索引的位置。

如果索引的位置从 0 开始，那么可以将 0 省略，如果是最后一个下标结尾，也可以省略不写。

列表切片的语法：

```
列表名[开始下标,结束下标]
```

代码示例：

```
student = ["小明","小王","小李,"小张"]          #创建列表并赋值
print(student)                                  #输出整个列表
print(student[1:])                              #输出列表中第 2 个元素到最后一个元素
print(student[:3])                              #输出列表中第 1 个到第 3 个元素
print(student[2:3])                             #输出列表中第 3 个元素
```

输出结果：

```
['小明', '小王', '小李', '小张']
['小王', '小李', '小张']
['小明', '小王', '小李']
['小李']
```

4.4　列表排序

列表排序

4.4.1　sort()排序

列表排序就是将无序列表变成有序列表。list 中内置 sort()方法能够用来排序。

1. sort()升序排序

代码示例：

```
list1 = [3, 2, 8, 6, 12]
list2 = ["and", "long","HeroLong","Jack"]
list1.sort()                    #按数字大小进行排序
list2.sort()                    #首先按字母大小写进行排序，然后在各自按照升序进行排列
print(list1)
print(list2)
```

输出结果：

```
[2, 3, 6, 8, 12]
['long', 'and', 'Jack', 'HeroLong']
```

2. sort(reverse = True)降序排列

代码示例：

```
list1 = [3, 2, 8, 6, 12]
list2 = ["and", "long","HeroLong","Jack"]
list1.sort(reverse = True)
list2.sort(reverse = True)
print(list1)
print(list2)
```

输出结果：

```
[12, 8, 6, 3, 2]
['long', 'and', 'Jack', 'HeroLong']
```

3. sort(key = len)按照字符串长度从短到长排序

代码示例：

```
list2 = ["and", "long","HeroLong","Jack"]
list2.sort(key = len)
print(list2)
```

输出结果：

```
['and', 'long', 'Jack', 'HeroLong']
```

4. sort(key = str.lower)大写转换为小写再排序

注意：排序时是按照小写进行排序，但输出时还是原字符

代码示例：

```
list2 = ["and", "long","HeroLong","Jack"]
list2.sort(key = str.lower)
```

```
print(list2)
```

输出结果：

```
['and', 'HeroLong', 'Jack', 'long']
```

4.4.2 reverse()排序

reverse()函数为反向排序函数，可以将列表中元素逆序。

代码示例：

```
list1 = [3, 2, 8, 6, 12]
list2 = ["and", "long","HeroLong","Jack"]
list1.reverse()
list2.reverse()
print(list1)
print(list2)
```

输出结果：

```
[12, 8, 6, 3, 2]
['Jack', 'HeroLong', 'long', 'and']
```

4.4.3 sorted()排序

Python 内置的全局 sorted()方法来对可迭代的序列排序生成新的序列。

代码示例：

```
list1 = [3, 2, 8, 6, 12]
list2 = ["and", "long","HeroLong","Jack"]
new_list1 = sorted(list1)
new_list2 = sorted(list2)
print(list1)
print(list2)
```

输出结果：

```
[3, 2, 8, 6, 12]
['and', 'long', 'HeroLong', 'Jack']
```

4.5 总结回顾

在本章的学习中，我们不仅了解了列表是什么，也学习了列表的基本操作，对列表进行增、删、改、查操作。同时学习了列表的索引方式，即列表分片，还学习了列表的排序方法，能够对列表中元素进行排序。希望同学们在课后能够及时回顾本章节内容，并完成后续的章节测试，对自己知识的掌握程度做一个检测。

4.6 小试牛刀

1．运行下列程序，输出结果为（　　）。

```
list1 = ["a", 3, "bc", 10]
print(list[2:3])
```

A．[3, "bc"]　　B．[3]　　C．["bc"]　　D．["bc", 10]

2．运行下列程序，输出结果为（　　）。

```
x = list(Range(1, 10, 2)
print(x)
```

A．[1, 3, 5, 7, 9]　　B．[0, 1, 3, 5, 7, 9]

C．[1, 2, 3, 4, 5, 6, 7, 8, 9, 10]　　D．[0, 2, 4, 6, 8, 10]

3．运行下列程序，输出结果为（　　）。

```
x   = [1, 2, 3]
x.insert(1,4)
print(x)
```

A．[1, 4, 2, 3]　　B．[1, 4, 2]　　C．[1, 2, 3, 4]　　D．[1, 1, 4, 2, 3]

4．运行下列程序，输出结果为（　　）。

```
list1 = ["Jack", "小明", 1988, 2020]
print(list1[2:])
```

A．["Jack", "小明", 1988, 2020]　　B．[1988, 2020]

C．["小明", 1988, 2020]　　D．[1988]

5．运行下列程序，输出结果为（　　）。

```
list1 = ["a", 3, "bc", 10]
del(list1[ :2])
```

A．["a, 3"]　　B．["bc", 10]　　C．[10]　　D．[3, "bc", 10]

6．编写程序，针对列表[90,34,-23,18,12]从小到大进行排序，然后输出排序后结果。

7．编写程序，针对列表[90,34,-23,18,12]进行添加、删除操作，先加入元素 13，再删除元素-23。

8．编写程序，针对列表["Jack", "小明", 2020, 12, "long"]进行逆序输出。

第5章 序列中的元组

本章的学习目标

- 认识什么是元组。
- 熟练掌握元组的基本操作。
- 熟练使用元祖的方法。

本章将要介绍如何创建简单的元组，如何操作元组元素，以及如何高效地处理任何长度的元组。

5.1 认识元组

认识什么是元组

5.1.1 元组的概念

元组本质上是一种有序的集合，和列表非常相似。列表使用中括号[]表示，元组使用小括号()表示；使用逗号将每个元素分隔开，元组中的每个元素都有其相对应的下标，即索引。元组支持序列的基本操作，包括索引、切片、序列加、序列乘、in、len()、max()、min()。

元组的两大特点如下所示。

（1）元组不可变数据类型，一旦初始化，就不能发生改变，对元素没有增、删、改查等操作。

（2）元组内的元素存储可以是任意数据类型的元素。

5.1.2 元组的创建

元组创建很简单，只需要在括号中添加元素，元素之间使用逗号隔开即可。小括号可以省略。例如：

```
a = (110, 22.33, "tom")
b = 110, 22.33, "tom"
print(a)                    #输出结果：(110, 22.33, 'tom')
print(b)                    #输出结果：(110, 22.33, 'tom')
```

如果元组只有一个元素，则必须后面加逗号。这是因为解释器会把(1)解释为整数 1，(1,)才解释为元组。如下面例子所示：

```
a = (1)
print(a)                    #输出结果：1

b = (1,)
print(b)                    #输出结果：(1,)
```

通过 tuple()函数创建元组，例如：

```
c=tuple("abcd")
print(c)                    #输出结果：('a', 'b', 'c', 'd')

c=tuple(range(3))
print(c)                    #输出结果：(0, 1, 2)

c=tuple([10,20,30])
print(c)                    #输出结果：(10, 20, 30)
```


5.1.3 元组与列表的区别

元组与列表相同，也是容器对象，可以存储不同类型的内容。元组与列表有两个不同点。

（1）元组的声明使用小括号，而列表使用方括号，当声明只有一个元素的元组时，需要在这个元素的后面添加英文逗号。

（2）元组声明和赋值后，不能像列表一样添加、删除和修改元素，也就是说元组在程序运行过程中不能被修改。

用于列表的排序、替换、添加等方法也不适用于元组，适用于元组的主要运算有元组的合并、遍历、求元组的最大值和最小值等操作方法。

元组的基本操作

5.2　元组的基本操作

5.2.1　元组的访问

访问元组中的单个元素的格式为：

```
元组名[下标]
```

例如：

```
tuple1 = (20, 4, 201, 401)
print(tuple1[0])
#注意使用下标取值的时候，要注意下标的取值范围
#下标是从 0 开始表示，不要下标越界
#注意获取最后一个元素，有两种方式
print(tuple1[3])              #输出结果：401
print(tuple1[-1])             #输出结果：401
```

对元组进行切片，和列表切片方式一样。例如：

```
tuple1 = (20, 40, 201, 401)
print(tuple1[2:4])
```

输出结果：

```
(201, 401)
```

判断一个元素是否在该元组中。例如：

```
tuple1 = (20, 40, 201, 401)
for i in tuple1:
    if 201 == i:
        print("存在")
break
```

输出结果：

```
存在
```

5.2.2　元组的修改

在元组定义时，大家都知道元组一旦初始化就不能改变，但是现在如果我想改变元组怎么办呢？

元组是不能修改的，但是列表可以，元组中的元素的数据类型可以是不同类型的，因此可以通过在元组中添加一个列表，列表是可以修改的，进而来“修改”我们的元组。

```
tuple1 = ('hello', 'you',[20, 30])
#修改元组
tuple1[0] = 'hi'
#'tuple' object does not support item assignment 即报错，元组不能修改
tuple1[2][1] = 'good'
```

注意：从表面上看元组确实是改变了，但其实改变的不是元组，而是 list 的元素，所谓的 tuple

不变是说，tuple 的每个元素的指向永远不变，一旦它指向了这个 list，就不能改指向其他的对象，但是指向的 list 本身是可变的！

5.3 使用元组的方法

元组相关的函数

5.3.1 获取长度 len

len()方法的功能是获取元组元素的个数，格式为：

```
len(元组名)
```

例如：

```
tuple1 = (1, 2, 3, 8, 'hello', 'good')
print(len(tuple1))
```

输出结果：

```
6
```

5.3.2 求最大最小值

max()方法的功能是获取元组中元素的最大值，格式为：

```
max(元组名)
```

例如：

```
tuple1 = (1, 2, 3, 8, 20, 13)
print(max(tuple1))
```

输出结果：

```
20
```

min()方法的功能是获取元组中元素的最小值，格式为：

```
min(元组名)
```

例如：

```
tuple1 = (1, 2, 3, 8, 20, 13)
print(min(tuple1))
```

输出结果：

```
1
```

5.3.3 列表转换为元组

tuple(list)方法的功能是将列表转换为元组。格式为：

```
tuple(列表名)
```

例如：

```
list1 = [1, 2, 3, 8, 20, 13]
print(list1)                #输出结果：[1, 2, 3, 8, 20, 13]
print(tuple(list1))         #输出结果：(1, 2, 3, 8, 20, 13)
```

5.4 总结回顾

Python 的元组和列表类似，不同之处在于元组中的元素不能修改（因此元组又称为只读列表），且元组使用小括号而列表使用中括号。元组中只包含一个元素时，需要在元素后面添加逗号来消除歧义。

5.5 小试牛刀

给定一个元组 arr = ('scy', 'lily', 'Tom')，请编程完成以下几个问题。

（1）计算元组长度并输出。

（2）获取元组的第 2 个元素，并输出。

（3）获取元组的第 1～2 个元素，并输出。

（4）请使用 for 输出元组的元素。

（5）请使用 for、len、range 输出元组的索引。

第6章 序列中的字典

本章的学习目标

- 认识什么是字典。
- 熟练掌握字典的基本操作。
- 熟练使用字典的方法。

本章将介绍能够将信息关联起来的Python字典，学习创建简单的字典对象，以及如何访问和修改字典中的信息；另外，还将介绍存储字典的列表、存储列表的字典和存储字典的字典。

6.1 认识字典

认识什么是字典

6.1.1 字典的概念

字典是“键值对”形式的无序可变序列。字典中的每个元素都是一个“键值对”，包含“键对象”和“值对象”。可以通过“键对象”实现快速获取、删除、更新对应的“值对象”。字典是Python中唯一的映射类型。

列表中通过“下标数字”找到对应的对象。字典中通过“键对象”找到对应的“值对象”。“键”是任意的不可变数据，如整数、浮点数、字符串、元组。但是，列表、字典、集合这些可变对象，不能作为“键”，并且“键”不可重复。“值”可以是任意的数据，并且可重复。

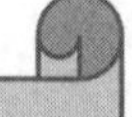

字典的格式如下：

```
{键:值}
```

字典的几大特点如下所示。

（1）通过键读取元素。
（2）字典是任意对象的无序集合。
（3）字典可任意嵌套，如元素可以为列表、字典、列表的列表等。
（4）字典的键必须是唯一的，不可重复，如果重复了，则以最后的键对应的值为准。
（5）字典中的键是不可变的，即键可以添加，不可以修改。

6.1.2　字典对象的创建

使用大括号{}创建字典对象，例如：

```
a={}
print(a)                    #输出结果：{} 创建空字典
b={"name":"Lily","age":18}
print(b)                    #输出结果：{'name': 'Lily', 'age': 18}
```

使用 dict()创建字典对象，例如：

```
c=dict()
print(c)                    #输出结果：{} 创建空字典
d=dict(name="scy",age=18)
print(d)                    #输出结果：{'name': 'Scy', 'age': 18}
f=dict([("name","Tom"),("age",19)])
print(f)                    #输出结果：{'name': 'Tom', 'age': 19}
```

使用 zip()创建字典对象，例如：

```
k= ['name','age','job']
v= ['Scy',18,'Programmer']
g=dict(zip(k,v))
#第一个列表对象 k 作为键对象，第二个列表对象 v 作为值对象
print(g)
```

输出结果：

```
{'name': 'Scy', 'age': 18, 'job': 'Programmer'}
```

使用 fromkeys()创建新的字典对象，例如：

```
h=dict.fromkeys(["name","age","job"])
print(h)
```

输出结果：

```
{'name': None, 'job': None, 'age': None}
```

6.2 字典的基本操作

字典的基本操作

6.2.1 增加字典元素

通过赋值的方式增加字典元素。例如：

```
dict1 = {'a':'1','b':2}
    print(dict1)                    #输出结果：{'a': '1', 'b': 2}
    dict1['c']='3'
    print(dict1)                    #输出结果：{'a': '1', 'b': 2, 'c': '3'}
```

6.2.2 删除字典元素

使用 popitem()函数删除字典元素，此函数的功能是删除字典中的最后一对键和值。例如：

```
dict1 = {'a':'c',2:13,(1,2):'b'}
print(dict1)                        #输出结果：{'a': 'c', 2: 13, (1, 2): 'b'}
dict1.popitem()
print(dict1)                        #输出结果：{'a': 'c', 2: 13}
```

6.2.3 修改字典元素

通过赋值的方式修改字典元素。注意，若键存在则是修改值，反之则是添加。

```
dict1 = {'a':'c',2:13,(1,2):'b'}
print(dict1)                        #输出结果：{'a': 'c', 2: 13, (1, 2): 'b'}
dict1['a']=10
dict1['b']='hello'
dict1['c']='World'
print(dict1)                        #输出结果：{'a': 10, 2: 13, (1, 2): 'b', 'b': 'hello', 'c': 'World'}
```

6.2.4 查找字典元素

使用 in 关键字遍历字典，判断字典的键或值是否存在。

```
dict1 = {'a':'c',2:13,(1,2):'b'}
if 2 in dict1.keys():
    print("这个键存在")
else:
    print("这个键不存在")
if 13 in dict1.values():
    print("这个值存在")
else:
    print("这个值不存在")
```

输出结果：

```
这个键存在
这个值存在
```

6.3 遍历字典

字典的遍历和嵌套

一个字典对象的长度是不确定的，可能有几个也可能有几百个元素变量，面对这么多的数据，对字典遍历的方式有遍历字典的键值对、遍历键和遍历值。

6.3.1 遍历键值对

通过 for 循环遍历可以获取字典中的全部“键值对”。使用字典对象的 items()方法可以获取字典的“键值对”列表。其语法格式如下：

```
for item in dictionary.items():
    print(item)
```

参数说明：dictionary 为字典对象。

返回值：遍历的“键值对”的字典元素。

示例：输出小组成员的姓名及 Python 课程的成绩，定义一个字典，存储小组成员的名字和 Python 课程成绩，然后通过 items()方法获取“键值对”的列表，并输出全部“键值对”。代码如下：

```
dictionary = {'Syc':'88', 'Lily':'70', 'Tom':'100'}
for item in dictionary.items():
    print(item)
```

输出结果：

```
('Syc', '88')
('Lily', '70')
('Tom', '100')
```

6.3.2 遍历键

xxx.keys()：返回字典的所有的 key；即返回一个序列，序列中保存字典的所有的键。

示例：输出小组成员的姓名，定义一个字典，存储小组成员的姓名和 Python 课程成绩，然后通过 keys()方法获取所有的键，并输出全部键。代码如下：

```
dictionary = {'Syc':'88', 'Lily':'70', 'Tom':'100'}
for key in dictionary.keys():
    print(key)
```

输出结果：

```
Syc
Lily
Tom
```

6.3.3 遍历值

xxx.values()：返回字典的所有的 value；即返回一个序列，序列中保存字典的所有的值。

示例：输出小组成员的 Python 成绩，定义一个字典，存储小组成员的名字和 Python 课程成绩，然后通过 keys()方法获取所有的键，并输出全部键。代码如下：

```
dictionary = {'Syc':'88', 'Lily':'70', 'Tom':'100'}
for value in dictionary.values():
    print(value)
```

输出结果：

```
88
70
100
```

6.4 字典嵌套

在字典中嵌套字典，以班级里的两个同学为例，这里是一个字典内嵌套两个字典，可以使用双重 for 循环来遍历字典。代码如下：

```
grade={
    'Scy':{
        '国籍':'中国',
        '身高':'169cm'
    },
    'Tom':{
        '国籍':'法国',
        '身高':'180cm'
    },
}

for name, info in grade.items():
    print(name)
    for key, value in info.items():
        print(key+':'+value)
```

输出结果：

```
Scy
国籍:中国
身高:169cm
Tom
国籍:法国
身高:180cm
```

6.5 总结回顾

本章学习了字典及对字典进行的增、删、改、查等基本操作。字典是“键名-数值对”的无序集合，键是唯一的、不可变的，值是可变的。需要注意的是，在创建字典的时候，key 是唯一的；如果在构造字典的时候，出现多个 key，后面的赋值将会覆盖前面的。在日常练习，要学会将方法混搭一起使用，使得问题更高效的解决。

6.6 小试牛刀

有字典 dic = {"k1": "v1", "k2": "v2", "k3": "v3"}，编程实现以下功能：

（1）遍历字典 dic 中所有的 key。

（2）遍历字典 dic 中所有的 value。

（3）循环遍历字典 dic 中所有的 key 和 value。

（4）删除字典 dic 中的键值对"k1":"v1"，并输出删除后的字典 dic。

第7章 Python 工具体之函数

本章学习目标

- 掌握函数的基础用法。
- 掌握函数的特性。
- 了解函数的作用域。

本章介绍函数基础用法、函数特性及匿名函数，学完本章能提高读者写代码的简洁性，减少代码冗余。

7.1 函数的基本认识和用法

认识什么是函数

7.1.1 函数的概念

函数是先定义好的可以实现某些功能的代码块。函数可以减少代码的重复利用率，比如常见的 Python 内建函数 print()和 input()。同时也可以自定义自己的函数，函数内实现自己想要的功能，比如自定义一个名为 play 的函数，实现的功能是输出文字“小明爱玩耍”。

【例 7-1】下面例子中，先初步带大家认识函数，print 内建函数和 input 内建函数，并且观察这两个内建函数的作用。

```
#内建函数 input
name = input("请输入您的名字:")
#内建函数 print
print("您的名字叫 "+name)
```

程序运行结果如图 7-1 所示。

```
请输入您的名字:小明
您的名字叫 小明
```

图 7-1 内建函数 input 和 print 的应用

从上面的代码运行结果可知，内建函数 input 的作用是获取用户从键盘输入的值，并且将获取的值赋值给变量名 name，然而内建函数 print 的作用是负责打印输出值。

7.1.2 自定义函数

如果想自定义一个函数，那么在定义函数的时候，首先要有 Python 的关键字 def，其次就是小括号()不要忘记，在定义函数功能代码的时候，记得要先缩进，然后写功能代码。

【例 7-2】下面例子中，带大家自定义函数 play，并且函数内的函数体的代码可以打印输出一定的信息。

```
def play():                    #def 函数名()
    print("小明爱玩耍")          #函数体
```

上面代码就是自定义一个函数的简单方法。

7.1.3 函数调用

函数的调用也特别简单，只需如同例 7-3 中第 6 行代码一样，写上函数的名字就可以了。

【例 7-3】下面例子中，带大家自定义函数 play，同时调用自定义函数。

```
#自定义函数
def play():
    print("小明爱玩耍")

#自定义函数调用
play()
```


程序运行结果如图 7-2 所示。

```
小明爱玩耍
```

图 7-2 自定义函数的调用

7.2 函数的特性

函数的相关操作

7.2.1 函数特性之 return

当从自定义的函数中获取想要的返回值，应该怎么做？方法很简单，直接使用关键字 return

就可以获取想要的返回值。

使用 return 的时候就意味着该函数的函数体（自己定义的函数功能代码）在运行完函数体内所有代码的时候还会返回一个指定的值。

【例 7-4】下面例子中，带大家认识函数的返回值，并且对获取的返回值进行打印输出。

```
def get_name():                              #def 函数名()
    name = input("请输入您的名字:")           #函数体
    return name

my_name = get_name()                         #调用函数并且把返回值赋值给变量
print("函数获取到的返回值为 "+my_name)        #输出返回值
```

程序运行结果如图 7-3 所示。

```
请输入您的名字:小尘
函数获取到的返回值为 小尘
```

图 7-3　获取函数的返回值

通过上面的代码，最终运行结果从控制台看到“小尘”两字，第三行代码 return name 意思就是把变量 name 返回给调用者，第 5 行代码就是调用者，它会运行函数里面的函数体，并且获取一个返回值，返回值就是 name，并且把 name 赋值给变量 my_name，同时通过第 6 行代码进行结果输出。

最后还要说明的是，return 关键字可以返回函数中的值，并且它所返回的值可以是列表、字典、对象，也就是说它可以返回任意类型的数据，如果一个函数的函数体中没有 return 的话，那么在调用这个函数的时候，返回值为 None 也就是为空值。我们看看下面的代码。

【例 7-5】下面例子中，带大家认识函数的返回值，函数的返回值可以返回列表、字典、整型、集合、元组等各种类型。

```
#返回整型和字符串类型
def execute():
    name = "小明"
    age = 18
    return age
print(type( execute()))
```

运行结果为：<class 'int'>，表示这是一个整型数据；如果将 return 关键词后的 age 变量更改为 name，则返回的结果为：<class 'str'>，表示这是一个字符串类型数据。

```
#返回列表、字典、元组、集合等数据类型
def execute():
    name = "小明"
    age = 18
    list_data = [name,age]      #列表类型
    dic_data = {age:name}       #字典类型
    tup_data = (name,age)       #元组类型
    set_data = {name,age}       #集合类型
```

```
        return list_data
print(type(execute()))
```

运行结果为：<class 'list'>，表示这是一个列表数据；依次将 return 关键词后的 list_data 变量更改为 dic_data、tup_data、set_data，可以依次得到<class 'dict'>、<class 'tuple'>、<class 'set'>的返回结果类型，如图 7-4 所示。

```
<class 'list'>
<class 'dict'>
<class 'tuple'>
<class 'set'>
```

图 7-4　返回列表、字典、元组、集合数据类型

图 11-2 就是通过 cmd 指令打开记事本工具，notepad 就是 cmd 指令，cmd 指令有很多，具体请参考表 11-2。

7.2.2　函数特性之位置参数

在讲解位置参数的时候，先来了解函数的参数，函数的参数有形式参数和实际参数两种，同时参数传递的方式有位置参数、关键字参数、默认参数等，这里先给大家介绍位置参数。

在此之前，必须要明白什么是形式参数、什么是实际参数。

形式参数，函数定义的时候接收的参数。

实际参数，调用函数的时候传递的参数。

这就是实际参数和形式参数的含义。接下来给大家讲函数的位置传参，位置传参就是对传递参数的位置进行匹配。比如定义一个自定义函数 attrs(形式参数 1,形式参数 2)，当我们在调用自定义函数 attrs(实际参数 1,实际参数 2)，则会按照位置进行匹配，实际参数 1 传递给形式参数 1，实际参数 2 传递给形式参数 2。

【例 7-6】下面例子中，通过代码带大家了解什么叫位置参数。

```
def attrs(name,age):                    #def 函数名(形式参数 1,形式参数 2)
        get_name = name                 #函数体(把指定形式参数赋值给变量)
        get_age = age
        print(name,age)

attrs("小明","9 岁")                    #调用函数，同时传递实际参数给函数
```

程序运行结果如图 7-5 所示。

```
小明 9岁
>>>
```

图 7-5　位置参数

对以上代码进行分析，首先第 6 行代码在调用函数的同时定义了两个实参，分别是“小明”、“9 岁”，然后第 1 行代码中的 name 和 age 就会接收这两个实参，并且会按照实参的位置进行接收，

name 接收信息为“小明”，age 接收信息为“9 岁”，这就是位置参数传参。

7.2.3　函数特性之关键字参数

在 7.2.2 节已经了解到可以通过位置的顺序传参，本节将会教大家可以不按顺序的方式传参，方法很简单，只需变动第 7 行代码就可以实现了。

【例 7-7】下面例子中，通过代码带大家了解什么叫关键字参数。

```
def attrs(name,age):                    #def 函数名(形式参数 1,形式参数 2)
        get_name = name                 #函数体(把指定形式参数赋值给变量)
        get_age = age
        print(name,age)

attrs(age = "9 岁" ,name = "小明")       #调用函数，同时传递实际参数给函数
```

程序运行结果如图 7-6 所示。

```
小明 9岁
>>>
```

图 7-6　关键字参数

这种方法就是关键字参数传参，我们不用根据顺序的方法，而是根据实参和形参的变量名的方法进行传参，第 7 行代码中实参 age = "9 岁"、name = "小明"就会根据名字，传入指定的形参 name、age。

7.2.4　函数特性之默认参数

默认参数就是对形参创建一个默认值，在调用函数的时候，通过关键字参数传参时，实参并不一定都写。可以省略部分实参，但省略的前提是形参必须有默认值，否则会报错。

【例 7-8】下面例子中，通过代码带大家了解什么叫默认参数。

```
def attrs(name,age,sex = "男"):          #形参 sex 是有默认值的形参
        get_name = name                 #函数体(把指定形式参数赋值给变量)
        get_age = age
        get_sex = sex
        print(name,age,sex)

attrs(age = "9 岁" ,name = "小明")       #这里省略了一个实参 sex
```

程序运行结果如图 7-7 所示。

```
小明 9岁 男
>>>
```

图 7-7　默认参数

第 7 行代码中并没有实参 sex，但是看最终输出结果，主要是因为形参 sex 有一个默认值“男”。所以即使不定义实参 sex 也是可以的，假如现在定义了一个实参 sex = "女"，那么输出的结果又是什么呢？

【例 7-9】下面例子中，给大家介绍当实参和默认值形参同时存在时会发生的结果。

```
def attrs(name,age,sex = "男"):
        get_name = name
        get_age = age
        get_sex = sex
        print(name,age,sex)

attrs(age = "9 岁" ,name = "小明", sex = "女")     #定义实参 sex
```

程序运行结果如图 7-8 所示。

```
小明 9岁 女
>>>
```

图 7-8　实参和默认值形参同存

同学们可能会有疑问，为什么输出结果不是“小明　9 岁　男”？因为当存在实参的时候，形参的默认值优先级低于定义的实参的优先级，所以最终输出结果是“小明　9 岁　女”。

巧解难题：能不能用关键字参数传参的同时也用位置参数传参呢？答案是可以。

【例 7-10】下面例子中，将会告诉读者关键字参数传参和位置参数传参一起使用的方法。

```
def attrs(age,name):
        get_age = age
        get_name = name
        print(name,age)

attrs("9 岁" ,name = "小美")      #位置传参和关键字传参混合使用
#attrs(name = "小美","9 岁")      #错误代码
```

程序运行结果如图 7-9 所示。

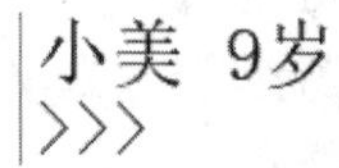

图 7-9　关键字参数传参和位置参数传参

上面的代码说明位置传参和关键字传参是可以混合使用的，最终输出结果为“小美 9 岁”，但是为什么第 8 行代码是错误代码呢？原因是当位置传参和关键字传参混合使用的时候，关键字传参要放在位置传参的后面，否则会报错。

7.2.5　函数特性之可变参数

1. 可变参数*arg

有时候传入函数的参数并不确定，这时就要用到可变参数，可变参数用*来表示。

【例 7-11】下面例子中，给读者介绍可变参数的用法，可变参数需用*表示。

```
def add(*arg):
    count = 0
    for i in arg:
        count = count + i
    print("arg 的数据类型为：",type(arg))      #arg 在函数内部会自动识别为元组
    return count

result = add(1,2,3,4,5)
print("函数返回的值为：",result)
```

程序运行结果如图 7-10 所示。

```
arg的数据类型为： <class 'tuple'>
函数返回的值为： 15
>>> |
```

图 7-10　可变参数的用法*

第 1 行代码中的*arg 就是可变参数，因为这个参数的数量是不确定的，所以用*表示，然后在函数调用过程中函数内部会自动识别 arg 为一个元组。在第 5 行代码中对 arg 的类型进行输出，得到结果是 tuple 也就是元组类型。

如果想传入一个列表作为实参，只需在定义的列表变量名前面加上*即可，看下面代码的第 9 行。同时需要注意的是，*num 和 num 是有很大的区别的，*num 意思把列表中每一个元素作为参数传递，num 则是把列表作为一个整体作为参数传递。

```
def add(*arg):
    count = 0
    for i in arg:
        count = count + i
    print(type(arg))      #arg 在函数内部会自动识别为元组或者列表
    return count

num = [1,2,3,4,5]
result = add(*num)
```

输出结果：

```
<class 'tuple'>
```

2. 可变参数**kw

除了第一种用*号作为可变参数外，还有另一种**kw，它在函数内部中，函数会将它识别为字典。

【例 7-12】下面例子中，给读者介绍可变参数的另一种用法，可变参数用**表示。

```
def get_name(**kw):
    print(type(kw))            #console：<class 'dict'>
```

```
    print(kw)                #console：{'name': '小明', 'age': '19'}
    print(kw["name"])        #console：小明

get_name(name = "小明",age = "19")
```

程序运行结果如图 7-11 所示。

```
<class 'dict'>
{'name': '小明', 'age': '19'}
小明
>>>
```

图 7-11　可变参数的用法**

用法也跟*arg 可变参数一样，只是在函数内部识别的类型不同，可变参数*arg 在函数内部识别为元组类型（tuple），**kw 在函数内部识别为字典类型（dict）。如果以字典作为实参传递也是跟之前用列表作为实参传递的方式一样。如下面的代码：

```
def get_name(**kw):
    print(type(kw))          #console：<class 'dict'>
    print(kw)                #console：{'name': '小明', 'age': '19'}
    print(kw["name"])        #console：小明

info = {'name': '小明', 'age': '19'}
get_name(**info)
```

输出结果与图 7-11 一样。

7.3　函数的作用域

7.3.1　全局变量与局部变量

全局变量就是定义在函数外，全局范围内都可以访问的变量，然而局部变量是定义在函数内的变量，只能在函数内部访问，在函数外界是无法访问到的。

【例 7-13】下面例子中，给大家介绍全局变量与局部变量的区别。

```
def variable():
        #局部变量 var_data
        var_data = "123"

#全局变量 data
data = "123"
```

通过代码可以直接看出，data 就是全局范围内都可以访问的变量，var_data 就是在函数外界是无法访问到的局部变量，假如现在加入第 7 行代码来访问局部变量，就会报错，报错结果如图 7-12 所示。

```
print(var_data)
```

```
Traceback (most recent call last):
  File "C:\Users\86131\Desktop\知识总结\1.py", line 6, in <module>
    print(var_data)
NameError: name 'var_data' is not defined
>>>
```

图 7-12　错误异常

报错信息说明变量 var_data 没有定义，意思就是这个变量在全局范围内是无法访问的，因为它并不是一个全局变量。它是在函数 variable 内定义的一个局部变量，可以在函数内访问，但在超出函数内部的地方不能访问。那么现在对第 7 行代码进行修改，把原本的变量局部变量 var_data 改为全局变量 data。

```
print(data)
```

输出结果：

```
123
```

通过代码直接发现全局变量 data 可以在全局范围内随意访问，当然只修改第 7 行代码可能无法完全坚定自己的答案，那么继续来探究，在函数内部访问一下全局变量，看看能不能访问到。

【例 7-14】下面例子中，在函数内部访问全局变量，看看发生的结果。

```
def variable():
        #局部变量 var_data
        var_data = "123"
        print(data)

#全局变量 data
data = "123"
#调用函数
variable()
```

程序运行结果如图 7-13 所示。

图 7-13　函数内访问全局变量

在第 4 行代码中，函数内部直接访问全局变量，并没有报错，这下大家可以坚定自己的答案，全局变量确实是可以在全局范围内访问，在函数里面和外面都可以访问，相信大家通过代码明白了什么叫全局变量和局部变量了。

7.3.2　认识关键字 global

通过上一节，大家对全局变量和局部变量都有了一定的了解，但是可能有些同学会有疑问，假如确实想让函数内部的变量也就是所说的局部变量变成全局变量，可以实现吗？答案是当然可以。本节将带大家认识 Python 的关键字 global。

【例 7-15】下面例子中，把局部变量通过使用 global 变成全局变量。

```
def variable():
    global var_data
#局部变量 var_data
    var_data = "123"
#全局变量 data
data = "123"
#调用函数
    variable()
print(var_data)
```

程序运行结果如图 7-14 所示。

```
123
>>>
```

图 7-14　局部变量变成全局变量

从代码中可以看出，程序并没有报错，因为在第 8 行代码中调用了函数，然后函数里面的代码执行完后，var_data 就变成全局变量，可以在全局范围内访问，所以这就是关键字 global 的重要性。

7.3.3　global 的进阶认识

有些同学在敲代码中可能会遇到一个这样的问题，那就是在函数内部修改全局变量的时候，却没有修改成功。如下例：

```
def variable():
        #局部变量 var_data
        var_data = "123"
        data = "1234"

#全局变量 data
data = "123"
#调用函数
variable()
print(data)
```

上面的第 3 行代码对全局变量进行了重新赋值，但是程序最终运行的结果仍然是 123 而不是 1234，这是为什么，原因就是变量 data 在函数内部定义的，是一个局部变量，与外界无关，认真看代码就知道，第 7 行代码和第 4 行代码中的变量 data 并非是同一个变量，一个是全局变量、一个是局部变量，所以如果想在函数内部修改全局变量，可以把第 4 行代码中的 data 定义为全局变量，这样才能修改成功。

【例 7-16】下面例子中，使用 Python 关键字 global 在函数内部修改全局变量。

```
def variable():
        #把局部变量 data 变为全局变量
        global data
```

```
        #局部变量 var_data
        var_data = "123"
        #局部变量 data
        data = "1234"

#全局变量 data
data = "123"
#调用函数
variable()
print(data)
```

程序运行结果如图 7-15 所示。

```
1234
>>>
```

图 7-15 在函数内部修改全局变量

7.4 总结回顾

在本章中，讲解了如何自定义一个函数，如何调用一个函数，什么是实参，什么是形参，还有几个关键字 global、import、from，以及内置函数 sorted、map、eval。学完本章的函数，大家可以对自己代码进行封装并且可以减少代码冗余，提高代码的简洁性。

7.5 小试牛刀

1．创建一个自定义的函数，函数里面的函数体实现的功能是将传入的参数信息进行打印。
2．认识内置函数 abs 的作用，当传入-2 的时候会获得怎么样的值。
3．使用递归函数实现累加，设置递归出口，值为 0 时不再调用自身函数。
4．创建字典并且元素的形式为名字：成绩，然后使用内置函数 sorted 实现成绩排名。

第8章 类与对象

本章学习目标

- 了解面向对象编程思想。
- 掌握类的三大特性。
- 了解类、对象、函数之间的关系。

本章将向读者介绍面向对象的编程思想和类的封装、继承、多态三大特性，相信通过本章的学习读者会对类、对象、函数之间的关系有一个更加清晰的认识。

8.1 类与对象的初级认识

了解什么是类与对象

8.1.1 类与对象的故事

有一个特别搞笑的故事，一个加班的程序员看了下手机，发现今天是情人节，然后匆匆忙忙就关电脑，当他乘电梯准备离开公司的时候，忽然想了想，发现自己好像没有女朋友，于是他又回到公司继续加班，已经接近凌晨的时候，他看了下手机，发现朋友圈都是有关今天情人节的，然后小声地说了句，谁还没个对象啊，我也有。于是他打开 Python 编程软件，然后创建了一个对象，并且发朋友圈告诉所有人，我也有对象。大家猜猜这位程序员的朋友圈发了什么呢？

```
#创建女生类
class Girl:
    #创建构造方法
```

```
    def __init__(self,name):
        self.name = name
    #创建普通方法，获取女生名字
    def getName(self):
        return self.name

#创建两个对象
my_girl = Girl("小美")
my_girl2 = Girl("小丽")

#获得两个对象的名字
name1 = my_girl.getName()
name2 = my_girl2.getName()

#打印结果
print("我有两个女朋友","一个叫",name1,"一个叫",name2)
```

输出结果：

```
我有两个女朋友 一个叫 小美 一个叫 小丽
```

上面的代码就是程序员发朋友圈的内容，所以说这位程序员也是挺幽默的，不过能看懂他代码的女生估计都不是一般的女生。在本节中，先不讲解代码，下一节就会带大家一起进入类与对象的知识大门。

8.1.2 面向对象编程

面向对象编程（Object Oriented，OO）简称 OOP，是一种程序设计思想，把一些数据和数据方法作为一个整体封装起来，通俗来说也可以理解为把生活中的事物抽象为程序中的"对象"，也就是万物皆对象，然后对象有自己的属性、自己的方法。学会面向对象编程，这将会提高程序的扩展性，提高代码的简洁性。

上面的概念大家可能一时半会还不能完全明白，那么举个例子，比如人类，就是一个类，生活中的每个人都是一个对象，那么对象就有他的属性，比如身高、体重，还有对象的方法，他会修电脑，他会煮饭，这些都是对象的方法。直接看下面的代码。

【例 8-1】下面例子中，创建人类，实例化对象，对象有方法。

```
#创建人类
class Person:
    def __init__(self,name,sex):
        self.name = name
        self.sex = sex
    #维修电脑-方法
    def repair_computer(self):
        print("我会维修电脑")
    #煮饭-方法
```

```
        def cooking(self):
            print("我会煮饭")
#实例化对象
xiaoming = Person("小明","男")
#对象调用方法
xiaoming.cooking()
```

程序运行结果如图 8-1 所示。

我会煮饭

图 8-1　创建一个对象

首先要学会创建一个类，创建类的方法很简单，只需使用的关键字 class 就可以创建出一个类，第 2 行代码就是创建一个类的方式（class 类名），然后再创建两个方法，创建方法与创建函数的一样，区别在于方法需要有参数 self。然后看第 12 行代码，首先创建一个对象，直接写上类名 Person()，并且赋值为一个变量，那么这个变量就代表的是一个对象。也就是 xiaoming（小明），可以把他理解为一个人，那么小明会煮饭，也就是“对象.方法名”的格式就可以直接调用这个对象方法了。因为类是抽象的，要把它给形象化，就要创建一个对象，也叫实例化对象。

上面第 7 行和第 9 行代码都是对象的方法，那么对象的属性又是怎么创建的？创建的方法也很简单。直接看下面的代码第 3～5 行。这里就要用到构造方法，创建构造方法的方法只需把方法名改为__init__即可，同时也别忘了把 self 参数放进去。

第 3 行代码就是创建构造方法的格式，构造方法是一种特殊的方法，当实例化对象的时候，会默认调用构造方法。同时还有一个需要注意的地方就是，实例化对象的时候，并且创建了构造方法，有参数，那么实例化对象所传的参数也就是作为构造方法的参数。下面的代码中，直接看第 8 行代码，传了两个参数，那么都会被构造方法中的参数接收，"xiaoming"和"男"分别传给了 name 和 sex。可能有同学会有疑问，self 不用传参数吗？self 可以理解为一个对象标志，不需要传参数，同时也是普通函数和方法的一种区别。

```
#创建人类
class Person:
    def __init__(self,name,sex):
        self.name = name
        self.sex = sex

#实例化对象
xiaoming = Person("xiaoming","男")
```

当实例化对象并且传了参数的时候，那么构造函数接收到了参数，把它们分别赋值给了 self.name 和 self.sex，也就是对象的属性。这与往常创建的变量不同之处在于还需在变量名前面加上 self，这就是对象属性，也叫成员变量。刚才讲解实例化对象的时候就会默认调用构造方法，可以直接通过下面代码验证。

```
#创建人类
class Person:
    def __init__(self):
        print("我是构造方法")

#实例化对象
xiaoming = Person()
```

输出结果：

```
我是构造方法
```

最终运行的结果是输出打印了“我是构造方法”，也就证明了只要实例化对象就会调用构造方法，所以当传参数实例化对象的时候，就会调用构造方法，并且创建好成员变量（下面的章节中都会把对象属性叫成员变量）。

8.1.3 类与对象之 Cat

继上一节的知识，本节将为大家巩固类与对象的知识。

- 创建类：class 对象名
- 创建成员方法：def 方法名(self)
- 创建成员变量(属性)：self.属性名
- 实例化对象：对象名 = 类名()

大家可能对最后一点可以不太明白，实例化对象：对象名 = 类名()。类和对象又有什么区别，可以理解为，类就是模板，对象就是根据模板制作出了的实体。比如工厂的刀具，根据刀具模板制作出每把刀。每把刀都是一个对象，对象有属性、有方法。接下来通过一个案例加深大家对类与对象的印象。

【例 8-2】下面例子中，创建猫类，创建两个对象，并且调用对象的方法。

```
#创建猫类
class Cat:
    #构造方法
    def __init__(self,name):
        #成员属性
        self.name = name

    #成员方法-玩耍
    def play(self):
        print(self.name+"在玩耍")

    #成员方法-睡觉
    def sleep(self):
        print(self.name+"在睡觉")
```

```
#实例化对象-创建了两个对象，并且每个对象名字不一样
co_cat =Cat("卡菲猫")
sh_cat =Cat("短毛猫")

#调用对象方法
co_cat.play()
sh_cat.play()
```

程序运行结果如图 8-2 所示。

```
卡菲猫在玩耍
短毛猫在玩耍
>>>
```

图 8-2　猫类对象

首先创建了一个猫类，然后实例化了两个对象，第一个对象加入参数卡菲猫，然后构造函数接收到了传递的参数，并且把参数赋值给成员变量也就是成员属性。在创建类的时候还创建了两个成员方法。在成员方法中，可以直接使用成员属性。当对象调用方法时（对象名.方法名）出现了两种结果，因为在 17、18 行代码中实例化了两个对象。这两个对象都属于猫类：一个是卡菲猫，一个是短毛猫。所以调用方法时候，由于对象属性不同，就有两种结果。

当实例化了一个对象的时候，除了可以以“对象名.方法名”方式调用方法外，还可以以“对象名.属性名”方式对属性进行打印输出。直接看下面代码的 13 和 14 行，与使用对象方法差不多。

```
#创建猫类
class Cat:
    #构造方法
    def __init__(self,name,age):
        #成员属性
        self.name = name
        self.age = age

#实例化对象
co_cat =Cat("卡菲猫",3)

#打印对象属性
print(co_cat.name)
print(co_cat.age)
```

输出结果：

```
卡菲猫
3
```

相信大家开始对类与对象已经有了初步的认识，学会类与对象可以对面向对象编程有一个深的理解。在导入一些第三方库和标准库的时候，可能会经常看到一些类与对象的应用，比如有关爬虫方面的库 bs4 使用，实例化 BeautifulSoup，就是创建一个对象的意思。

```
from bs4 import BeautifulSoup
```

```
html = "这是一个网页源代码"
soup = BeautifulSoup(html,"lxml")

#使用对象的方法
soup.find_all("")
```

上面代码就是别人定义好的类，只需要导入这个类，并且实例化对象就可以了，第 3 行代码就是实例化对象的意思，并且传入两个参数，同时第 6 行代码就是使用的对象方法。

8.2　类与对象的进阶

什么是私有化属性

8.2.1　成员变量和类变量

成员变量又叫对象的属性，那么类变量是什么呢？类变量可以理解为对象公共的属性。

```
class Man:
    #类变量
    hand = 2
    eye = 2

    def __init__(self,name,age):
        #成员变量
        self.name = name
        self.age = age
```

上面的代码中很明显地看出，类变量与定义普通变量一样，当使用类变量的时候，无需创建一个对象，通过“对象名.属性名”的方式得到类变量的值。直接用“类名.属性名”即可得到类变量的值，下面的代码就是打印输出类变量的方式。

```
print(Man.eye)
```

输出结果：

```
2
```

现在再把成员变量打印输出，先创建一个对象，并且传参。

```
class Man:
    #类变量
    hand = 2
    eye   = 2

    #构造方法
    def __init__(self,name,age):
        #成员变量
        self.name = name
        self.age = age

xiaoming = Man("小明","6")
```

```
#打印输出成员变量，console：小明
print(xiaoming.name)
#打印输出类变量，方法一，console：2
print(Man.eye)
#打印输出类变量，方法二，console：2
print(xiaoming.eye)
```

输出结果：

```
小明
2
2
```

上面代码需要特别留意的地方是第 17 和 19 行代码，在第 17 行代码中，直接使用“类名.变量名”的方式打印输出类变量，而第 19 行代码中直接使用“对象名.变量名”也可以打印输出类变量，eye 并不是这个对象的属性，为什么也能打印输出？这是因为 Python 的对象实例化后，打印输出属性，首先从构造方法那里查找对象属性，当查找不到的时候，就会从类变量那里找。eye 在构造方法中不存在，那么它就会从定义类变量中找，最终才打印输出了类变量。

假如类变量和成员变量命名一样，当使用“对象名.变量名”的方式，那么最终打印输出的是类变量还是成员变量？按刚刚所说，如果在构造方法中找不到这个属性，那么就直接找类变量。在构造方法中找到了，就优先使用成员变量。

```
class Man:
    #类变量
    hand = 2
    eye = 2

    #构造方法
    def __init__(self,name,hand):
        #成员变量
        self.name = name
        self.hand = hand

xiaoming = Man("小明",4)
print(xiaoming.hand)
```

输出结果：

```
4
```

在看科幻电影的时候，可能会看到四只手的男人，比如四手霸王超级英雄。现在就创建一个对象，并且把 4 作为参数传进去，发现以“对象名.变量名”的方式打印输出的时候，打印的是成员变量而不是类变量，这就验证了之前的结论。如果存在这个对象属性，则打印输出这个对象属性，如果不存在这个对象属性，则打印输出类变量。

知识进阶

当实例化对象的时候，如果还想对对象新增一些属性，那么可以直接以“对象名.变量名”的方式新增一个对象属性。新增类变量的方式也是一样，即类名.变量名。

```
class Man:
    #类变量
    hand = 2
    eye = 2

    #构造方法
    def __init__(self,name):
        #成员变量
        self.name = name


xiaoming = Man("小明")

#新增对象属性
xiaoming.age = 18
#新增类变量
Man.foot = 2
print("新增的对象属性为{},新增的类变量为{}".format(xiaoming.age,Man.foot))
```

输出结果：

```
新增的对象属性为18,新增的类变量为2
```

直接看到第15和17行代码就明白了，新增对象属性和类变量其实很简单。最后还要教大家一个小技巧，查询对象当前的属性，这里就要用到对象通用的属性，这个属性是每个对象都有的，不需要自己创建。

【例8-3】下面例子中，就是讲解使用对象通用属性__dict__查询对象当前的所有属性。

```
class Man:
    #类变量
    hand = 2
    eye = 2

    #构造方法
    def __init__(self,name,sex):
        #成员变量
        self.name = name
        self.sex = sex

xiaoming = Man("小明","男")

#查询对象当前的所有属性，以字典类型展示出来
print(xiaoming.__dict__)
#console：{'name': '小明', 'sex': '男'}
```

程序运行结果如图8-3所示。

```
{'name': '小明', 'sex': '男'}
>>>
```

图 8-3 __dict__用法

第 15 行代码就是查询对象所有属性的方式，只需用到__dict__就可以把当前对象所有属性以字典类型的形式打印出来。

8.2.2 成员方法和类方法

在讲解本节前，先来学习下构造方法，什么是构造方法？构造方法也可以叫构造函数，构造函数就是一个对象特殊的方法，当实例化对象的时候就会默认调用构造方法，那么假如没有定义构造方法的时候，会出现什么情况？

```
class Man:
    def play(self):
        print("我爱玩耍")

xiaoming = Man()
```

敲完上面的代码，发现在缺少构造函数的时候程序没有报错，这是为什么呢？原因就是，当实例化对象的时候，确实会默认调用构造函数，但是在定义类的时候，没有写构造函数的情况下，Python 会偷偷创建一个无参数的构造函数，即创建对象的时候，这个对象没有属性。因为构造函数并没有执行什么，看下面第 4、5 行就知道，方法体只有 pass，也就是什么都不执行的意思。第 4、5 行代码就是当自己没有定义构造函数的时候，Python 偷偷定义的无参数构造函数。

```
class Man:
    #在没有构造函数情况下，实例化对象时候
    #Python 会偷偷给我们定义一个空参数构造函数
    def __init__(self):
        pass
    def play(self):
        print("我爱玩耍")

xiaoming = Man()
```

说完无参构造函数，接下来说本节要讲的知识，那就是类方法，有类变量自然也有类方法，与类变量一样，类方法可以理解成这是对象的公共的方法，并且类方法调用的方式也很简单，即类名.方法名，但是应该怎么定义一个类方法呢？这里就要用到修饰符@，在创建类方法前，需要在类方法前面写上@classmethod，这就是类方法和成员方法的区别。

```
class Man:
    #类方法
    @classmethod
    def showinfo(cls):
```

```
        print("我是一个类方法")
    #成员方法
    def learn(self):
        print("我会学习")

#使用类方法，第一种方式：类名.方法名
Man.showinfo()

#使用类方法，第二种方式：对象名.方法名
xiaoming = Man()
xiaoming.showinfo()
```

输出结果：

```
我是一个类方法
我是一个类方法
```

上面的代码中，在定义类的时候并没有创建构造函数，当实例化对象时候，Python 则会偷偷创建无参构造方法。无参构造方法也就意味着什么都不执行，那么这个对象没有属性，但创建了成员方法，也就是对象没属性有方法。同时还创建了类方法，类方法的两种调用方式与类变量类似。

8.2.3 属性与方法之私有化

私有化就是只能在定义类范围内使用，一般用来对属性进行保护。声明属性私有化的方法很简单，只需要在变量名前面加上“__”就可。当私有化属性后，实例化对象的时候就不能使用这个属性了，也无法对属性修改。看看下面的代码：

```
class Man:
    def __init__(self,name,age,sex):
        #成员变量(对象属性)
        self.__name = name
        self.age = age
        self.sex = sex

    #成员方法(对象方法)
    def learn(self):
        print(self.__name+"喜欢学习")
    #成员方法(对象方法)
    def play(self):
        print(self.name+"喜欢玩耍")

xiaoruo = Man("小若",6,"男")
xiaoruo.learn()              #方法 learn 使用了属性 name 并没有报错
#print(xiaoruo.__name)  报错代码，因为 name 已经私有化了
```

输出结果：

```
小若喜欢学习
```

看第 4 行代码，发现属性名 name 前面有“__”也就意味着除了类中可以使用外，其他地方使用就会报错。所以在第 16 行代码中对象调用了方法 learn，然后 learn 中的方法体是 print(self.__name+"喜欢学习")，方法体是在定义的类中，也就是可以使用的。然而第 17 行代码报错了，这是为什么？刚刚已经说了，私有化的属性只能在定义类范围内使用，超出范围使用就会报错，如图 8-4 所示。

```
class Man:
    def __init__(self,name,age,sex):
        #成员变量(对象属性)
        self.__name = name
        self.age = age
        self.sex = sex
                                    私有化属性只能在这个框中使用
    #成员方法(对象方法)
    def learn(self):
        print(self.__name+"喜欢学习")
    #成员方法(对象方法)
    def play(self):
        print(self.name+"喜欢玩耍")


xiaoruo = Man("小若",6,"男")
xiaoruo.learn()           #方法learn使用了属性name并没有报错
#print(xiaoruo.__name)    报错代码，因为name已经私有化了
#console：小若喜欢学习
```

图 8-4　私有化属性

私有化方法也与私有化属性一样，只需在方法名前面加上“__”即可。

```
class Man:
    def __init__(self,name):
        #成员变量(对象属性)
        self.__name = name

    #私有化方法，超出定义的类范围外不可访问
    def __private(self):
        print("我是私有化方法")

    #普通方法
    def showinfo(self):
        self.__private()    #在定义类范围内可以方法私有化方法


xiaoruo = Man("小若")
xiaoruo.showinfo()
#xiaoruo.__private()  报错代码，因为方法已经私有化
```

输出结果：

```
我是私有化方法
```

在上面的代码中，需要留意第 12 行代码，第 12 行代码是在类里面使用成员方法的方式。因为私有化的方法可以在定义类的范围内使用，所以这里不会报错。然而第 17 行代码就报错了，因为对象无法访问私有化方法。

8.3 类与对象之继承

类的继承特性

8.3.1 父类和子类

看过玄幻小说都知道，小说里面的主人公继承了家族血脉，天生拥有霸王神力。然后在继承家族血脉的同时自己经过后天的努力，又学会了更多的技能。假如因为敌人强大，对战的时候导致血脉之力尽失，也就是失去了家族血脉之力，本来以为此生再无缘踏入修炼之路，却因为偶然机遇，得到了上古神兽的血脉，因此血脉重洗，并且拥有神兽的技能。接下来用代码把这个玄幻故事给呈现出来。

```
#父类
class Ancestors:
    def __init__(self,name,age):
        self.name = name
        self.age = age
    def blood(self):
        print("血脉之力")

#子类
class Descendant(Ancestors):
    pass

xiaoshu = Descendant("小书",10)
xiaoshu.blood()
```

输出结果：

```
血脉之力
```

在定义类 Descendant 的时候，属性没有，方法也没有，但是继承了父类 Ancestors，也就是父类的方法和属性，所以都可以使用。子类继承父类的方式也很简单，只需在创建类的时候在子类名后面加上“(父类名)”即可继承父类。第 13 代码中，实例化对象，并且传参，由于子类没有属性与方法，但是子类继承了父类，也就意味着可以使用父类的构造方法，同时第 14 行代码中使用了父类的方法，这就是父类与子类的一种应用。如果子类有构造方法呢？

【例 8-4】下面例子中，当子类继承父类，子类也有构造函数时会发生的结果。

```
#父类
class Ancestors:
```

```
    def __init__(self,name,age):
        self.name = name
        self.age = age
    def blood(self):
        print("血脉之力")

#子类
class Descendant(Ancestors):
    def __init__(self):
        print("如果子类有构造方法，那么就不会使用父类的")


#xiaoshu = Descendant("小书",10)    #报错代码，因为子类是无参构造函数
xiaoshu = Descendant()
xiaoshu.blood()
#console：如果子类有构造方法，那么就不会使用父类的
#console：血脉之力
```

程序运行结果如图 8-5 所示。

```
如果子类有构造方法，那么就不会使用父类的
血脉之力
>>>
```

图 8-5　构造方法

如果子类有构造方法，则说明对构造方法重写了，就犹如玄幻小说中的血脉重洗，原本的祖先之力丢失，只有上古神兽之力。此时，实例化对象的时候，则会优先使用子类的构造方法。也就是子类继承父类构造方法这部分失效了，子类使用自己的构造方法。但是父类的其他方法仍然继承，所以对象仍然可以使用父类的其他方法，第 17 行代码正是使用了父类的方法。

8.3.2　方法的重写

方法重写就是子类在继承父类的过程中，子类创建与父类名字相同的方法，如果子类重写方法，那么父类方法就会失效，实例化对象所使用的方法则是子类自己的方法。

【例 8-5】下面例子中，当子类继承父类，子类对父类方法重写。

```
#父类
class Ancestors:
    def __init__(self,name,age):
        self.name = name
        self.age = age
    def blood(self):
        print("血脉之力")

#子类
```

```
class Descendant(Ancestors):
    def __init__(self):
        print("如果子类有构造方法，那么就不会使用父类的")
    def blood(self):
        print("上古神兽之力")


#xiaoshu = Descendant("小书",10)    #报错代码，因为子类是无参构造函数
xiaoshu = Descendant()
xiaoshu.blood()
#console：如果子类有构造方法，那么就不会使用父类的
#console：上古神兽之力
```

程序运行结果如图 8-6 所示。

```
如果子类有构造方法，那么就不会使用父类的
上古神兽之力
>>>
```

图 8-6　重写方法

在第 19 行代码中，最终输出打印的结果并不是血脉之力而是上古神兽之力，这就是因为子类对方法重写了，子类创建了与父类名字一样的方法，这就是方法的重写。实例化子类对象，优先使用自己的方法。

8.3.3　子类之多重继承

多重继承意思就是继承多个类的，比如生活中，每个孩子继承了父亲一半的基因和母亲一半的基因。编程中的子类也是可以继承多个类的。

【例 8-6】下面例子中，孩子继承父亲和母亲各一半的基因，拥有父类所有方法。

```
class Father:
    def IQ(self):
        print("父亲的智商")

class Mother:
    def appearance(self):
        print("母亲的颜值")

class Son(Father,Mother):
    def __init__(self,name,age):
        self.name = name
        self.age = age

xiaoshu = Son("小书",10)
xiaoshu.IQ()
xiaoshu.appearance()
```

```
#console：父亲的智商
#console：母亲的颜值
```

程序运行结果如图 8-7 所示。

父亲的智商
母亲的颜值
>>>

图 8-7　多重继承

上面的代码中子类继承了 Father 和 Mother 两个类，这就是多重继承，并且可以使用这两个父类的方法。所以在第 15、16 行代码中，分别使用了两个父类的方法。假如子类继承两个父类的存在方法名相同的方法的时候，那么会优先使用哪个父类的方法？把上面前三行代码修改成下面的代码，并且对代码进行一定修改，以下代码就是修改后的，最终打印输出的结果是父亲的颜值，说明当子类继承多个父类的时候，并且父类存在相同名字方法，则优先使用继承的最左边的。上面第 9 行代码中，子类继承了 Father 类、Mother 类，Father 为最左边的类，所以优先使用 Father 的方法。

```
class Father:
    def appearance(self):
        print("父亲的颜值")
xiaoshu = Son("小书",10)
xiaoshu.appearance()
```

输出结果：

```
父亲的颜值
```

知识进阶

前面的代码只说明了子类继承了两个父类，那么子类只能继承两个父类吗？肯定不止两个，子类可以继承多个父类，所以才叫多重继承。比如工厂制作剪刀，用优质的金属、优质的金属颜色和锋利度以及剪刀的手柄，最终制作成一把剪刀。下面通过代码来模拟工厂制作剪刀。

```
#金属类
class Metal:
    pass

#颜色类
class Colour:
    pass

#锋利度类
class Sharpness:
    pass

#剪刀类
class Scissors(Metal,Colour,Sharpness):
```

```
        pass

sci = Scissors()
```

通过上面的代码，可以知道子类可以继承多个父类。

8.3.4 super 函数的应用

super 函数是可以调用父类的方法，之前小节中说过，当子类对方法进行重写之后，则相应父类方法就会失效。如果仍然想调用父类方法，那么需要在定义的子类中使用函数 super，super 就解决了继承的问题。

【例 8-7】下面例子中，介绍了 super 函数的简单应用，在子类中调用父类的方法。

```
#动物类
class Animal:
    def __init__(self):
        print("父类的构造函数")
#猫类
class Cat(Animal):
    def __init__(self):
        super().__init__()
        print("子类的构造函数")

cat = Cat()
```

程序运行结果如图 8-8 所示。

```
父类的构造函数
子类的构造函数
>>> |
```

图 8-8 super 的使用

上面的第 8 行代码使用了 super().__init__()，也就是使用父类的方法，在实例化子类对象的时候，就会调用子类的构造函数，并且子类构造函数里面的函数体有 super().__init__()，此时则会调用父类的构造函数。这就是 super 的简单用法。不仅可以使用父类的构造函数，还可以使用父类中的其他成员方法。

```
#动物类
class Animal:
    def __init__(self):
        pass
    def sleep(self):
        print(self.name+"在睡觉")
#猫类
class Cat(Animal):
    def __init__(self,name):
```

```
        self.name = name
    def sleep(self):
        print("这只猫在睡觉")
        super().sleep()
        #super(Cat,self).sleep()

cat = Cat("卡菲猫")
cat.sleep()
```

输出结果：

```
这只猫在睡觉
卡菲猫在睡觉
```

第 11 行代码是子类对父类方法的重写，同时子类的成员方法里面的方法体中又使用了 super().sleep()，也就是意味着调用父类的方法。父类的方法 sleep 里面的方法体是 print(self.name+"在睡觉")，然后最终打印出两句话，其中父类打印输出的是卡菲猫在睡觉，那么这里怎么会有“卡菲猫”这个名字的呢？卡菲猫不是子类的属性吗？答案就在第 14 行代码中，13 行代码只是 14 行代码的简洁写法，当使用 super 的时候，会默认传参，把类名和 self 作为参数传递，所以在第 6 行代码中，父类就可以使用子类对象的属性。

8.4 类的三大特性

8.4.1 三大特性的认识

类的三大特性就是封装性、继承性、多态性。在前面的小节中，属性以及方法的私有化就体现了类的封装性。子类继承父类，这就体现了类的继承性。那么还剩下多态性没给大家介绍，不同子类对象调用父类方法产生不同结果就是类的多态性。

8.4.2 类的特性之多态性

```
#动物类
class Animal:
    def case(self):
        self.play()

#猫类
class Cat(Animal):
    def __init__(self,name):
        self.name = name
    def play(self):
        print(self.name+"在玩耍")

#狗类
```

```
class Dog(Animal):
    def __init__(self,name):
        self.name = name
    def play(self):
        print(self.name+"在玩耍")

cat = Cat("卡菲猫")
dog = Dog("二哈")
cat.case()
dog.case()
```

输出结果：

```
卡菲猫在玩耍
二哈在玩耍
```

在第 22 行代码和第 23 行代码中，两个对象都调用了父类的方法，但是为什么最终打印输出的结果却不是一样的呢？请看第 4 行代码，方法体中写着 self.play()，意思就是调用当前对象的 play 方法。这下大家应该理解了，猫类实例化对象是 cat，cat 调用了父类方法 case，然后父类方法 case 里面的方法体是 self.play()，也就是调用了猫类的成员方法 play，而对象 dog 也是一样。这就是类的多态性，不同子类调用相同父类方法，会产生不同的结果。

8.4.3 综合实战

类与对象的知识，相信大家已经掌握得差不多了，下面进行综合实战，通过代码提升自己对类与对象的认识、本节完成一个综合案例，定义一个计算公式类和计算器类，计算器类继承计算类公式类，同时计算器类还有自己独有的方法，比如按键语音提示、计算器计算历史记录等，以及属性如按键音量大小和计算器品牌名字等，同时对部分属性进行私有化，以及对父类中的加法公式进行重写。

案例实现如下：

```
#计算公式类
class Count:
    #构造方法
    def __init__(self):
        pass
    #加法
    def add(self,num1,num2):
        result = num1 + num2
        return result
    #减法
    def minus(self,num1,num2):
        result = num1 - num2
        return result
    #乘法
    def multiply(self,num1,num2):
```

```
            result = num1 * num2
            return result
        #除法
        def divide(self,num1,num2):
            result = num1 / num2
            return result

class Calc(Count):
        #构造方法
        def __init__(self,name,volume,electricity):
            self.name = name                            #计算器品牌名
            self.__volume = volume                      #计算器当前音量
            self.__electricity = electricity            #计算器当前电量
        #展示当前音量
        def show_volu(self):
            print("当前音量为  "+self.__volume)
        #展示当前电量
        def show_elec(self):
            print("当前电量为  "+self.__electricity)
        #重写方法
        def divide(self,num1,num2):
            if num2 == 0 :
                return ""
            else:
                result = num1 // num2
                return result

calc = Calc("xx 品牌","100","50")
data = calc.add(2,5)
data2 = calc.divide(6,3)
calc.show_elec()
print("2+5 等于",data)
print("6/3 等于",data2)
```


输出结果：

```
当前电量为  50
2+5 等于  7
6/3 等于  2
```

上面的代码就是案例的实现，如果对上面代码的理解觉得没问题，那么类与对象的知识就已经掌握差不多了。

8.5 总结回顾

类与对象了解了吗？是不是感觉其实也不是很难，只要理解了就很简单。本章介绍创建一个对象，使用对象的方法以及它的属性，同时也介绍了类的三大特性，即封装性、继承性、多态性，最后介绍了方法重写和 super 函数的使用。类与对象要掌握好，对后面学习更深层的知识有着很重要的意义。学完类与对象和之前的函数，往后写代码就可以更好地提高代码的简洁性以及可读性。

8.6 小试牛刀

1．定义一个苹果类，并且实例化对象，对象有方法、有属性。
2．尝试把自己定义好的类封装为模块，并且以导入模块的方式实例化一个类的对象。
3．定义一个子类，继承三个父类，并且分别调用三个父类的其中一个方法。

第9章 程序的异常

本章学习目标

- 了解错误与异常。
- 掌握异常的处理。
- 了解如何自定义异常。

本章主要介绍异常的处理，在写代码的过程中，经常可能由于不合法的输入导致的异常，所以本章将教会大家处理异常，防止因为异常而导致程序无法完全执行。

9.1 错误与异常

认识什么是异常

9.1.1 错误的认识

在敲代码过程中，如果不熟悉 Python 语法很容易发生报错，报错这里可以指的是语法错误。

【例 9-1】下面例子中，假装写错 Python 语法，看看会发生什么情况。

```
for i in range(10,20,2)
    print(i)
```

程序运行结果如图 9-1 所示。

在第 2 行代码中，漏掉了冒号“:”，然后程序就报错了。报错 invalid syntax，这是什么意思呢？一般就是缺少“:”、漏了半个括号或在输入法中文状态，以及没注意代码缩进这些问题，造成报错。这就是 Python 中的语法错误。

```
for i in range(10,20,2)
    print(i)
```

图 9-1　语法错误

对于图 9-1 所报的错误，只需把“for i in range(10,20,2)”改为“for i in range(10,20,2):”即可正常运行了。一般新手刚入门 Python 的时候，会经常犯语法错误，所以代码还是要多敲多熟。

9.1.2　异常的认识

错误和异常的区别一般在于前者是语法的错误，后者是不合法的输入造成的异常，比如我们并不存在这个变量，但是仍然打印输出，这个时候就会产生异常，还有就是打印输出 10/0 的时候也会报错，因为分母不为零，也会产生异常。看看下面的异常的代码。

（1）NameError 异常。

```
print(a)
```

输出结果（异常报错）：

```
except:NameError: name 'a' is not defined
```

异常信息告诉我们变量名错误（NameError），变量名 a 没有给定义。

（2）ZeroDivisionError 异常。

```
print(10/0)
```

输出结果（异常报错）：

```
except:ZeroDivisionError: division by zero
```

异常信息告诉我们分母为 0 的时候，不可行。

通过上面的代码，可以看出来语法上并没有问题，那么说明这不是语法错误，是不合法的输入造成的异常。还有更多常见的异常信息见表 9-1。

表 9-1　常见异常信息

异常名称	描述
NameError	未声明/初始化对象（没有属性）
ZeroDivisionError	除（或取模）零（所有数据类型）
StopIteration	迭代器没有更多的值
FloatingPointError	浮点计算错误
AttributeError	对象没有这个属性

续表

异常名称	描述
IOError	输入/输出操作失败
OSError	操作系统错误
ImportError	导入模块/对象失败
IndexError	序列中没有此索引（index）
KeyError	映射中没有这个键
UnboundLocalError	访问未初始化的本地变量

9.2 异常的处理

如何处理异常

9.2.1 代码检查处理

在程序执行过程中，当出现异常的时候，首先通过异常信息的提示来修改代码，从而达到无异常的情况，拿上一节的代码来给大家说明讲解。

（1）异常代码。

```
print(a)
```

输出结果（异常报错）：

```
except:NameError: name 'a' is not defined
```

（2）修改的代码。

```
a = 10
print(a)
```

输出结果：

```
10
```

这样就可以防止出现异常了，但是这种情况只适合少量的代码的时候，往往敲代码基本都是大量代码的，用这种方法不是最明智的选择。下一节来学习捕获异常，并且对出现的异常进行处理。

9.2.2 try…except 语句

如果想对出现的异常进行处理，那么可以使用 try…except 语句。使用方法很简单，在 try 里面写下可能出异常的代码，except 里面写下如果代码出现异常，应该怎么处理。

```
try:
    print(10/0)
except ZeroDivisionError:
    print("分母不能为 0")
```

```
#try-except 的使用方法
"""
try:
    可能出现异常的代码体

except 异常的名称:
    异常处理的代码体.....
"""
```

输出结果：

```
分母不能为 0
```

在第 11 行代码中，except 会捕获出现分母为 0 的异常，如果捕获到了这个异常，则会执行下面的代码体，如果没捕获到则不执行。如果不知道会出现什么异常，也可以直接写 except 就行，不需要写异常的名称，如果不写异常名称那么 except 就会捕获所有异常。可能有同学会发现，如果想查看异常信息，不就看不到了吗？这个时候如果想看异常信息，只需要在 except 的代码体中写下 raise 就会抛出当前所发生的异常信息了。

```
try:
    print(10/0)
except ZeroDivisionError:
    print("分母不能为 0")
    raise
```

raise 的用法是不是很简单，这是人为抛出异常，异常的信息如图 9-2 所示。

```
分母不能为0
Traceback (most recent call last):
  File "C:\Users\86131\Desktop\知识总结\1.py",
    print(10/0)
ZeroDivisionError: division by zero
```

图 9-2　除零异常

9.2.3　try…except…else 语句

大家看到 else 可能会有疑问，else 不是和 if 一起搭配使用的吗，怎么还能作为异常处理的语句，那么它在这里发挥的又是什么作用？它发挥的作用是当 try 里面的代码没有出现异常的时候，except 因为没有捕获到异常就不会执行里面的代码体，然而这个时候 else 由于 try 没出现异常，因此它就会执行相应的代码，下面直接通过代码来看看。

```
try:
    print(10/4)
except ZeroDivisionError:
    print("分母不能为 0")
    raise
else:
    print("没有出现异常")
```

```
#try-except-else 的使用方法
"""
try:
    可能出现异常的代码体

except  异常的名称:
    异常处理的代码体.....

else:
    try 里面的代码体没有出现异常，则执行 else 里面的代码
"""
```

输出结果：

```
2.5
没有出现异常
```

通过上面代码可知，只要 try 代码没异常，就会执行 else 下的代码。

9.2.4 try…except…finally 语句

上一节学习了 try…except…else 语句，那么现在把 else 修改为 finally 又会发现什么情况呢？finally 作用又是什么？下面通过代码来了解 finally。

```
#没有异常的代码
try:
    print(10/4)
except ZeroDivisionError:
    print("分母不能为 0")
finally:
    print("Infocase")

#有异常的代码
try:
    print(10/0)
except ZeroDivisionError:
    print("分母不能为 0")
finally:
    print("Infocase")

#try-except-finally 的使用方法
"""
try:
    可能出现异常的代码体

except  异常的名称:
    异常处理的代码体.....

finally:
```

```
    不管是否出现异常都执行这里面的代码
"""
```

输出结果：

```
2.5
Infocase
分母不能为0
Infocase
```

通过上面的代码，大家是不是发现了，finally 不管 try 里面的代码是否出现异常，都会打印输出 Infocase，第 1～7 行代码中，首先执行 try 里面的代码，没出现异常则不会执行 except 里面的代码，最后执行 finally 里面的代码。第 9～15 行代码中，首先执行 try 里面的代码，如果里面的代码出现异常，则执行 except 里面的代码，最后执行 finally 里面的代码。也就是证明了，不管是否为异常代码都会执行 finally 里面的代码体，使用 finally 的一般是用来释放资源，也就是对文件对象进行相应操作的时候，不管是否出现异常，都会关闭文件对象，也就是释放资源。

自定义异常

9.2.5 自定义异常

在抛出异常的时候，可以抛出自己定义的异常。只需创建一个类继承父类 Exception 即可，同时实例化一个对象并且传一个异常信息参数，在讲类与对象的章节的时候说过，子类继承父类的时候，父类的所有方法都会继承，由于子类没有定义构造函数所以就使用父类的，往父类构造函数传入异常信息参数。然后使用 raise 抛出自定义异常，下面的代码就是简单的自定义异常，自定义的异常信息如图 9-3 所示。

```
#子类继承父类 Exception
class MyError(Exception):
    pass


try:
    print(a)
except:
    raise MyError("此变量没有给定义")
```

```
Traceback (most recent call last):
  File "C:\Users\86131\Desktop\知识总结\1.py"
    raise MyError("此变量没有给定义")
MyError: 此变量没有给定义
```

图 9-3 输出自定义异常

9.3 总结回顾

认识错误和异常，对以后写代码有很大的帮助，在写上万行代码的时候，有时候会出现一些异常，要学会对异常进行处理。类似往后学习网络爬虫，当所爬取的网站不存在的时候，则会出现异常，这个时候就要进行异常处理，因为如果不进行异常处理，程序可能在出现异常代码的那一行代码开始终止程序的运行，所以说掌握好异常处理很重要。

9.4 小试牛刀

1. 尝试自定义一个异常，并且抛出自定义的异常。
2. 使用 if...else 语句的时候，里面的代码体不用缩进，看看会出现什么错误。
3. 使用 try...except...finally 语句来完成一个不报错的代码。

第10章 文件操作

本章学习目标

- 掌握读/写文件数据。
- 了解文件的操作模式。
- 掌握 with 用法。

本章向读者介绍使用 Python 来读写文件里面的数据，带读者认识文件的写入、追加、读取这几个常用操作模式，最后教读者使用关键字 with 对文件读写来防止异常而导致文件资源占用问题。

10.1 读取文件

文本文件的读写操作

10.1.1 文本读取

如果现在公司老板让我们把所有文本内容合并，通常我们会用复制粘贴的方法，如果是 10 个文本文件还可以接受，那 100 个呢？难道要复制粘贴 100 次吗？采用复制粘贴的方法，可能需要花费 10 分钟来完成，但是假如利用 Python 的话，只需要 10 秒。所以说，Python 在职场中也起到很重要的作用。

对于上面的任务，我相信在学完本章，读者可以独立完成。那么现在从最简单的文件读取开始，认识 Python 的内置函数 open。open 的用法很简单，直接通过代码来给大家说明。

```
#open("文件路径","操作模式")
file = open(r"C:\Users\86131\Desktop\1.txt","r")
```

```
data = file.read()
print(data)
```

输出结果：

```
hello Python
```

上面的代码是 open 函数的最简单用法，读取一个文本里面的内容，首先在第 2 行代码中，我们通过 open 函数并且往里面传参数，第一个参数就是文件路径，第二个参数就是操作模式，使用 r 进行读取，这时候就会得到一个对象 file，在第 9 章说过，对象有属性、有方法，那么第 3 行代码中，文件对象使用 read 的方法，意思就是读取文本里面的内容，这时把获取到的文本里面的内容赋值给 data，最终输出打印 data，就是文本文件的内容，如图 10-1 所示。

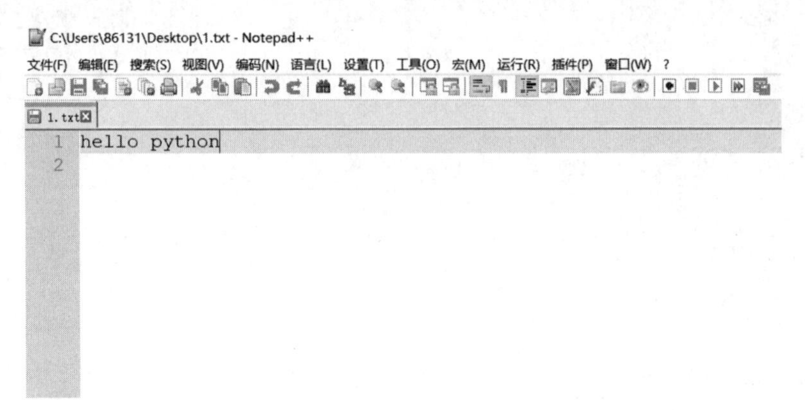

图 10-1　文本文档

注意：在写文件路径的时候，记得取消转义，也就是在文件路径前面加上字母 r，然而操作模式 r 是读取文本数据的意思，两者是有很大区别的。如 open(r"文件路径","操作模式")。

知识进阶

有时候发现自己写入的数据会有乱码，这就涉及编码问题，报错情况如图 10-2 所示。

```
Traceback (most recent call last):
  File "C:\Users\86131\Desktop\test.py", line 3, in <module>
    data = file.read()
UnicodeDecodeError: 'gbk' codec can't decode byte 0xbb in position 14:
 incomplete multibyte sequence
```

图 10-2　读取编码异常

上面报错的意思就是，默认以 gbk 的方式读取数据，但是文本数据是 utf-8 类型的，这时需要用到另一个参数 encoding，也就是把它编码成与文本一样类型的格式，下面的代码 encoding = "utf-8" 就是我们修改的地方，如果不写编码格式，默认是 encoding = "gbk"的，当出现编码问题可通过修改编码格式来解决。

```
#open("文件路径","操作模式","编码格式")
file = open(r"C:\Users\86131\Desktop\a.txt","r",encoding = "utf-8")
```

```
data = file.read()
print(data)
file.close()
```

10.1.2 操作模式

```
#open("文件路径","操作模式")
file = open(r"C:\Users\86131\Desktop\1.txt","r")
```

在上一节中简单介绍了怎么通过 open 函数来读取文本，其中说到操作模式 r 是读取文本的意思，在 Python 中 open 的操作模式不仅只有 r，还有更多其他常用的操作模式，类似 a、w、r+等，这里给大家整理部分常用的操作模式，见表 10-1。

表 10-1 操作模式列表

操作模式	描述
r	以只读方式打开文件，文件指针放在开头
r+	即文件可以读取也可以写入，文件指针放在开头
rb	以二进制方式打开文件，对文件进行读取，文件指针放在开头
w	打开文件，写入数据，如果文件存在则覆盖原有的数据重新写入，如果文件不存在，则会新建一个再写入
w+	打开文件，可以读取数据也可以写入数据，如果文件存在则覆盖原有的数据重新写入，如果文件不存在，则会新建一个再写入
wb	以二进制方式打开文件，对文件进行写入，如果文件存在则覆盖重新写入，如果不存在则会新建一个再写入
a	打开一个文件对里面的数据进行追加，如果文件已经存在则把数据追加在原来的指针后面，如果文件不存在，则会新建一个再写入
ab	以二进制方式打开一个文件对里面的数据进行追加，如果文件已经存在则把数据追加在原来的指针后面，如果文件不存在，则会新建一个再写入

10.1.3 多方式读取

使用 file 对象 read 的方法，只能读取文本的全部数据，但当文件过大的时候，如果直接使用 read 的方法肯定不适合的，所以就要用到 readline 的方法，意思就是读取一行的数据，读取完指针从下一行开始。在写代码之前，先把文件文本里面的数据修改，修改结果如图 10-3 所示，然后再写代码来详细了解 readline 的作用。

```
#open("文件路径","操作模式")
file = open(r"C:\Users\86131\Desktop\1.txt","r")
data = file.readline()
print(data)
```

输出结果：

```
hello Python
```

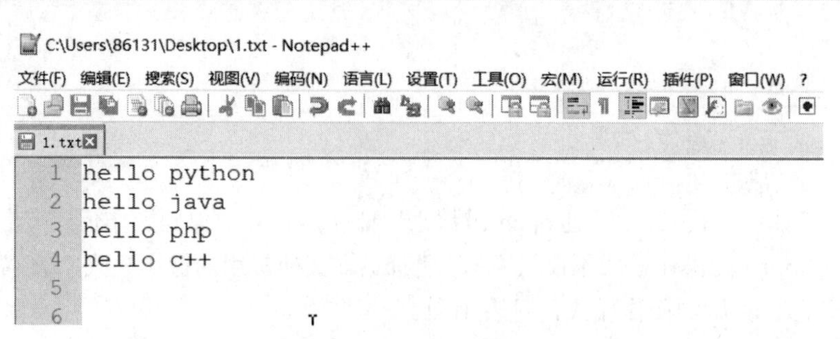

图 10-3　文本文档信息

当使用 file 对象的 readline 方法时，发现它只读取了第一行数据，第二行没有读取。这就是 readline 的作用，把第一行数据读取，并且指针移向下一行，可能有读者就不明白，指针是什么意思？指针可以理解为焦点光标，如图 10-4 所示，“|”就是当我们读取完的时候，当前指针的位置，假如再使用 readline 读取，那么会接着获取当前指针整行的数据，并在获取数据完毕的时候，指针下移一行。现在直接看下面的代码 3～4 行，第一次读取获得数据 hello python 并且赋值给 data，第二次读取获取数据 hello java 并且重新赋值给 data，相信大家现在明白 readline 的用法了。

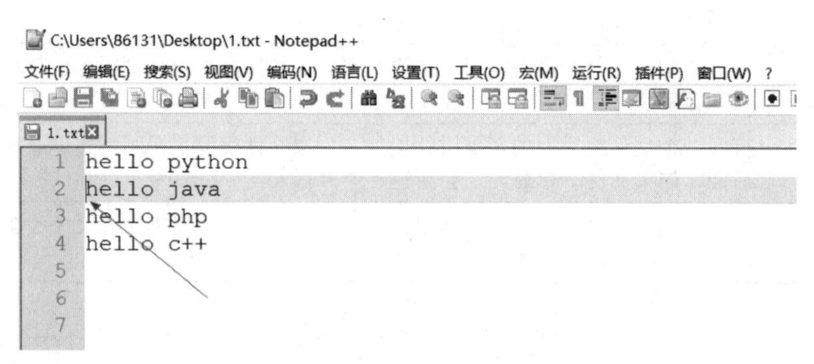

图 10-4　指针位置

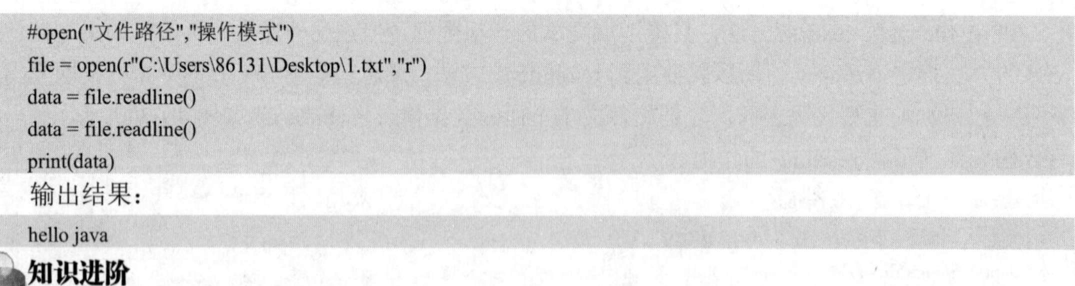

```
#open("文件路径","操作模式")
file = open(r"C:\Users\86131\Desktop\1.txt","r")
data = file.readline()
data = file.readline()
print(data)
```

输出结果：

```
hello java
```

知识进阶

学会了 file 对象 readline 的方法，再来学一个方法——readlines 方法，它返回的是一个列表数据，获取每行的数据，并且保存在列表中。

```
#open("文件路径","操作模式")
file = open(r"C:\Users\86131\Desktop\1.txt","r")
data = file.readlines()
print(data)
```

输出结果：

```
['hello Python\n','hello java\n','hello php\n','hello c++\n','\n','\n']
```

二进制文件的读写操作

10.1.4 二进制文件读取

在计算机中，图片视频都是以二进制的方式存储，如果想读取一张图片的数据，使用 r 显然不合适，因为 r 适用于文本数据而并不适用于图片数据，对于图片的数据读取，要用 rb，也就是以二进制的方式读取文件。

```
#open("文件路径","操作模式")
file = open(r"C:\Users\86131\Desktop\readimg.png","rb")
data = file.readline()
print(data)
```

输出结果：

```
b'\x89PNG\r\n'
```

在上面的代码中，最终输出的结果是二进制数据，这里需要注意的地方就是第 3 行代码，如果使用 read 的方法读取，等待时间较长，因为图片的数据过大，所以就读取图片数据的第一行的数据，这个时候只需用到 readline 的方式。

10.2 写入文件

10.2.1 文本写入

有读取文件数据自然有写入文件数据，操作方法也与读取差不多，比如现在想往路径位于桌面的空文本文件（文件名为 test.txt）中写入一段文字：“我今天学会了 Python”，只需使用对象 file 的方法 write 就可以了。

```
#open("文件路径","操作模式")
file = open(r"C:\Users\86131\Desktop\test.txt","w")
file.write("我今天学会了 Python")
file.close()
```

上面第 3 行代码使用了 file 对象 write 的方法，方法 write 传的参数就是想写入的数据，写入完数据记得关闭释放资源，也就是使用对象 file 的 close 方法。还有之前读取数据也要养成使用方法 close 的习惯，因为每次利用 Python 打开文件读取数据或者写入数据，都会占用一定的计算机资源，所以使用每次都要记得 close 释放资源，还有需要注意的地方是第 2 行代码，操作模式由 r 改为 w，也就是对文件进行写入数据。但 w 模式会覆盖数据，不会追加，下一节会讲 a 的追加模式。写入的数据如图 10-5 所示。

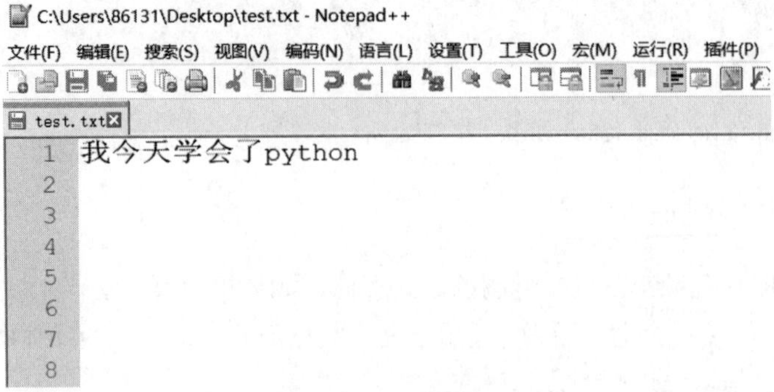

图 10-5　写入信息

**知识进阶**

当使用 w 模式，写入数据的文件不存在的时候，Python 就会创建一个新的文件，然后再写入数据。

```
#open("文件路径","操作模式")
file = open(r"C:\Users\86131\Desktop\none.txt","w")
file.write(",收获满满,进步很多")
file.close()
```

上面代码中，使用 open 函数的时候，none.txt 文件是不存在的，这个时候 Python 就会在文件路径为 C:\Users\86131\Desktop 的位置创建一个 none.txt 文件，然后再写入数据。但是需要注意的是，当使用 r 模式的时候，如果文件不存在，那就是读取数据的文件不存在，则会报错，并不会创建一个文件，这也是 r 模式和 w 模式的区别。

10.2.2　追加写入模式

上一节用到了 w 模式，也就是写入文件数据，但是每次写入都会覆盖掉原来的数据，比如文本中原有文字是“我今天学会了 Python”，然后当往里面写入“收获满满，进步很多”，这个时候原本的文字就会被新的文字覆盖掉，如果想要追加数据的话，也就是不覆盖写入。

```
file = open(r"C:\Users\86131\Desktop\test.txt","a")
file.write(",收获满满,进步很多")
file.close()
```

上面的代码用了 a 模式，也就是追加模式，文本原有文字“我今天学会了 Python”，当使用追加模式后，文本就会变成“我今天学会了 Python，收获满满，进步很多”，如图 10-6 所示。

如果文件不存在，a 模式也会跟 w 模式一样，新建一个新的文件，w 和 a 模式的区别在于，前者覆盖数据，后者追加数据。不管使用哪个模式，都要记得使用 file 对象的 close 方法，关闭文件释放资源，养成良好的习惯。

C:\Users\86131\Desktop\test.txt - Notepad++

文件(F) 编辑(E) 搜索(S) 视图(V) 编码(N) 语言(L) 设置(T) 工具(O) 宏(M) 运行(R) 插件(P

test.txt

1 我今天学会了python,收获满满,进步很多

图 10-6 追加写入

10.2.3 with 的应用

with 关键字的使用

在读取文件数据或者写入文件数据过程中可能会产生异常，但是在产生异常的时候，文件仍然处于占用状态，这肯定不是我们想要的结果。所以大家可能会想到之前学到的异常处理，使用 try…finally 的方式来处理异常。看看下面的代码。

```
try:
    file = open(r"C:\Users\86131\Desktop\a.txt","r")
    data = file.read()
    print(data)

#不管是否产生异常，都会执行下面的代码
finally:
    file.close()
```

上面处理异常的方法是个好办法，除了这个办法外，Python 还提供了使用关键字 with 的方法，with 的作用与 try…finally 差不多。

```
with open(r"C:\Users\86131\Desktop\a.txt","r") as file:
    data = file.read()
    print(data)

#with open("文件路径","操作模式") as  变量名(文件对象):
    #不管是否出现异常都会关闭文件
```

上面第 1 行代码中的 as 就是赋值的对象，也就是 file 对象，然后使用对象的方法 read 进行读取，然后不管是否出现异常，都会关闭文件，这就是 with 的作用，比使用 try…finally 更方便、更简洁。

10.3 文件读写之应用

10.3.1 小说简单数据分析

玄幻小说资料：主人公继承了家族血脉，天生拥有霸王神力。然后在继承家族血脉的同时自己经过后天的努力，又学会了更多的技能。假如因为敌人强大，对战的时候导致血脉之力尽失，也就是失去了家族血脉之力，本来以为此生再无踏入修炼之路，却因为偶然机遇，得到了上古神兽的血脉，因此血脉重洗，并且拥有神兽的技能。

完成任务：在不使用内置函数 count 的情况下，使用文件读写方式对小说出现的“力”和“神”进行出现次数进行统计。

方法提示：先把玄幻小说资料保存为文本，放在桌面，并且使用所学的内置函数 sorted 和匿名函数 lambda 来完成此案例。

案例实现：

```
#获取小说内容
def novel_data():
    with open(r"玄幻小说.txt","r",encoding = "utf-8") as file:
        novel = file.read()
    return novel

#对小说每个文字进行分割存储
def info_analyse():
    #遍历的值存储
    ucount = []
    #统计次数
    data_count = {}
    for i in novel_data():
        ucount.append(i)
        #若文字存在于 ucount 列表中，则次数+1
        if i in ucount:
            data_count[i] = data_count.get(i,0)+1
        #若文字存在于 ucount 列表中，给予初始值为 0
        else:
            data_count[i] = data_count.get(i,0)
    data = list(data_count.items())
    return data

#对每个文字在小说出现次数进行分析排序
def info_ordinal():
    info_list = info_analyse()
    new_info_list = sorted(info_list,key = lambda x:x[1],reverse = True)
```

```
    print(new_info_list)

#主程序入口
if __name__ == "__main__":
    info_ordinal()
```

运行结果如图 10-7 所示。

```
=============== RESTART: C:\Users\86131\Desktop\test.py ==============
[('，', 9), ('血', 6), ('脉', 6), ('的', 5), ('了', 4), ('力', 4), ('家', 3), ('族', 3), ('神', 3),
('。', 3), ('因', 3), ('为', 3), ('之', 3), ('人', 2), ('继', 2), ('承', 2), ('天', 2), ('生', 2),
('拥', 2), ('有', 2), ('然', 2), ('后', 2), ('时', 2), ('技', 2), ('能', 2), ('失', 2), ('此', 2),
('兽', 2), ('主', 1), ('公', 1), ('霸', 1), ('王', 1), ('在', 1), ('同', 1), ('自', 1), ('己', 1),
('经', 1), ('过', 1), ('努', 1), ('又', 1), ('学', 1), ('会', 1), ('更', 1), ('多', 1), ('假', 1),
('如', 1), ('敌', 1), ('强', 1), ('大', 1), ('对', 1), ('战', 1), ('候', 1), ('导', 1), ('致', 1),
('尽', 1), ('也', 1), ('就', 1), ('是', 1), ('去', 1), ('本', 1), ('来', 1), ('以', 1), ('再', 1),
('无', 1), ('踏', 1), ('入', 1), ('修', 1), ('炼', 1), ('路', 1), ('却', 1), ('偶', 1), ('机', 1),
('遇', 1), ('得', 1), ('到', 1), ('上', 1), ('古', 1), ('重', 1), ('洗', 1), ('并', 1), ('且', 1)]
>>> |
```

图 10-7　打印输出测试

案例详解：

上面的代码总体难度并不大，由于没有学过 jieba 库，所以在案例中就实现文字数据单字分割。首先第 31 行代码，可能读者没见过，这个可以理解成主程序入口，意思就是程序开始执行的时候，首先从第 31 行代码开始，调用了函数 info_ordinal，然后跳到第 25 行代码，函数体里面首先调用了函数 info_analyse，再跳到第 8 行代码，然后在 info_analyse 函数体里面定义了两个变量，创建变量 ucount 的目的是为了把文本里面的数据每个文字进行单个分割存储，比如['主', '人', '公', '继', '承', '了']，接着又创建了变量 data_count，目的是为了把文本单个字进行次数统计，比如{'主': 1, '人': 2, '公': 1, '继': 2, '承': 2, '了': 4}。接着到第 13～20 行代码，相信这里大家就很熟悉，这就是使用字典的 get 方法来实现单个字数统计。然后到第 21 行代码中，使用字典 items 的方法并且强制将它转换为列表类型。比如[('主', 1), ('人', 2), ('公', 1), ('继', 2), ('承', 2), ('了', 4)]，大家看到这个数据应该就想到之前所学的内置函数 sorted 的使用了，只需使用 sorted 函数的参数 key，并且用到匿名函数，就可以实现排序了，具体可查阅第 8.5.2 节。

同时有个地方需要注意的是，第 3 行代码并没有写文件路径而是只写了文件名，这时默认会以当前 py 代码文件的目录为准，也就是相对路径，在当前代码 py 文件同级目录寻找该文件，如果找不到就会报错，找到了就会正常运行。

所以说，这个案例其实难度并不是很大，但代码还是要多写多理解才能熟练，如果学者觉得本案例的代码学得有点吃力，不妨可以逐行理解代码试试，看看自己哪里知识不过关。

10.3.2　csv 逗号分隔文件

完成任务：创建 csv 文件，里面的数据结果见表 10-2。

表 10-2　人员信息表

姓名	学号	班级	性别
张三	1	1 班	男
李四	2	1 班	男
小美	3	1 班	女
小芳	4	1 班	女

方法提示：逗号分隔值文件是一种以逗号，作为分隔为表格的文件。

案例实现：

```
def create_csv():
    with open("student_info.csv","w") as file:
        file.write("姓名,学号,班级,性别\n")
        file.write("张三,1,1 班,男\n")
        file.write("李四,2,1 班,男\n")
        file.write("小美,3,1 班,女\n")
        file.write("小芳,4,1 班,女")


if __name__ == "__main__":
    create_csv()
    print("csv 文件已生成")
```

运行结果如图 10-8 所示（在当前代码 py 文件目录下生成 csv 文件）。

图 10-8　生成的 csv 文件

案例详解：

逗号分隔值文件，就是以逗号“,”分隔。比如图 10-8 中，(A,1)和(B,1)是在 csv 文件中的两个小表格，但在 Python 中，需用 A、B 表示两个小表格。我们看案例实现的代码第 3 行中的“姓名,学号,班级,性别\n”，也就是在 csv 文件中创建 4 个小表格，这里需要注意的地方就是“\n”，\n 是转义字符，意思就是换行，当第一行写了 4 个小表格数据后，通过换行跳到下一行接着写 4 个小表格数据。所以相对于 10.3.1 节的案例来说，偏容易一点。

10.3.3　电话备忘录

任务需求：将数据存储为本地文本，并且在程序下次打开的时候，仍然有之前输入的数据。

方法提示：使用文件写入与读取，在程序每次运行前进行数据读取。

案例实现：

```
#存储号码
def write_info(name,tep):
    with open("data.txt","a") as file:
        file.write("{},{}\n".format(name,tep))

#读取号码
def read_info():
    with open("data.txt","r") as file:
        data = file.read()
        print(data)

def main():
    print("1-存储号码    2-查询号码")
    while 1:
        command = eval(input("请输入您要进行的操作："))
        if command == 1:
            name = input("请输入朋友名字:")
            tep = input("请输入朋友电话:")
            write_info(name,tep)
            print("电话号码存储成功\n")
        elif command == 2:
            print("\n 查询成功")
            read_info()
        else:
            print("请输入正确操作")

if __name__ == "__main__":
    main()
```

运行结果如图 10-9 所示。

```
=============== RESTART: C:\Users\86131\Desktop\test.py =
1-存储号码    2-查询号码
请输入您要进行的操作：1
请输入朋友名字:张三
请输入朋友电话:13169876767
电话号码存储成功

请输入您要进行的操作：1
请输入朋友名字:王五
请输入朋友电话:13160987878
电话号码存储成功
```

图 10-9　shell 中输入用户数据

案例详解：

通过以上代码可知，文本文件充当该脚本的一个小型数据库，永久存储在计算机的存储器中，当需要获取数据的时候，再从本地文件中读取即可，并且可以实现对文本文件数据的增加、删除、改写的操作，这是该程序的基本思路。

这里有一个新的知识点——eval()函数，该函数用来执行一个字符串表达式，并返回表达式的值。关于该函数相关的知识点非常多，这里只需知道它可以用来执行一个字符串表达式即可。

10.4 总结回顾

读写文件数据，在 Python 中是一个很重要的知识点，懂得使用 open 函数，能更好地操控计算机文件的数据，r 模式为读取文本文件数据，w 模式为写入文本文件数据，假如写入文本文件的路径不存在则会新建，但每次写入数据都会覆盖原来的数据，a 模式是在原有数据的基础上追加数据，假如写入文本文件的路径不存在也会新建。不管是哪种模式，都要记得使用文件对象的方法 close 关闭文件进行释放资源。

10.5 小试牛刀

1. 使用文件对象 readline 的方法，对文本每行数据进行遍历输出打印。
2. 新建一个同学备忘录，把写入的同学信息存为文件，可写入可读取。
3. 将随意一张图片数据进行读取，并且重新写入图片数据，看看是不是类似复制效果。

第11章 文件办公自动化与AI应用

本章学习目标

- 熟练掌握os模块对文件的处理。
- 了解基础的人工智能在文件中的使用。
- 熟练掌握文本和文件的办公自动化。

本章先向读者介绍os模块的基础使用，为文件的自动化处理铺垫基础，接着介绍文字数据的相关处理，最后拓展介绍人工智能AI在自动化办公领域的用途。

11.1 os模块入门

os模块的基础应用

11.1.1 os模块初识

如果想与计算机中的文件与文件夹打交道，应该怎么把Python与文件、文件夹进行联系？读者可能想到之前讲解过的open函数就可以实现此功能。可以通过open函数实现文件读取和写入数据的功能，但是文件夹却无法修改，假设要修改一个文件夹的名称，那么使用open函数是不可能实现这个功能的，所以需要使用os模块。os模块可以实现对文件夹名称的修改功能，也可以实现对文件夹的删除功能，还可以实现对文件夹进行创建功能等。这就是os模块的作用，表11-1列出了os模块的常用方法。

表 11-1　os 模块的常用方法

方法	说明
os.mkdir(path)	创建指定路径的文件夹
os.rmdir(path)	删除指定路径的文件夹
os.remove(path)	删除指定路径的文件
os.getcwd()	获取当前的工作目录
os.chdir(path)	改变当前的工作目录
os.listdir(path)	列出指定路径的文件夹与文件
os.walk(path)	文件、目录遍历器，返回三元组
os.path.split(path)	一般用于返回路径目录和文件名，返回类型为元组
os.path.basename(path)	返回指定路径的文件名
os.path.dirname(path)	返回指定路径的文件夹名
os.path.getsize(path)	获得指定路径的文件大小，若为文件夹则返回 0
os.system(cmd)	执行 shell 命令，若命令执行成功则返回 0，失败则返回 1

11.1.2　文件夹的基础操作

根据表 11-1 列出 os 模块的常用方法，本小节来讲解这些方法具体怎么使用。参考下面的代码案例，这是 os 模块的部分方法实现，通过以下代码实现当前目录对文件夹的增、删、改。

【例 11-1】下面例子中，通过 os 模块实现对文件夹进行增、删、改的操作。

```
import os
import time

#获取当前工作目录 - 桌面
print("获取当前工作目录为："+os.getcwd())

#创建文件夹
os.mkdir(r"C:\Users\86131\Desktop\新建的文件夹")
print("文件夹创建成功")
time.sleep(1)

#修改文件夹名
os.rename(r"C:\Users\86131\Desktop\新建的文件夹",r"C:\Users\86131\Desktop\Python-文件夹")
print("文件夹名修改成功")
time.sleep(1)

#删除文件夹
os.rmdir(r"C:\Users\86131\Desktop\Python-文件夹")
print("文件夹删除成功")
time.sleep(1)
```

运行结果如图 11-1 所示。

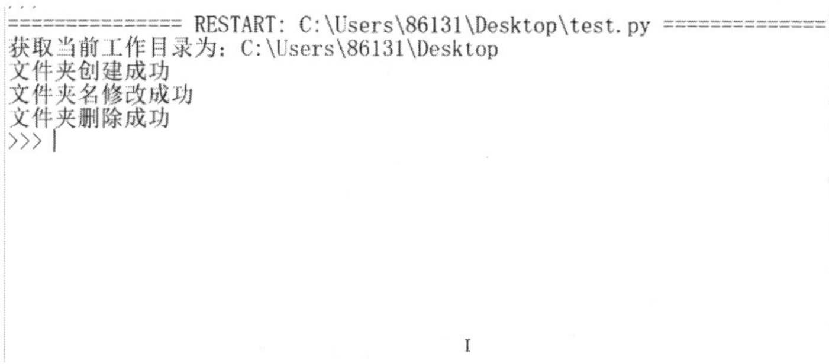

```
=============== RESTART: C:\Users\86131\Desktop\test.py ==============
获取当前工作目录为: C:\Users\86131\Desktop
文件夹创建成功
文件夹名修改成功
文件夹删除成功
>>> |
```

图 11-1　os 模块基础操作

获取到当前的工作路径为 C:\Users\86131\Desktop，也就是意味着当前的 Python 文件是在桌面上的。首先使用 mkdir 方法进行传参操作，将当前路径以字符串形式传入（"C:\Users\86131\Desktop\新建的文件夹"）。以路径最后一个“\”定义为文件夹，然后这时桌面上就会出现文件夹；接着通过 rename 函数给文件夹重新命名，最后通过 rmdir 函数删除指定名字的文件夹。

这里需要注意的是，使用 time.sleep(1)目的是让程序执行休眠 1 秒的步骤，创建完文件夹就休眠 1 秒，修改文件夹名字后也休眠 1 秒。防止因为程序执行过快而无法观察到结果，所以通过该命令让程序的执行变得慢一些。

如果现在要实现多重目录的创建，应该怎么实现？可以使用 mkdir 这种比较笨的方法创建多重目录，下面的代码就是实现多重目录的方法之一。

```
import os

#获取当前工作目录 - 桌面
print("获取当前工作目录为: "+os.getcwd())

#创建文件夹
os.mkdir(r"C:\Users\86131\Desktop\新建的文件夹")
print("文件夹创建成功")

#创建子文件夹
os.mkdir(r"C:\Users\86131\Desktop\新建的文件夹\子文件夹")
print("子文件夹创建成功")

#创建子子文件夹
os.mkdir(r"C:\Users\86131\Desktop\新建的文件夹\子文件夹\子子文件夹")
print("子子文件夹创建成功")
```

上面的代码实现了多重目录的创建，在创建的文件夹里再创建子文件夹，在子文件夹里再创建子子文件夹，但是这种方法并不简洁。这个时候可以使用 os 模块另一个方法 makedirs，这是创建多重目录的简洁方法，接下来直接写代码给读者介绍 makedirs 的用法。

```
import os

#获取当前工作目录 - 桌面
print("获取当前工作目录为："+os.getcwd())

#创建文件夹
os.makedirs(r"C:\Users\86131\Desktop\新建的文件夹\子文件夹\子子文件夹")
print("文件夹创建成功")
```

读者可能觉得很惊讶，上面只用了一行代码就实现了三行代码的功能，这就是 makedirs 方法的优势。我们开始传入一个目录路径参数进去，那么 makedirs 就会基于这个目录路径，看看那个文件夹是否存在，不存在则创建那个文件夹。但是 mkdir 不同，如果之前的文件夹不存在，则会报错。如 os.mkdir(r"C:\Users\86131\Desktop\新建的文件夹")，如果 Desktop 不存在则会报错，但是 makedirs 处理结果不同，它会创建一个 Desktop 文件夹。

11.1.3 文件的基础操作

通过第 11.1 节中 os 模块的入门案例，相信读者已经掌握了文件夹的增、删、改操作，那么接下来使用 open 函数实现文件的增加，并且使用 os 模块的方法实现文件的删、改、查。

【例 11-2】下面例子中，实现 open 函数和 os 模块的混合应用，实现文件增、删、改、查。

```
import os
import time

#获取当前工作目录 - 桌面
print("获取当前工作目录为："+os.getcwd())

#创建文件 - 增
with open(r"C:\Users\86131\Desktop\new_book.txt","w") as file:
    file.write("这是一个新文本文件")
time.sleep(1)

#修改文件名字 - 改
os.rename(r"C:\Users\86131\Desktop\new_book.txt",r"C:\Users\86131\Desktop\新文本.txt")
time.sleep(1)
print("修改成功")

#查询文件大小 - 查
size = os.path.getsize(r"C:\Users\86131\Desktop\新文本.txt")
time.sleep(1)
print("文件大小为%s"%size)

#删除文件 - 删
os.remove(r"C:\Users\86131\Desktop\新文本.txt")
```

```
time.sleep(1)
print("删除成功")
```

运行结果如图11-2所示。

```
获取当前工作目录为：C:\Users\86131\Desktop
修改成功
文件大小为18
删除成功
>>> |
```

图11-2 文件的增删改查

通过代码可知，对文件的增、删、改与文件夹的增、删、改方法差不多。不同之处就是文件的新增使用open函数而文件夹的新增使用os模块的mkdir方法。文件的删除使用方法remove(path)，文件夹的删除使用方法rmdir(path)。同时有个地方读者一定要注意的是，我们在路径前面都会加上r，就是取消转义，防止出现错误。比如os.remove(r"C:\Users\86131\Desktop\新文本.txt")。

知识进阶

每次用os模块都要经常写路径，但是路径总是很长。这种情况，其实我们还可以完善，在完善之前，读者先理解下相对路径与绝对路径。

相对路径：相对于某个目录的路径，比如代码py文件在桌面，那么当前的工作路径就是桌面。如果在py文件旁边创建一个文本文件，只需使用.\文本文件.txt，.\代表着当前工作路径，这就是相对路径的用法。比如.\小说.txt。

绝对路径：文件或者目录的硬盘真正路径。比如C:\Users\86131\Desktop\小说.txt。一般绝对路径都是很长的一段，所以有时候使用相对路径更简洁。

接下来把本节例11-2的代码完善，用相对路径代替绝对路径。

```
import os
import time

#获取当前工作目录 - 桌面
print("获取当前工作目录为："+os.getcwd())

#创建文件 - 增
with open(r".\new_book.txt","w") as file:
    file.write("这是一个新文本文件")
time.sleep(1)

#修改文件名字 - 改
os.rename(r".\new_book.txt",r".\新文本.txt")
```

```
time.sleep(1)
print("修改成功")

#查询文件大小 - 查
size = os.path.getsize(r".\新文本.txt")
time.sleep(1)
print("文件大小为%s"%size)

#删除文件 - 删
os.remove(r".\新文本.txt")
time.sleep(1)
print("删除成功")
```

原本使用绝对路径 os.remove(r"C:\Users\86131\Desktop\新文本.txt")来删除文本文件，现在使用了相对路径 os.remove(r".\新文本.txt")来删除文本文件，通过字符串长度可以看出，使用相对路径更简洁。

“.\”代表当前的工作目录，在第 4～5 行代码中获取了当前的工作目录，也就是“.\”等同于 C:\Users\86131\Desktop\。

综上，以后使用 os 模块时，可以优先考虑相对路径。

11.1.4　文件的查询

如果想知道文件或文件夹的名字，又应该使用 os 模块的什么方法呢？比如，要查询桌面有多少个 txt 文本文件，这时候就需要获取每个文件名，并且判断是否为 txt 文件。

【例 11-3】下面例子中，查询当前目录所有 txt 文件。

```
import os
import time

#获取当前工作目录 - 桌面
print("获取当前工作目录为："+os.getcwd())

#获取当前目录下的所有文件和文件夹
alls = os.listdir(".\\")

#创建 txt 文件名保存列表
save_date = []

#对所有文件和文件夹进行判断，是否为 txt 文件
for i in alls:
    if ".txt" in i:
        #若为 txt 文件则添加到列表
        save_date.append(i)
    else:
        pass

print(save_date)
```

运行结果如图11-3所示。

```
获取当前工作目录为：C:\Users\86131\Desktop
['data - 副本 (2).txt', 'data - 副本 (3).txt', 'data - 副本 (4).txt', 'data - 副本 (5).txt', 'data - 副本 (6).txt', 'data - 副本 (7).txt', 'data - 副本.txt', 'data.txt', '玄幻小说.txt']
>>> |
```

图11-3　查询txt类型文件

上面的功能实现起来并不难，用到了os模块的listdir方法，该方法可以获得当前路径的文件和文件夹的名字，获取的数据是一个列表类型。

然后对列表进行遍历，判断名字中是否有.txt，文件是有后缀的，也就是它的文件类型名，而文件夹是没有后缀的，最终就看到当前目录下所有的txt文件。这里就是用到文件名字和文件夹名字的差异来进行判断。

知识进阶

除了使用os模块listdir的方法获取文件和文件夹的名字，还可以用os.path.basename方法来获取文件名，使用os.path.dirname方法获取文件夹名。

```
import os
import time

#获取当前工作目录 - 桌面
print("获取当前工作目录为："+os.getcwd())

#使用绝对路径的方式
file_name = os.path.basename(r"C:\Users\86131\Desktop\玄幻小说.txt")
dir_name = os.path.dirname(r"C:\Users\86131\Desktop\玄幻小说.txt")
print(file_name)
print(dir_name)
```

输出结果：

```
玄幻小说.txt
C:\Users\86131\Desktop
```

上面的代码使用了绝对路径方式来传参数。使用os.path.basename方法的时候，会从绝对路径的最后一个“\”为主的右边定义为文件名。使用os.path.dirname方法的时候，则会从绝对路径的最后一个“\”为主的左边定义为文件夹名。

11.2　os模块进阶

11.2.1　os模块walk

os模块的walk方法是一个文件、目录遍历器，它可以处理目录下的子文件和子目录，返回一个三元组(root,dirs,files)。假如现在要实现一个模拟计算机文件搜索的功能，如果使用之前所学

listdir 方法，只能对当前目录起作用，这时就要用到 walk 方法。

（1）walk 方法之 root。

```
#运行结果图 1 代码
import os
import time

#获取当前工作目录 - 桌面
print("获取当前工作目录为："+os.getcwd())
#获取 walk 方法返回的数据
print(os.walk(".\\"))

#获取文件信息
def get_file():
    for root,dirs,files in os.walk(".\\"):
        print(root,dirs,files)

get_file()
```

运行结果如图 11-4 所示。

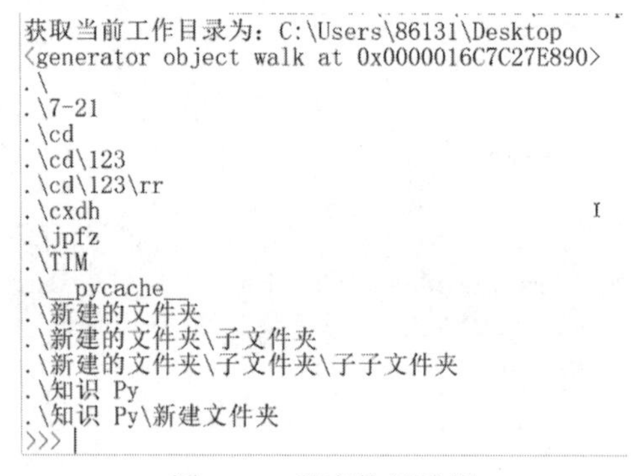

图 11-4　程序执行结果

从上面代码第 8 行发现，程序返回的是一个迭代器，可以用 for 语句遍历每个元素，每个元素又是三元组。也就是类似下面的代码。

```
#运行结果图 2 代码
for root,dirs,files in [("root1","dirs1","file1"),("root2","dirs2","file2"),("root3","dirs3","file3")]:
    print(root)
```

运行结果如图 11-5 所示。

```
root1
root2
root3
>>>
```

图 11-5　程序执行结果

那么root究竟是什么意思呢？root可以理解为当前的目录状态，如程序运行结果图11-4所示，第一次获取到的是“.\”，意思是当前目录，它就会处于一个当前目录的状态，获取当前目录的文件和文件夹，接着第二次获取到“.\7-21”，意思是处于当前目录的文件夹7-21的状态，会获取文件夹7-21的文件和文件夹。接着第三次“.\cd”也是一样，处于当前目录的文件夹cd的状态，会获取文件夹cd里面的文件和文件夹。

（2）walk方法之dirs。

前面讲到root就是目前处于哪个目录状态，接下来给读者讲解dirs，dirs就是获取当前目录状态的所有文件夹。

```
#运行结果图3代码
import os
import time

#获取当前工作目录 - 桌面
print("获取当前工作目录为："+os.getcwd())
#获取walk方法返回的数据
print(os.walk(".\\"))

#获取文件信息
def get_file():
    for root,dirs,files in os.walk(".\\"):
        print(dirs)

get_file()
```

运行结果如图11-6所示。

```
获取当前工作目录为：C:\Users\86131\Desktop
<generator object walk at 0x000001456D66E890>
['7-21', 'cd', 'cxdh', 'jpfz', 'TIM', '__pycache__', '新建的文件夹', '
知识 Py']
[]
['123']
['rr']
[]
[]
[]
[]
[]
['子文件夹']
['子子文件夹']
[]
['新建文件夹']
[]
>>> |
```

图11-6 程序执行结果

刚才讲解root的时候，前三次目录状态是“.\”“.\7-21”“.\cd”。当第一次处于当前目录状态的时候，获取到了当前目录的文件以及文件夹，这里只输出dirs，也就是输出当前目录的文件夹名，然后当获取完所有文件夹名后，接着切换到“.\7-21”的目录状态，这里就会获取目录“.\7-21”下的所有文件夹和文件，因“.\7-21”没有文件夹，所以就返回为空列表。然后再次切换到.\cd 目录状态，文件夹 cd 里面有文件夹 123，所以就获取到了这个文件夹名。

（3）walk 方法之 files。

变量 files 与 dirs 一样，dirs 代表是文件夹，而 files 代表是文件。

```
import os
import time

#获取当前工作目录 - 桌面
print("获取当前工作目录为："+os.getcwd())
#获取 walk 方法返回的数据
print(os.walk(".\\"))

#获取文件信息
def get_file():
    for root,dirs,files in os.walk(".\\"):
        print(files)

get_file()
```

上面代码运行结果就是每个目录状态下的文件名。上面说到的 dirs、files 需要注意的是假如处于当前目录的状态，那么获取到当前目录下的所有文件夹名是不包含子文件夹名的，并且 dirs 是一个存放着当前目录下的所有文件名的列表类型。文件也是一样，获取当前目录下的所有文件，但不包含子文件夹的文件。

【例 11-4】下面例子中，实现计算机模拟搜索文件的操作。

```
import os
import time

#获取当前工作目录 - 桌面
print("获取当前工作目录为："+os.getcwd())

#获取文件信息
def get_file():
    #获取当前工作目录的所有文件且保存在列表中
    files_save = []
    for root,dirs,files in os.walk(".\\"):
        for i in files:
            files_save.append(i)
    return files_save

#搜索文件信息
def get_find(name):
    global count
    count = 0
```

```
    for file in get_file():
        if name in file:
            print(file)
            count += 1


if __name__ == "__main__":
    name = input("请输入您要搜索的文件名：")
    print("\n 搜索成功----- :")
    get_find(name)
    print("\n 共为您搜索到{}条结果".format(count))
```

运行结果如图 11-7 所示。

```
n.
>>>
=============== RESTART: C:\Users\86131\Desktop\test.py ==============
获取当前工作目录为：C:\Users\86131\Desktop
请输入您要搜索的文件名：data

搜索成功----- :
data - 副本 (2).txt
data - 副本 (3).txt
data - 副本 (4).txt
data - 副本 (5).txt
data - 副本 (6).txt
data - 副本 (7).txt
data - 副本.txt
data.txt
data.mp4
data.jpg

共为您搜索到10条结果
>>>
```

图 11-7　模拟计算机文件搜索

从程序运行的结果来看，与在计算机中搜索文件一样。首先输入搜索的文件名，然后把文件名参数作为实参，也就是第 29 行代码中的实参，将 count 定义为全局变量，它在这里是作为一个文件搜索成功的次数。接着第 20 行代码调用了 get_file()函数，它就会将每次处于不同的目录状态下的文件全部存储到列表中，并且返回存储所有文件名的列表。再跳回第 21 行代码，判断输入信息是否包含在名字 file 中，比如搜索 data，在遍历循环的时候，第一个 file 为 ab.txt，也就是 data 不含于 file 中，假如第二个 file 为 data2.txt，也就是 data 含于 file 中，这个时候就会输出结果。然后重复一样的操作，最终打印输出搜索结果。

11.2.2　批量修改文件名

如果现在老板让我们把 100 个文件按序号 1～100 命名，不会 Python 的同学可能会一个一个手动修改，这样很耗费时间，但如果会 Python 的同学，那么它只需 3 秒就可以修改完 100 个文件名。

【例 11-5】下面例子中，实现 3 秒批量修改 100 个文件名，按 1～100 序号方式命名。

```
import os
import time

#获取所有文件名
file_name = []
for root,dirs,files in os.walk(r"C:\Users\86131\Desktop\cd"):
    for i in files:
        file_name.append(i)

#修改所有文件名
count = 0
for i in file_name:
    count += 1
    #文件原名
    old_path = r"C:\Users\86131\Desktop\cd\\"+i
    #文件新名
    new_path = r"C:\Users\86131\Desktop\cd\\"+str(count)+".txt"
    os.rename(old_path,new_path)

print("修改成功")
```

程序运行前如图 11-8 所示。

图 11-8　程序执行前文件名信息

程序运行后，结果如图 11-9 所示。

图 11-9　程序运行后的结果图

11.2.3　简易文件管家

上节介绍了批量修改文件名，本节来完善例 11-5 的代码案例，实现一个文件管家。它可以修改任何工作目录下的文件名，同时还可以删除任何目录下的文件。

【例 11-6】下面例子中，实现一个文件管家，它可以对任何目录下的文件进行操作。

```
#简易文件处理管家
import os

#选择工作目录
def choice_path():
    path = input("请选择您要进入的工作目录：")
    os.chdir(path)
    case_path = os.getcwd()
    print("已进入工作目录："+case_path)

#获取文件或者文件夹名
def execute():
    global save_file
    print("\n 获取成功 ====")
    #存储信息
    save_file = []
    #获取所有的文件名
    for root,dirs,files in os.walk(".\\"):
        for i in files:
            print(i)
            save_file.append(i)
        break
    return save_file

#展示文件信息
```

```
def showinfo():
    print("\n")
    for i in execute():
        print(i)

#修改文件
def modify_info():
    print("""
              ====== 您要进行的操作是 ======

              1 - 序号修改文件名      2 - 删除文件
""")

    command2 = input("请输入您的文件操作：")

    #序号方式命名文件
    if command2 == "1":
        count = 0
        for i in save_file:
            count += 1
            path = ".\\"
            old = path + i
            types = i.split(".")
            new = path +str(count)+"."+types[1]
            os.rename(old,new)
            print("文件名修改成功")

    #删除文件
    elif command2 == "2":
        for i in save_file:
            path = ".\\"
            old = path + i
            os.remove(old)
            print("文件删除成功")

#主程序入口
if __name__ == "__main__":
    choice_path()
    showinfo()
    modify_info()
```


程序运行后，结果如图 11-10 所示。

上面的代码中第 22 行 break 关键字需要详细解释一下，表示的意思是终止它所在的上一层循环，因为我们只修改当前的文件夹目录。如果不使用 break 关键字，程序就不会终止它的上层循环，会继续执行修改子文件夹目录下的文件名。同时删除功能用到了 os 模块的 remove 方法，只需传入文件的路径参数就可以了。如果不用 break 的话可能会把子目录下的文件名也修改了。同时删除功能用到了 os 模块的 remove 方法，只需传入文件的路径就可以了。整体代码并没有太大难度。

```
获取成功 ====
data - 副本 (2).txt
data - 副本 (3).txt
data - 副本 (4).txt
data - 副本 (5).txt
data - 副本 (6).txt
data - 副本 (7).txt
data - 副本.txt
data.txt
data - 副本 (2).txt
data - 副本 (3).txt
data - 副本 (4).txt
data - 副本 (5).txt
data - 副本 (6).txt
data - 副本 (7).txt
data - 副本.txt
data.txt

          ------- 您要进行的操作是 -------

          1 - 序号修改文件名      2 - 删除文件

请输入您的文件操作：1
文件名修改成功
文件名修改成功
文件名修改成功
```

图 11-10　简易文件管家

批量修改文件名在第 11.2.1 节中已经介绍，所以这里就不再赘述，需要注意的是，os.walk 方法是在处理文件和文件夹时经常用到的一个方法，所以读者要掌握好。

最后总结，在第 11.2 节中的前 3 小节都是介绍 os.walk 的，walk 方法是处理简易的文件、目录的遍历器，在使用 Python 与文件和文件夹进行操作的时候会经常用到。同时学会批量修改文件名可以节省很多时间，因为如果手动一个一个修改会耗费大量时间，这并不是我们希望的，所以学好 Python 也是很重要的。

11.2.4　认识 cmd 指令

cmd 是command的缩写，即命令提示符（CMD），一般是用来查看系统信息或者用指令打开一个软件或者定时关机等这些操作。

首先，要学会怎么在自己计算机上使用cmd命令，选择“开始”→“运行”→输入cmd或command，也可以使用键盘快捷键（Windows+R 键）方式打开 cmd 命令窗口来输入 cmd 指令。如图 11-11 所示，程序运行后，就是 cmd 指令的窗口。

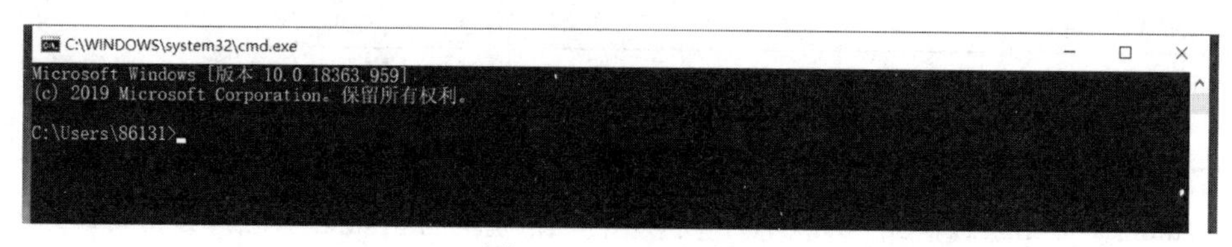

图 11-11　doc 命令行

尝试在 cmd 命令行窗口输入 notepad 命令，看看会出现什么情况。我们发现会弹出一个记事本，运行结果如图 11-12 所示。

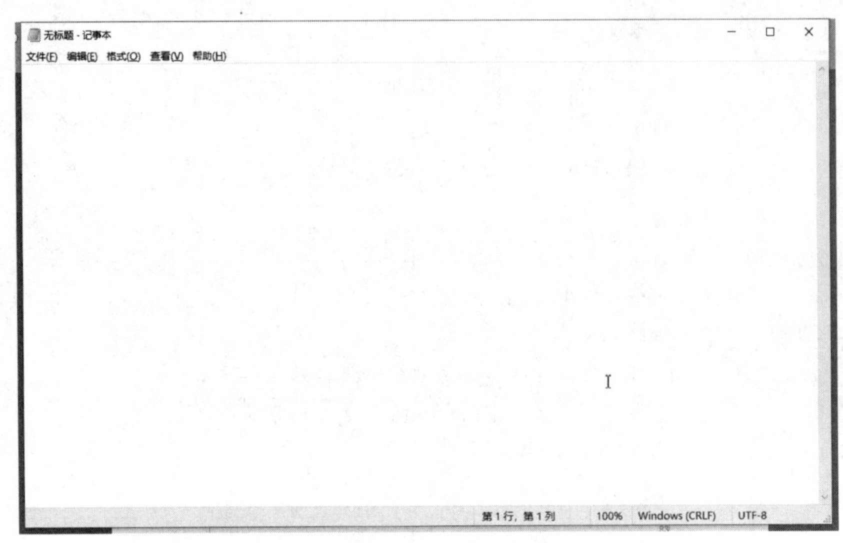

图 11-12 运行结果-记事本

图 11-2 就是通过 cmd 指令打开记事本工具，notepad 就是 cmd 指令 cmd 指令有很多，具体请参考表 11-2。

表 11-2 cmd 常用指令

命令	说明
calc	启动计算器
logoff	注销命令
notepad	打开记事本
mspaint	画图板
mstsc	远程桌面连接
osk	打开屏幕键盘
exit	退出 cmd.exe 程序
echo 信息	信息信息
shutdown -s -t 时间	定时关机
shutdown -a	取消定时关机
cd	切换工作目录

在 Python 中，如果想执行 cmd 指令，可以使用 os 模块的 system 方法，该指令有效返回 0，无效则返回 1。同时需要注意的是如果想执行多条命令，要用&&符号来执行多条命令。

11.2.5　Python 的 cmd 指令

os 模块中的 system 方法可以执行 cmd 指令，并且使用方法很简单，把执行的 cmd 指令作为参数传进 system 方法即可。

【例 11-7】下面例子中，使用 os 模块的 system 方法打开记事本。

```
import os
#默认为堵塞状态
os.system(r"notepad")
print(1)
```

程序运行结果如图 11-13 所示。

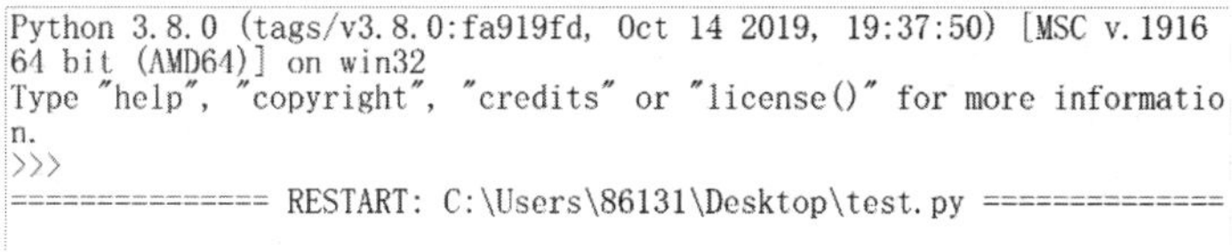

```
Python 3.8.0 (tags/v3.8.0:fa919fd, Oct 14 2019, 19:37:50) [MSC v.1916
64 bit (AMD64)] on win32
Type "help", "copyright", "credits" or "license()" for more informatio
n.
>>>
=============== RESTART: C:\Users\86131\Desktop\test.py ==============
```

图 11-13　system 应用

上面代码中，读者可能有疑问的地方就是，记事本打开了，但是为什么程序没有继续执行下去，打印输入 1 呢？这是因为 os.system 默认是堵塞状态的，打开的文件不关，就一直处于堵塞状态，程序不会往下执行，若将文件关闭，就会打印输出 1 了。如果想解决这样的情况，可以在 cmd 指令前面加上 start。

```
#默认为堵塞状态
os.system(r"start notepad")
print(1)
```

如果想打开某个目录下的文件，应该输入怎样的 cmd 指令呢？如图 11-14 所示。

```
C:\WINDOWS\system32\cmd.exe
Microsoft Windows [版本 10.0.18363.959]
(c) 2019 Microsoft Corporation。保留所有权利。

C:\Users\86131>cd C:\Users\86131\Desktop\8-5

C:\Users\86131\Desktop\8-5>玄幻小说.txt
```

图 11-14　dos 命令行打开文件目录

对于图 11-4 的运行结果，在这里给大家解释下。打开 cmd 命令行窗口，发现开始的时候它的工作路径是 C:\Users\86131>，所以当我们要打开某个目录下的文件，要切换到那个工作路径，切换的方法就是 cd 工作路径。然后直接输入文件名就可以打开了，这里用到了相对路径的知识。当然，如果不想使用 cd 切换工作路径也可以直接使用绝对路径，即 C:\Users\86131>C:\Users\86131\Desktop\8-5\玄幻小说.txt（绝对路径）这种方式也可以打开文件。

接下来，使用 Python 来打开某个目录下的文本文件，下面直接通过代码给读者解释下用法。

```
#错误代码
"""
import os
#默认为堵塞状态
os.system(r"cd C:\\Users\86131\Desktop\8-5")
os.system(r"玄幻小说.txt")
"""


import os
#默认为堵塞状态,使用 start 取消堵塞
os.system(r"cd C:\Users\86131\Desktop\8-5&&start  玄幻小说.txt")
```

上面的代码中，从第 1～7 行代码中发现，文本文件并没有打开，然而第 9～11 行代码却可以运行，这是为什么？这是因为在第 5、6 行代码中，可以理解为打开了两个 cmd 命令行窗口，分别执行不同的指令，所以导致无法打开文本文件。然而第 11 行代码中，代码 cd C:\Users\86131\Desktop\ 8-5&&start 玄幻小说.txt 中的&&意思为同一个 cmd 命令窗口执行了两条指令，执行完了 cd C:\Users\86131\Desktop\8-5 指令，也就是切换了当前的工作目录，再执行 start 玄幻小说.txt 指令。相信读者经过上面的代码，理解了 system 的用法以及如何在同一个窗口状态下执行多条指令。

11.2.6 定时关机

怎样实现利用 Python 关闭计算机呢？读者可能会想到之前的小节中的 cmd 常用命令的表格中写着 shutdown -s -t 时间的命令。接下来使用 os 模块的 system 方法来实现这个功能。

【例 11-8】下面例子中，使用 Python 实现关机，并且可以取消关机。

```
import os
print("1 - 关机  2 - 取消关机")
while 1:
    command = input("请输入您要进行的操作:")
    if command == "1":
        os.system("shutdown -s -t 60")
        print("计算机即将在 60 秒后关机\n")
    elif command == "2":
        os.system("shutdown -a")
        print("取消定时关机成功\n")
```

程序运行结果如图 11-15 所示。

```
1 - 关机 2 - 取消关机
请输入您要进行的操作:1
计算机即将在60秒后关机

请输入您要进行的操作:2
取消定时关机成功

请输入您要进行的操作:
```

图 11-15 定时关机

在上面代码中的 shutdown -s -t 60 指令，60 代表 60 秒，也可以把它修改为其他时间，同时如果想取消定时关机，执行 shutdown -a 这条指令即可。

11.3 文字数据处理

11.3.1 中文分词

对小说进行中文分词，意思就是把小说中可能出现的组词进行分割。这时就要用到 Python 的第三方库 jieba。安装 jieba 库的方法也很简单，只需在 cmd 命令行输入下面的命令即可。

```
pip install jieba
```

jieba 库的三种模式见表 11-3。

表 11-3 jieba 库三种模式

精确模式	把文本精确的切分，不存在冗余单词
全模式	把所有可能的词语扫描出来，有冗余
搜索引擎模式	在精确模式基础上，对长词再次切分

jieba 库的三种模式对应的三个函数见表 11-4。

表 11-4 三模式对应三函数

lcut(data)	精确模式
icut(data,cut_all=Ture)	全模式
lcut_for_search(data)	搜索引擎模式

接下来，用之前的小说文字作为资料，直接通过代码给大家详细讲解下这三个模式，并且这三种模式都返回一个分割后的词语列表。

玄幻小说资料：主人公继承了家族血脉，天生拥有霸王神力。然后在继承家族血脉的同时自己经过后天的努力，又学会了更多的技能。假如因为敌人强大，对战的时候导致血脉之力尽失，也就是失去了家族血脉之力，本来以为此生再无踏入修炼之路，却因为偶然机遇，得到了上古神兽的血脉，因此血脉重洗，并且拥有神兽的技能。

（1）精确模式。

```
import jieba
data = """
主人公继承了家族血脉，天生拥有霸王神力。然后在继承家族血脉的
同时自己经过后天的努力，又学会了更多的技能。假如因为敌人强大，
对战的时候导致血脉之力尽失，也就是失去了家族血脉之力，本来以为此
生再无踏入修炼之路，却因为偶然机遇，得到了上古神兽的血脉，因此
血脉重洗，并且拥有神兽的技能。
"""
#精确模式
mode1 = jieba.lcut(data)
print(mode1)
#console：['\n', '主人公', '继承', '了', '家族', '血脉', '，', '，', '天生'....]
```

通过控制台的打印输出结果，可以看出精确模式的中文分词还是挺准确的，精确模式把文本精确切割，不存在冗余单词。

（2）全模式。

```
import jieba
data = """
主人公继承了家族血脉，天生拥有霸王神力。然后在继承家族血脉的
同时自己经过后天的努力，又学会了更多的技能。假如因为敌人强大，
对战的时候导致血脉之力尽失，也就是失去了家族血脉之力，本来以为此
生再无踏入修炼之路，却因为偶然机遇，得到了上古神兽的血脉，因此
血脉重洗，并且拥有神兽的技能。
"""
#精确模式
mode1 = jieba.lcut(data,cut_all = True)
print(mode1)
```

输出结果：

```
['\n', '主人公', '继承', '了', '家族', '血脉', '，', '，', '天生', '拥有'....]



#全模式
mode1 = jieba.lcut(data,cut_all = True)
print(mode1)
```

输出结果：

```
['', '\n', '', '主人', '主人公', '继承', '了', '家族', '血脉', '，', '，', '天生', '拥有'....]
```

全模式是把可能的词语都分割，比如第 12 行代码和第 18 行代码对比发现，全模式把主人公再次分割为主人。因为主人公的主人也可能是个词语，所以在全模式的状态下，它是会尽可能分割的。

（3）搜索引擎模式。

```
import jieba
data = """
绿油油
"""
```

```
#精确模式
mode1 = jieba.lcut(data)
print(mode1)
print("\n")
#输出结果：['\n', '绿油油', '\n']

#全模式
mode1 = jieba.lcut(data,cut_all = True)
print(mode1)
print("\n")
#输出结果：[ '', '\n', '', '绿油油', '油油', '', '\n', '']

#搜索引擎模式
mode1 = jieba.lcut_for_search(data)
print(mode1)
#输出结果：  [ '\n', '油油', '绿油油', '\n']
```

因为搜索引擎模式与全模式有点类似，所以把 data 修改为绿油油，方便读者理解。绿油油，如果在精确模式下，那么它就是一个词。然而在全模式下，它会把可能的词语分割出来，也就是绿油油和油油都可能是个词语。还有就是在搜索引擎模式下，它是基于精确模式的基础上对长词再进行分割，也就得到了绿油油和油油，搜索引擎模式和全模式的区别在于前者会基于精确模式下再分割。

**知识进阶**

在对文字数据进行处理的时候，一般使用精确模式比较多。jieba 库之所以能分割准确，是因为它里面有一个自带的词语库，但如果是人名，它是未必能精确分割出来的，看看下面的代码。

```
import jieba
data = "幽默的司徒小书是男生"

#精确模式
mode1 = jieba.lcut(data)
print(mode1)
```

输出结果：

```
['幽默', '的', '司徒', '小书', '是', '男生']
```

上面代码中的第 7 行中，最终打印输出并不是我们想要的结果，因为它把名字分割了。由于在 jieba 库自带的词语库不知道“司徒小书”是个人名。所以这个时候就要告诉 jieba 库，也就是新增词语到 jieba 库自带的词语库中。完善上面的代码如下。

```
import jieba
data = "幽默的司徒小书是男生"

#新增词语
jieba.add_word("司徒小书")

#精确模式
```

```
mode1 = jieba.lcut(data)
print(mode1)
```

输出结果：

```
['幽默', '的', '司徒小书', '是', '男生']
```

读者是否发现在使用 jieba 库的 add_word 函数新增词语后，它就会认识这是一个词语了，这就是新增词语的方法。

最后在这里说一下，jieba 库是一个很优秀的第三方中文分词库，在对长文字进行分割的时候，基本都会使用 jieba 库来完成。

11.3.2 文字数据分析

文字数据分析

如果想通过商品评论来判断为何这件商品这么受大众欢迎，一般大家会把所有评论阅读一遍，然后再将评论出现最多的词语记录下来。但是假如评论有百万条，难道都阅读一遍吗？如果这么做，将会耗费我们大量的时间。下面就用到上一节刚学的 jieba 库来完成一个案例。

【例 11-9】下面例子中，实现对商品评论进行数据分析。

```
import jieba

#文本数据
comment = """我觉着这件商品很智能，并且便宜又实用
刚买的，感觉很好用，孩子很喜欢，最主要是价格便宜。
智能化家居，我最喜欢了，希望这家店继续出现新的家居产品
智能电灯，不仅可以语音打开灯光还可以用手机操控
下次再买这家店的智能产品
必须给五星好评，真的智能空调又省电又智能，我很喜欢
"""

#对文本数据进行分割
def data_split():
    data = jieba.lcut(comment)
    for i in data:
        if "\n" in i:
            data.remove(i)
        elif "，" in i:
            data.remove(i)
        elif len(i) == 1:
            data.remove(i)
    return data

#对文本数据次数统计
def data_count():
    count = {}
```

```
    info_save = []
    for i in data_split():
        if i in info_save:
            count[i] = count.get(i,0)+1
        else:
            count[i] = count.get(i,0)
            info_save.append(i)
    count = list(count.items())
    return count

#对文本数据统计次数取出频次最高的前3
def data_ordinal():
    comment_data = data_count()
    comment_data = sorted(comment_data,key = lambda x:x[1],reverse = True)
    return comment_data[0:3]

#程序入口
if __name__ == "__main__":
    print(data_ordinal())
```

程序运行结果如图11-16所示。

```
==
Building prefix dict from the default dictionary ...
Loading model from cache C:\Users\86131\AppData\Local\Temp\jieba.cache
Loading model cost 0.846 seconds.
Prefix dict has been built successfully.
[('智能', 4), ('喜欢', 2), ('家居', 1)]
>>> |
```

图11-16 高频词文本统计

上面代码是基于之前的代码二次修改的，难度并不高，主要难点在第16～20行代码，为什么要这么做？因为有些词对数据分析的意义并不大，所以就要把它们去除，以免对需要分析的数据造成影响。换行符、逗号、一个字，这些都可以考虑去掉它们。由于使用jieba库的lcut函数时会返回一个列表类型，所以可以用列表的方法remove来去除列表中不要的词。接着用之前所学对词语的次数进行统计，然后再使用内置函数sorted来进行高频词的排序。

所以说使用Python来代替我们阅读评论并且做出一定的数据分析，对提高工作效率是很有帮助的。

文字转为词云图

11.3.3 炫酷词云图

词云库是把词语图形可视化的一个库，如果老板让你分析商品评论，可以把分析结果以词云图的方式给老板看，这样老板也会一目了然。那么词云图是长什么样的呢？如图11-17所示。

图 11-17　词云图

是不是感觉清晰可见，一眼就知道哪些词是高频词了，文字越大代表出现的次数越多，与枯燥的文字相比，图片看起来更舒服。那么这种词云图又是怎么制作的呢？这里就要用到第三方库 Wordcloud 库，安装方法也跟 jieba 库一样。

```
pip install Wordcloud
```

词云库的知识点：

（1）Wordcloud 库以空格作为分隔符，将文本分割成词语。

（2）Wordcloud 库对于出现的词语次数越多，则在图片中，文字越大。

（3）Wordcloud 库对于一些没意义的词语会自动过滤掉。

（4）Wordcloud 库对于中文，要导入相应的字体，否则会出现乱码。

【例 11-10】下面例子中，以简单的一段英文制作简单的词云图。

```
import Wordcloud
#文本数据
txt = "Youth will come to an end, but memory will last forever."
#实例化词云对象
img_cloud =Wordcloud.WordCloud(background_color = "white")
#使用词云对象方法，往里面传入数据
img_cloud.generate(txt)
#使用相对路径方式，保存图片
img_cloud.to_file("词云图.png")
print("词云图已经生成")
```

程序运行结果如图 11-18 所示。

首先实例化了一个词云对象，然后使用对象方法 generate(数据)，然后传入数据，最后使用对象方法 to_file(图片名字)，这个时候就会在 py 文件的旁边看到一张词云图片。

在实例化对象的时候，传了 background_color = "white"参数，这个参数的意思是把图片背景色改为白色，因为默认词云图背景色是黑色的。除了可以改背景色参数，还可以改其他的参数。常用参数见表 11-5。

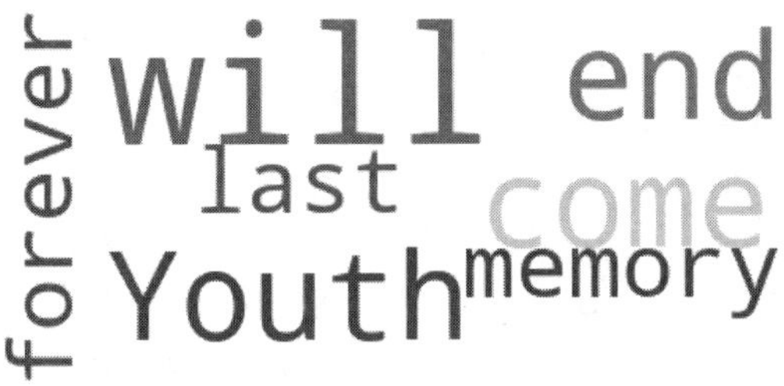

图 11-18　英文词云图

表 11-5　常用参数

参数	描述
width	修改生成图片的宽度
height	修改成图片的高度
min_font_size	修改字体的最小字号
max_font_size	修改字体的最大字号
font_path	修改字体样式文件路径
max_words	修改最大单词数量
mask	修改词云图形状
background_color	修改背景颜色

知识进阶

现在尝试用中文代替英文，看看会出现什么结果。

【例 11-11】下面例子中，用文字制作简单的词云图。

```
import Wordcloud
import jieba
#文本数据
txt = """
我觉着这件商品很智能，并且便宜又实用
刚买的，感觉很好用，孩子很喜欢，最主要是价格便宜。
智能化家居，我最喜欢了，希望这家店继续出现新的家居产品
智能电灯，不仅可以语音打开灯光还可以用手机操控
下次再买这家店的智能产品
必须给五星好评，真的智能空调又省电又智能，我很喜欢

主人公继承了家族血脉，天生拥有霸王神力。然后在继承家族血脉的
同时自己经过后天的努力，又学会了更多的技能。假如因为敌人强大，
对战的时候导致血脉之力尽失，也就是失去了家族血脉之力，本来以为此
生再无踏入修炼之路，却因为偶然机遇，得到了上古神兽的血脉，因此
血脉重洗，并且拥有神兽的技能。
```

```
"""

#对文字进行分割成词语，并且以空格形式隔开
data = jieba.lcut(txt)
data = " ".join(data)

#实例化词云对象
img_cloud =Wordcloud.WordCloud(background_color = "white",width = 800,height = 600,font_path = "MSYH.TTF")
#使用词云对象方法，往里面传入数据
img_cloud.generate(data)
#使用相对路径方式，保存图片
img_cloud.to_file("词云图.png")
print("词云图已经生成")
```

程序运行结果如图 11-19 所示。

图 11-19　中文词云图

对于上面的代码，读者可能会发现与制作英文词云图的方式差异好大，这是为什么呢？因为 Wordcloud 库以空格作为分隔符，将文本分割成词语。

当制作英文词云图的时候，我们传的数据是：

```
Youth will come to an end, but memory will last forever.
```

当制作中文词云图的时候，我们传的数据是：

```
我 觉着 这件 商品 很智能 并且 便宜 又实用
```

要对中文进行处理分割，这时候就需要用到之前学的 jieba 库，进行中文分词，最终得到了列表[我,觉着,这件,商品,很智能,并且,便宜,又实用]，但是词云对象的 generate 方法要传的是字符串类型数据，所以当传入列表类型数据的时候，它就会报错，因此上面代码 21 行中，应对列表进行处理，使用 join 方法把列表变成[我 觉着 这件 商品 很智能 并且 便宜 又实用]形式的字符串，然后再作为参数传给 generate 方法。

同时，在实例化词云对象的时候，还要注意的是需要传字体路径，因为词云库如果想制作中文词云图，需要用到字体，然而英文不需要，这就是制作中文和英文
词云图的区别。读者可以自行下载字体 MSYH.TTF。

11.3.4 自定义词云图

在制作词云图的时候，除了制作正方形的词云图外，还可以制作其他形状的词云图。方法并不难，只需在实例化词云对象的时候，传入 mask 参数就可以了。

【例 11-12】下面例子中，制作一个爱心形状的词云图。

```
import Wordcloud
import jieba
import imageio
#文本数据
txt = """
我觉着这件商品很智能，并且便宜又实用
刚买的，感觉很好用，孩子很喜欢，最主要是价格便宜。
智能化家居，我最喜欢了，希望这家店继续出现新的家居产品
智能电灯，不仅可以语音打开灯光还可以用手机操控
下次再买这家店的智能产品
必须给五星好评，真的智能空调又省电又智能，我很喜欢

主人公继承了家族血脉，天生拥有霸王神力。然后在继承家族血脉的
同时自己经过后天的努力，又学会了更多的技能。假如因为敌人强大，
对战的时候导致血脉之力尽失，也就是失去了家族血脉之力，本来以为此
生再无踏入修炼之路，却因为偶然机遇，得到了上古神兽的血脉，因此
血脉重洗，并且拥有神兽的技能。
"""

#对文字进行分割成词语，并且以空格形式隔开
data = jieba.lcut(txt)
data = " ".join(data)

#图片数据读取
im = imageio.imread("爱心形状.png")

#实例化词云对象
img_cloud =Wordcloud.WordCloud(mask = im,background_color = "white",width = 800,height = 600,font_path = "MSYH.TTF")
#使用词云对象方法，往里面传入数据
img_cloud.generate(data)
#使用相对路径方式，保存图片
img_cloud.to_file("词云图.png")
print("词云图已经生成")
```

程序运行结果如图 11-20 所示。

图 11-20　爱心词云图

如果想制作其他形状的词云图，首先要读取一张图片的数据，比如在靠近 py 文件的旁边先放一张爱心图片，这张图片的背景不能太杂，因为太杂是看不出效果的。如图 11-21 所示，首先用 imageio 模块中的 imread 函数(图片路径)获取图片数据，第 24～25 行代码就是读取图片数据的过程。然后在实例化词云对象的时候，传参数 mask = im，代码看向第 28 行。当前不止只有爱心形状，一般只要图片的背景色是纯白或黑，那么任意形状都是可以满足的。

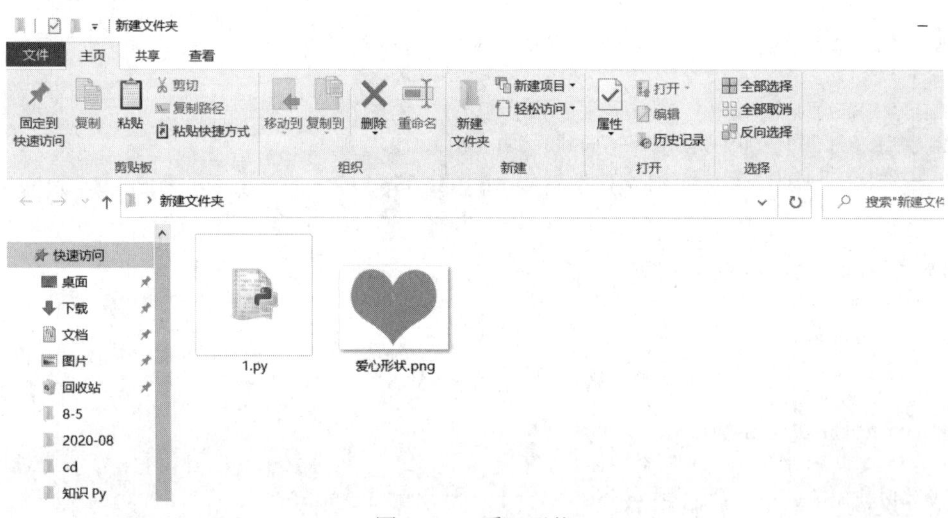

图 11-21　爱心形状

11.3.5　图形化文字

任务需求：读取小说，并且获取高频词的前五位，获取完高频词后，自动生成词云图同时还会自动打开词云图。

任务提示：读取小说，使用 open 函数，然后获取高频词使用内置函数 sorted，生成词云图使用 Wordcloud，自动打开词云图使用 os 模块的 system 方法。

案例实现：

```
import jieba
import imageio
import Wordcloud
import os

#小说数据读取
def re_data(path):
    with open(path,"r",encoding = "utf-8") as file:
        data = file.read()
        return data

#小说词语分割
def re_split(text):
Word_split = jieba.lcut(text)
    new_word = []
    for i inWord_split:
        if "，" in i:
        Word_split.remove(i)
        elif """ in i:
        Word_split.remove(i)
        elif len(i) == 1:
        Word_split.remove(i)
        else:
            new_word.append(i)

    return new_word

#小说词语次数统计
def re_count(word_split):
    info_save = {}
    info_pre = []
    for i inWord_split:
        if i in info_pre:
            info_save[i] = info_save.get(i,0)+1
        else:
            info_save[i] = info_save.get(i,0)
            info_pre.append(i)
    info_save = list(info_save.items())
    info_save = sorted(info_save,key = lambda x:x[1],reverse = True)
    return info_save[0:5]

#小说词云图生成
def re_img(word_split):
```

```
Word_split = " ".join(word_split)
        im = imageio.imread("爱心形状.png")
        imagwc =Wordcloud.WordCloud(mask = im,background_color = "white",font_path = "MSYH.TTF")
        imagwc.generate(word_split)
        imagwc.to_file("xy.jpg")

if __name__ =="__main__":
        text = re_data(r"C:\Users\86131\Desktop\西游记部分片段.txt")
        print("文本数据读取成功")
Word_split = re_split(text)
        print(re_count(word_split))
        re_img(word_split)
        os.system("start xy.jpg")
        print("词云图已打开")
```

程序运行结果如图 11-22 所示。

```
文本数据读取成功
Building prefix dict from the default dictionary ...
Loading model from cache C:\Users\86131\AppData\Local\Temp\jieba.cache
Loading model cost 0.701 seconds.
Prefix dict has been built successfully.
[('悟空', 65), ('猴王', 33), ('大圣', 30), ('大王', 27), ('兵器', 16)]
词云图已打开
>>>
```

图 11-22　词云执行结果

案例详解：

首先读取小说数据，接着对小说数据进行词语分割，词语分割使用 jieba 库的精确模式来完成，并且去除中分析数据意义不大的词语。

然后把分割完的词语进行词频统计，使用了内置函数 sorted，其中 key 参数用到了匿名函数来实现次数排序。接着使用 reverse 方法来进行倒序，由高到低排序。

最后对分割后的词用 join 方法把它变成字符串形式，由于使用 jieba 库分割后的词语存储在列表中，所以这里才用到 join 方法把它变成字符串类型，方便生成词云图，接着使用 os 模块的 system 方法，打开生成的词云图，并且解决堵塞状态。

11.4　AI 智能应用功能

11.4.1　强大的百度 API

API（Application Programming Interface）是一些预先定义的函数，无需了解代码的原理，只需知道它能实现什么功能，需要传入什么参数，就会获取到这个函数的返回值。

百度 AI 是开发的平台，可以直接使用 API 来实现我们想要的功能，比如文字识别、图像识别、语音识别等。

百度 AI 官网如图 11-23 所示。

图 11-23　百度 AI 官网

首先单击“开放能力”，然后会发现这里有语音技术、图像技术、文字识别等。接下来单击“文字识别”，并且单击“通用文字识别”来看看，过程如图 11-24 所示。

图 11-24　百度 AI 官网

当单击“通用文字识别”后，进入到了一个新的页面，如图 11-25 所示，如果想用这个通用文字识别功能，就先单击“技术文档”查看使用的方法，下一节就开始给大家介绍怎么使用文字识别。

图 11-25　百度 AI 官网

11.4.2　文字识别前奏

当进入文字识别这个页面的时候，单击“技术文档”，接着单击“SDK 文档”，然后选择 Python 语言，再单击“快速入门”，如图 11-26 所示。

图 11-26　百度 AI 官网

发现有这么一段话：

安装使用 Python SDK 有如下方式：

如果已安装 pip，执行 pip install baidu-aip 即可。

如果已安装 setuptools，执行 Python setup.py install 即可。

这是什么意思呢？这是让我们安装一个百度 API 库，接下来进入这个页面，找到这个库的安装包，过程如图 11-27 所示。

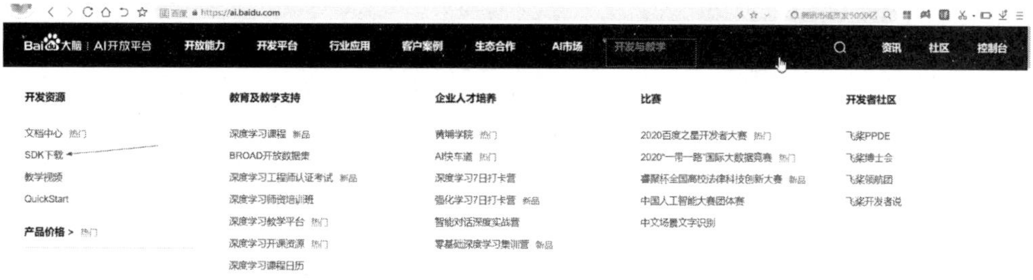

图 11-27　百度 API 库展示页面

然后直接单击下载即可，过程如图 11-28 所示。

图 11-28　SDK 下载

接着解压下载的文件，并且在文件的目录下按键盘 Shift 键+鼠标右键，此处打开 powershell 窗口，过程如图 11-29 所示。

最后在 powershell 窗口里面输入指令：

```
pip install .
```

当安装完这个库后，接着回到 SDK 文档中，过程如图 11-30 所示。

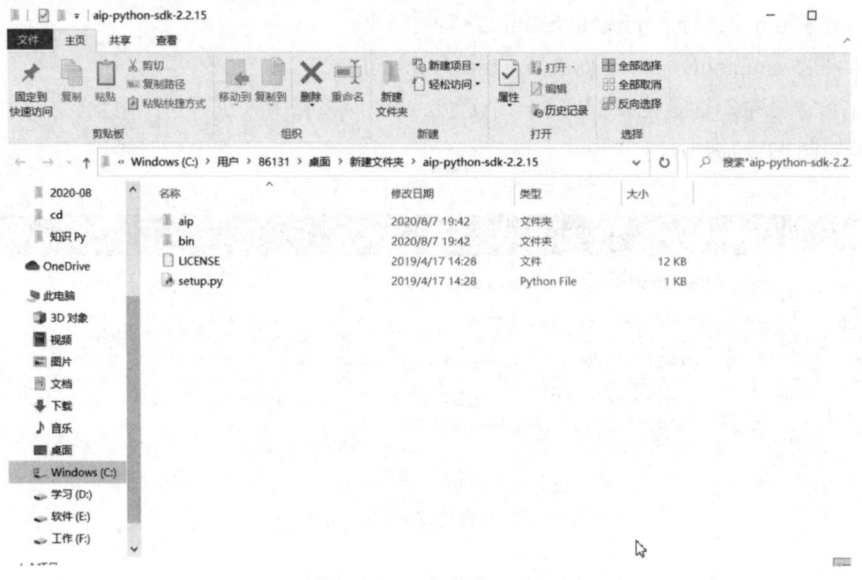

图 11-29　安装接口库

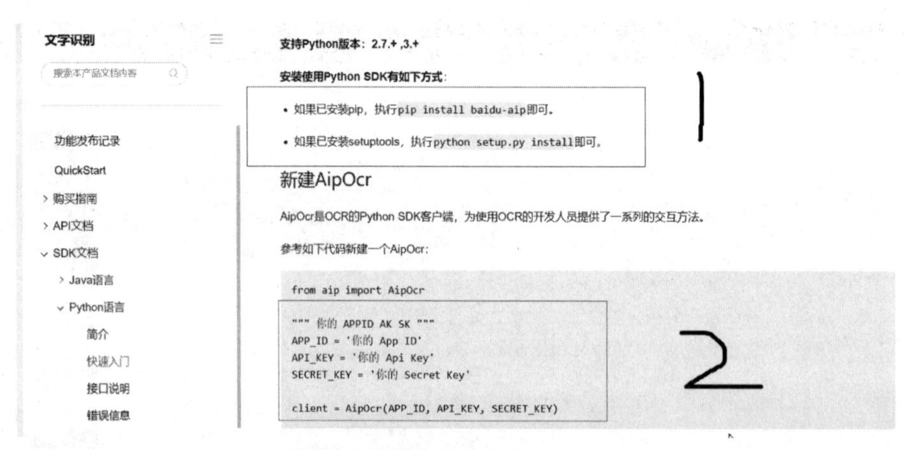

图 11-30　接口库安装与账号定义

图 11-30 中的第一步已经完成了，也就是安装百度 API 库，接下来就是第二步，需要有百度提供的 API 的 ID 以及 API_KEY、SECRET_KEY。那么这些又应该怎么获取呢？只需登录百度账号，进入单击网站右上角的控制台，接着再单击“文字识别”，过程如图 11-31 所示。

接着再单击“创建应用”，给这个应用取个名字，文字识别会默认勾选 √，然后对于下面语音识别这些，可以选择勾选 √，如果勾选那么就共用同一个百度给的 aip ID。因为在接下来几节中会讲到文字识别、图像识别、语音合成、自然语言，所以就把这些都勾选，过程如图 11-32 所示。

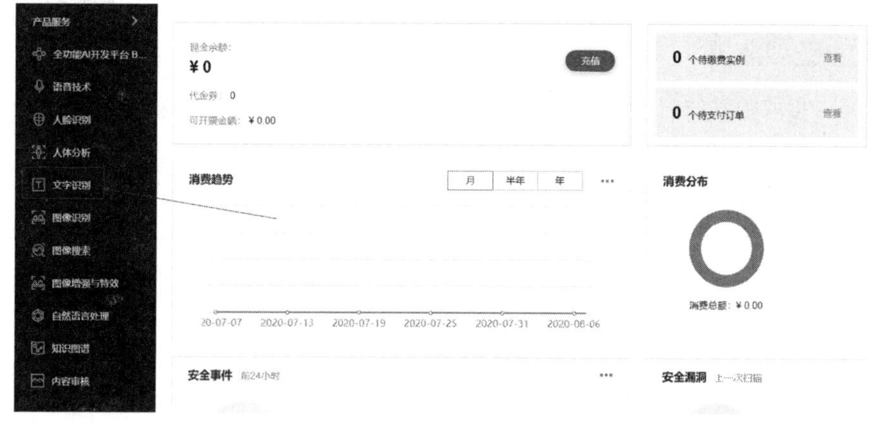

图 11-31　控制台

图 11-32　设置应用信息

然后创建应用，获取百度提供的 API 的 ID 以及 API_KEY、SECRET_KEY 了，所以图 11-30 第二步也完成了。获取百度提供的 API ID 信息如图 11-33 所示。

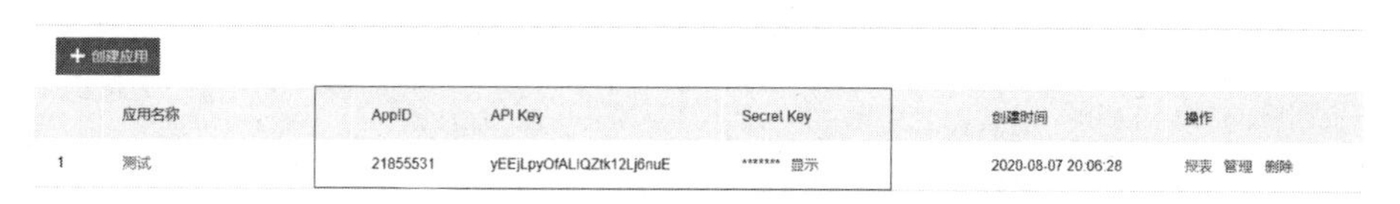

图 11-33　创建应用

因为图 11-30 第一步和第二步，对于语音识别、语音合成、图像识别等，步骤都是一样的，所以方便读者更好地入门，可能讲得就有点多。那么从下节开始，正式进入实战——文字识别。

11.4.3 文字识别实战

在使用爬虫爬取数据的时候，往往会遇到验证码，但是验证码是以图片的形式展示给用户看的，如果想让爬虫自动识别验证码，就要用到文字识别。

在上一节中讲到文字识别前奏的时候，做了两个准备：一个是安装 API 的库；另一个是获取百度提供给我们的账号信息。接着单击接口说明，可查看代码的使用方法。过程如图 11-34 所示。接下来通过文字识别案例给大家介绍下。

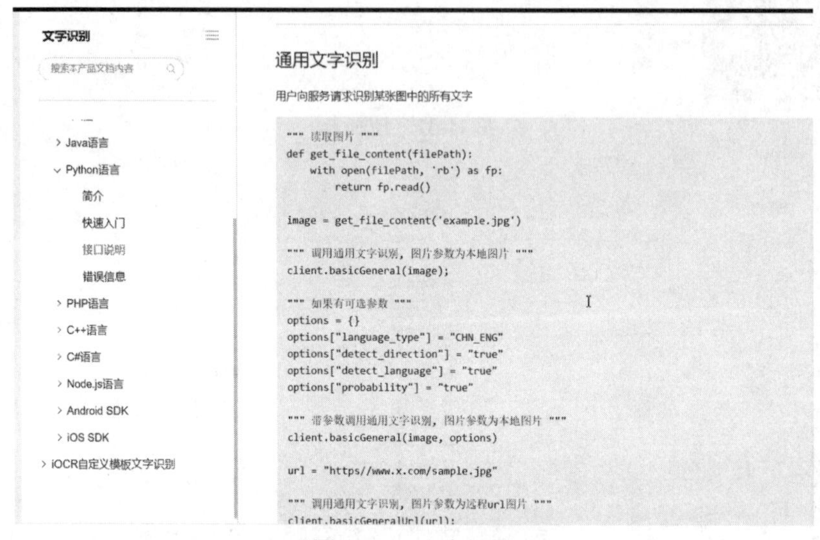

图 11-34　文字识别

【例 11-13】下面例子中，对以图片展示的玄幻小说文本进行文字识别。

```
from aip import AipOcr

""" 你的 APPID AK SK """
APP_ID = '21855531'
API_KEY = 'yEEjLpyOfALIQZtk12Lj6nuE'
SECRET_KEY = 'UMTGRBuLQmZPjOY5Q7OrsR4FG4nUCTOH '
client = AipOcr(APP_ID, API_KEY, SECRET_KEY)

""" 读取图片 """
def get_file_content(filePath):
    with open(filePath, 'rb') as fp:
        return fp.read()

image = get_file_content(r'C:\Users\86131\Desktop\玄幻小说图片.png')
data = client.basicGeneral(image)
print(data)
```

程序运行结果如图11-35所示。

```
{'log_id': 4312627774650257160, 'words_result_num': 3, 'words_result':
 [{'words': '主人公继承了家族血脉,天生拥有霸王神力。然后在继承家族血脉
的同时自己经过后天的努力,又学会了更多的技'}, {'words': '能。假如因为敌
人强大,对战时候导致血脉之力尽失,也就是失去了家族血脉之力,本来以为此生
再无踏λ修炼之'}, {'words': '路,却因为偶然机遇,得到了上古神兽的血脉,因
此血脉重洗,并且拥有神兽的技能'}]}
>>> |
```

图11-35 文字识别

上面的代码中，首先看第3～7行代码，里面的APPID AK SK是百度提供的，也就是文字识别前奏小节中所说的第二步，获取百度给我们的账号信息。接着第9-14行代码是用open函数以二进制的方式读取图片的数据。接着使用client对象的方法basicGeneral，并且传入图片的数据，这个时候就获取到了图片识别后的数据。这个数据是字典类型。

知识进阶

上面案例中，使用client对象的方法basicGeneral时，只传了图片的数据，获取到了文字信息。假如想获取图片的朝向的数据时候，应该怎么做？

【例11-14】下面例子中，文字识别不仅获取图片中文字的数据还获取图片的朝向。

```
from aip import AipOcr

""" 你的 APPID AK SK """
APP_ID = '21855531'
API_KEY = 'yEEjLpyOfALIQZtk12Lj6nuE'
SECRET_KEY = 'UMTGRBuLQmZPjOY5Q7OrsR4FG4nUCTOH '
client = AipOcr(APP_ID, API_KEY, SECRET_KEY)

""" 读取图片 """
def get_file_content(filePath):
    with open(filePath, 'rb') as fp:
        return fp.read()

option = {"detect_direction":"true"}
image = get_file_content(r'C:\Users\86131\Desktop\玄幻小说图片.png')
data = client.basicGeneral(image,option)
print(data)
```

程序运行结果如图11-36所示。

```
{'log_id': 1951415057231464392, 'direction': 0, 'words_result_num': 3,
 'words_result': [{'words': '主人公继承了家族血脉,天生拥有霸王神力。然
后在继承家族血脉的同时自己经过后天的努力,又学会了更多的技'}, {'words':
'能。假如因为敌人强大,对战时候导致血脉之力尽失,也就是失去了家族血脉之
力,本来以为此生再无踏入修炼之'}, {'words': '路,却因为偶然机遇,得到了上
古神兽的血脉,因此血脉重洗,并且拥有神兽的技能'}]}
>>> |
```

图11-36 图片朝向

相比例 11-13，获取的数据多了 direction 数据，它代表意思就是朝向，也就是 0，正方向的意思。代码上，在例 11-13 基础上增加了第 14 行代码：option = {"detect_direction":"true"}，意思就是以字典类型创建请求参数，然后在使用 client 对象的方法 basicGeneral 的时候，传图片数据同时，也把请求参数传进去了。这样就获取到了图片中的文字，也获取到图片的方向。还有更多的请求参数，读者可以查阅百度 AI 官网。

通用文字识别返回数据参数详情见表 11-5。

表 11-5　通用文字识别返回数据参数

字段	必选	类型	说明
direction	否	number	图像方向，当 detect_direction=true 时存在。 - -1：未定义； - 0：正向； - 1：逆时针 90 度； - 2：逆时针 180 度； - 3：逆时针 270 度

11.4.4　图像识别前奏

对于图像识别的准备工作，本节就不详细介绍了，因为图片识别的准备工作与文字识别一样。对于过程，这里以图片的方式给大家说明，如图 11-37 至图 11-40 所示。

图 11-37　通用物体和识别场景

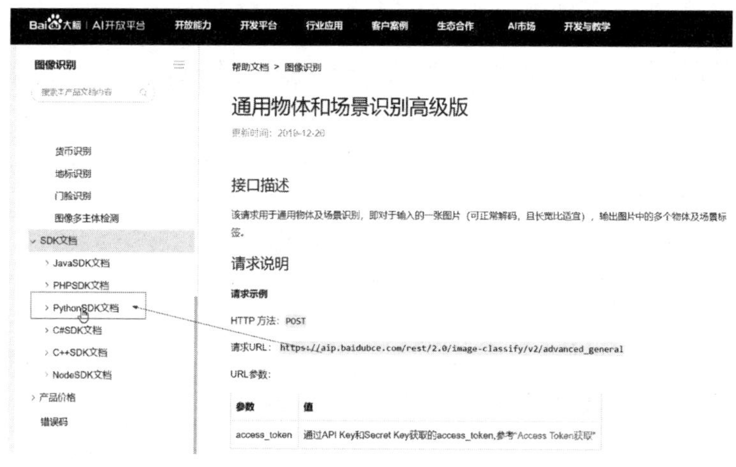

图 11-38　通用物体和识别场景高级

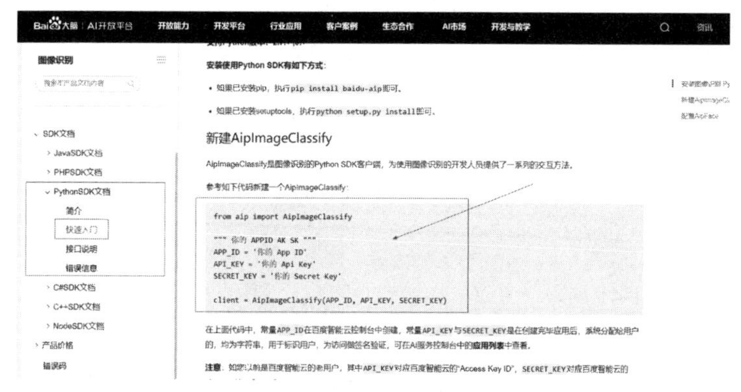

图 11-39　入门指南

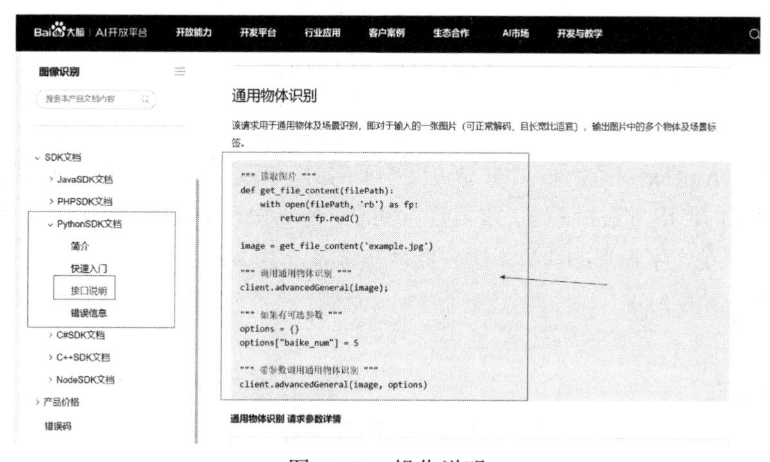

图 11-40　操作说明

当阅读图像识别 Python SDK 文档时发现，与文字识别好像类似，事实上确实没多大变化，其实掌握了文字识别的应用，剩下的图像识别、语音合成都是类似的，一通百通。下一节将带大家使用图像识别。

11.4.5　图像识别实战

【例 11-15】下面例子中，使用图像识别来把菜品识别出来。

```
from aip import AipImageClassify

""" 你的 APPID AK SK """
APP_ID = '21855531'
API_KEY = 'yEEjLpyOfALIQZtk12Lj6nuE'
SECRET_KEY = 'UMTGRBuLQmZPjOY5Q7OrsR4FG4nUCTOH '
client = AipImageClassify(APP_ID, API_KEY, SECRET_KEY)

""" 读取图片 """
def get_file_content(filePath):
    with open(filePath, 'rb') as fp:
        return fp.read()


image = get_file_content(r'C:\Users\86131\Desktop\红萝卜.jpg')
data = client.advancedGeneral(image)
print(data)
```

程序运行结果如图 11-41 所示。

```
{'log_id': 4810523067600671816, 'result_num': 5, 'result': [{'score': 0.983951, 'root': '植物-伞形科', 'keyword': '胡萝卜'}, {'score': 0.77866, 'root': '植物-十字花科', 'keyword': '萝卜'}, {'score': 0.431369, 'root': '商品-农用物资', 'keyword': '花卉'}, {'score': 0.232285, 'root': '植物-芭蕉科', 'keyword': '香蕉'}, {'score': 0.018119, 'root': '植物-其他', 'keyword': '红辣椒'}]}
>>>
```

图 11-41　蔬菜图像识别

图像识别与文字识别的代码很类似，区别在于，图像识别实例化了 AipImageClassify 对象。而文字识别实例化了 AipOcr 对象。使用的方法也是不同的，但是整体代码还是很类似的，所以说图像识别和文字识别的使用方法并不难，需要注意的是，假如出现异常信息的情况，一般是没有安装 SDK 造成的，也就是文字识别的前奏中所说的两步准备，其中一步就是安装 API 的库，安装这个库的前提是下载所需的 SDK。

11.4.6　语音识别

本节介绍语音识别，语音识别的前奏准备与文字识别和图像识别一样。接下来，直接通过代码给大家讲解。

【例 11-16】下面例子中，把我们所说的语音识别出来。

```
from aip import AipSpeech

""" 你的 APPID AK SK """
APP_ID = '21855531'
API_KEY = 'yEEjLpyOfALIQZtk12Lj6nuE'
SECRET_KEY = 'UMTGRBuLQmZPjOY5Q7OrsR4FG4nUCTOH '
client = AipSpeech(APP_ID, API_KEY, SECRET_KEY)

#读取文件
def get_file_content(filePath):
    with open(filePath, 'rb') as fp:
        return fp.read()
#获取音频数据
audio = get_file_content(r'C:\Users\86131\Desktop\1.wav')

#识别本地文件
data = client.asr(audio,'wav', 8000)

print(data)
```

程序运行结果如图 11-42 所示。

```
{'corpus_no': '6858461971536271138', 'err_msg': 'success.', 'err_no':
0, 'result': ['今天我感觉天气挺热的。'], 'sn': '434772483971596860115'
}
>>> |
```

图 11-42　语音识别

在第 15 行代码中，我们需要传入音频数据，同时还要传入音频格式、音频采样率。这些参数的详细解释见表 11-6。

表 11-6　音频格式参数

参数	类型	描述	是否必须
speech	Buffer	建立包含语音内容的 Buffer 对象，语音文件的格式，也 pcm、wav 或 amr。不区分大小写	是
format	String	语音文件的格式，如 pcm、wav 或 amr。不区分大小写。推荐 pcm 文件	是
rate	int	采样率，如 16000、8000，固定值	是

11.4.7　语音合成

有语音识别功能，自然也有语音合成功能，把文字转化为语音，这就是语音合成。接下来直接通过代码给读者讲解语音合成的知识应用。

【例 11-17】下面例子中，把我们所说的语音进行合成。

```
from aip import AipSpeech

""" 你的 APPID AK SK """
APP_ID = '21855531'
API_KEY = 'yEEjLpyOfALIQZtk12Lj6nuE'
SECRET_KEY = 'UMTGRBuLQmZPjOY5Q7OrsR4FG4nUCTOH '
client = AipSpeech(APP_ID, API_KEY, SECRET_KEY)

result   = client.synthesis('今天天气很晴朗', 'zh', 1, {'vol': 5})

#识别正确返回语音二进制
#错误则返回 dict
#生成音频文件，在当前工作目录下
if not isinstance(result, dict):
    with open('auido.mp3', 'wb') as f:
        f.write(result)
```

首先开始在代码第 9 行，需要使用对象方法 synthersis，并且传入文字，同时还可以传入参数{'vol': 5}，也就是音量大小的意思。

vol	String	音量，取值 0～15，默认为 5（中音量）

11.4.8 自然语言情感分析

对文本信息进行情感判断，要用到情感分析，判断这个信息是正面的还是负面的。

【例 11-18】下面例子中，把输入的文字进行情感判断。

```
from aip import AipNlp

""" 你的 APPID AK SK """
APP_ID = '21855531'
API_KEY = 'yEEjLpyOfALIQZtk12Lj6nuE'
SECRET_KEY = 'UMTGRBuLQmZPjOY5Q7OrsR4FG4nUCTOH '
client = AipNlp(APP_ID, API_KEY, SECRET_KEY)

#调用对象方法 sentimentClassify 并且传入文字数据
data = client.sentimentClassify("今天天气很好");
#提取出指定数据 0:负向，1:中性，2:正向
case = data["items"][0]["sentiment"]
print(data)
print("")
print(case)
```

程序运行结果如图 11-43 所示。

```
============= RESTART: C:\Users\86131\Desktop\知识 Py\1.py ============
{'log_id': 3136639872852578024, 'text': '今天天气很好', 'items': [{'positive_prob': 0.988401, 'confidence': 0.974224, 'negative_prob': 0.0115993, 'sentiment': 2}]}

2
>>> |
```

图 11-43 情感分析

在上面代码中，第12行是提取指定数据的过程，在使用相应的接口对象的方法时，会获取到返回值，返回值是字典类型，但是返回值里面有很多数据，其中包含着对我们意义不大的数据，所以就要提取所需的数据。从图11-43可以看到，最终获取到了2，这个是sentiment的值，意思就是正向消息。如果我们做语音机器人，判断说话的情感也是很重要的。

11.4.9 智能机器人

任务需求：机器人拥有重命名文件功能、图像识别功能、智能聊天功能。

任务提示：定义一个类，任务需求的三个功能作为成员方法。

案例实现：

```
import requests
from aip import AipImageClassify
import os
class Robot:
    #构造方法
    def __init__(self,name):
        self.name = name

    #重命名文件方法
    def rename(self,path):
        #获取所有文件名
        file_name = []
        for root,dirs,files in os.walk(path):
            for i in files:
                file_name.append(i)
            pass

        #修改所有文件名
        count = 0
        for i in file_name:
            count += 1
            #文件原名
            old_path = path+"\\"+i
            #文件新名
            new_path = path+"\\"+str(count)+".txt"
            os.rename(old_path,new_path)
```

```
    #图像识别方法
    def imgclassify(self,path):
        #你的 APPID AK SK
        APP_ID = '21855531'
        API_KEY = 'yEEjLpyOfALIQZtk12Lj6nuE'
        SECRET_KEY = 'UMTGRBuLQmZPjOY5Q7OrsR4FG4nUCTOH '
        client = AipImageClassify(APP_ID, API_KEY, SECRET_KEY)
        #读取图片
        def get_file_content(filePath):
            with open(filePath, 'rb') as fp:
                return fp.read()
        image = get_file_content(path)
        data = client.advancedGeneral(image)
        data = data["result"][0]["keyword"]
        return data

    #智能聊天方法
    def speak(self,info):
        url = "http://i.itpk.cn/api.php?question={}".format(info)
        response = requests.get(url).text
        return response

if __name__ == "__main__":
    name = input("请给你的机器人起个名字：")
    robot = Robot(name)
    name = name+"："
    while 1:
        info = input("OWN:")
        if info in "重命名文件":
            print(name+"请输入文件所在的目录路径")
            path = input("OWN:")
            robot.rename(path)
            print(name+"文件重命名成功")
        elif info in "图片识别":
            print(name+"请输入图片的路径")
            path = input("OWN:")
            data = robot.imgclassify(path)
            print(name+"图片识别成功")
            print(name+"这是一个{}".format(data))
        else:
            data = robot.speak(info)
            print(name+data)
```

运行结果如图 11-44 所示。

```
>>>
============= RESTART: C:\Users\86131\Desktop\知识 Py\1.py =============
请给你的机器人起个名字：小月
OWN:今天天气还不错
小月：今天天气看起来不错呦
OWN:你好
小月：你好，很高兴认识你
OWN:重命名文件
小月：请输入文件所在的目录路径
OWN:C:\Users\86131\Desktop\8-5\cd - 副本
小月：文件重命名成功
OWN:图片识别
小月：请输入图片的路径
OWN:C:\Users\86131\Desktop\1.jpg
小月：图片识别成功
小月：这是一个胡萝卜
OWN:天气
小月：今天天气看起来不错呦，查天气请输入正确地名呦
OWN:广州
小月：中国的一个市，最早改革开放的地方。
OWN:|
```

图 11-44　聊天机器人对话场景

案例详解：

首先定义一个机器人类，然后以任务需求的三个功能作为成员方法，同时在构造方法中，有属性 name。接着来实现每个功能。

（1）第一个功能，实现重命名文件，重命名文件就使用之前所学的 os 模块的 walk 方法，然后获取相应目录下所有文件，接着使用 os 模块的 rename 方法来进行重新命名。

（2）第二个功能，实现图像识别功能，首先做好前奏准备，第一，安装相应的百度 API 的库；第二，获取百度提供的 APPID AK SK 信息，然后实例化对象，使用对象方法 AipImageClassify 来进行图像识别。

（3）第三个功能，实现智能对话功能，这里属于超前知识，所以读者可以先了解下，requests 模块是用于爬虫的，爬取一个网址的信息，获取到它响应的内容，响应的内容就是机器人回复我们的信息。

本案例是综合了 os 库、AI 应用、爬虫的知识来完成的。对读者巩固本章知识有一定的作用，如果代码某部分不明白，可以在书里查阅，从而进行查漏补缺。

11.5　总结回顾

本章首先讲了 os 模块的应用，os 模块可以操控计算机文件、文件夹，对我们办公的时候处理文件有着很大的帮助。接着讲了文字数据的处理，其中中文分词以及词云图可以让我们快速了解一样东西的特别之处，这对我们需要短时间内了解数据内容也很重要，最后是 AI 应用，AI 难度并不大，百度提供了很多接口，感兴趣的同学可以多去官网看看，AI 应用，对办公也有着很重要的作用，可以提高工作效率。

11.6 小试牛刀

1．使用 os 模块来完成一个计算机简易的管家，具备清理计算机垃圾、定时关机等功能。

2．在网上搜索一篇小说，进行词频统计后，接着把小说进行词云图展示。

3．使用 AI 应用的图像识别来识别一种物体，看看是否能识别出来。

第12章 Excel操作的自动化

本章学习目标

- 熟练掌握Excel操作的第三方库。
- 掌握xlwings库Excel的一般操作方法。
- 将课程中的案例灵活运用于工作中。

本章介绍操作Excel常见的第三方库，如xlrd库用于读取Excel工作表数据，xlwt库用于写入Excel工作表数据，后面会介绍功能比较全面的第三方库xlwings，并拓展讲解该库功能。

12.1 xlrd库的介绍和安装

第三方库的安装

12.1.1 xlrd库简介

Python操作Excel主要用到xlrd和xlwt这两个库，即xlrd是读Excel的库，xlwt是写Excel的库。

xlrd实际上是一个简化拼接的单词，将exlce这个单词简化为xl，将read简化为rd，就组成了xlrd，所以从字面意思理解就是读写Excel的第三方库。

12.1.2 安装xlrd第三方库

单击Windows+r组合键，在弹出的“运行”对话框中输入cmd，打开cmd命令窗口，如图12-1所示。

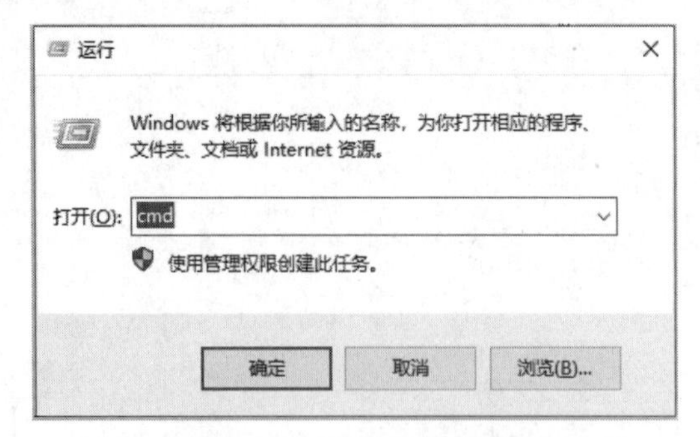

图 12-1 “运行”对话框

接着通过输入 pip install xlrd 进行第三库安装，此方法简单快捷，安装成功会显示 Successfully installed xlrd，如果出现黄色字体警告，是由于 pip 库包不是最新的，但 xlrd 库已成功安装，可随后对 pip 包进行更新，更新命令：Python -m pip install --upgrade pip，如图 12-2 所示。

图 12-2 第三方库 xlrd 安装图示

验证安装是否成功，在 dos 命令行中输入 Python，并回车，然后输入 import xlrd，再回车，不报错说明安装成功，如图 12-3 所示。

图 12-3 验证是否安装成功

12.1.3 安装过程的问题处理

问题 1：pip 不是内部或外部命令，如图 12-4 所示。

问题 2：Python 不是内部或外部命令，如图 12-5 所示。

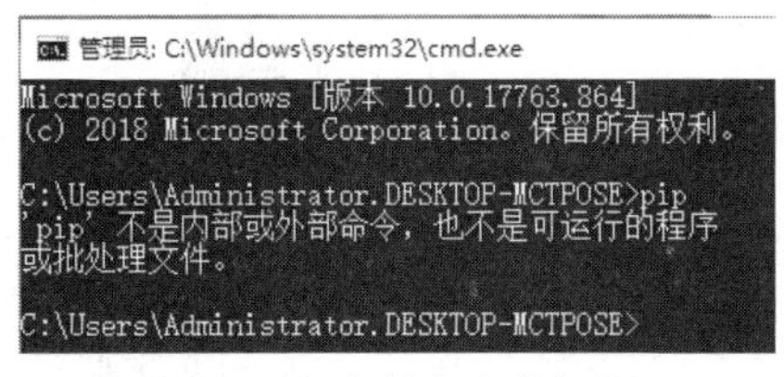

图 12-4　安装存在的问题

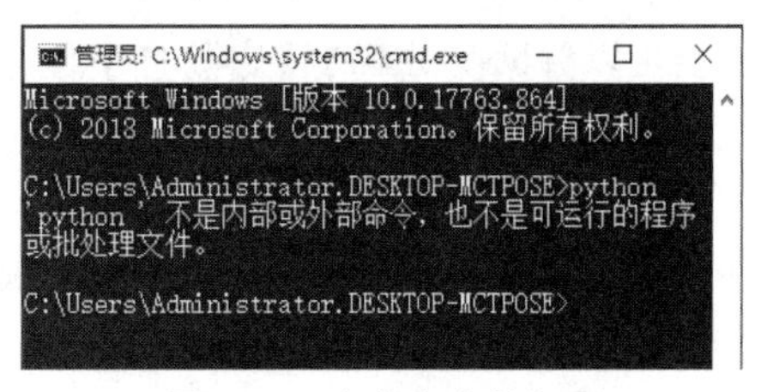

图 12-5　安装存在的问题

说明在安装 Python 的时候没有勾选 pip 选项，需要将 Python 软件在控制面板卸载干净，然后重新安装 Python。勾选 add Python ** to PATH 选项，单击进入 Customize installation 之后，所罗列的全部项目都要进行勾选。安装成功之后再尝试安装第三方库。如果在安装的过程中，不勾选 add Python ** to PATH 选项，就会出现问题 2 所示的提示，所以这个也需要一并勾选，如图 12-6 和图 12-7 所示。

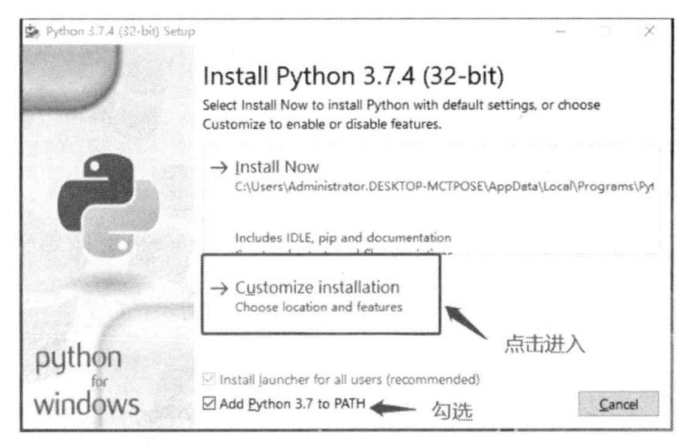

图 12-6　进入安装选项

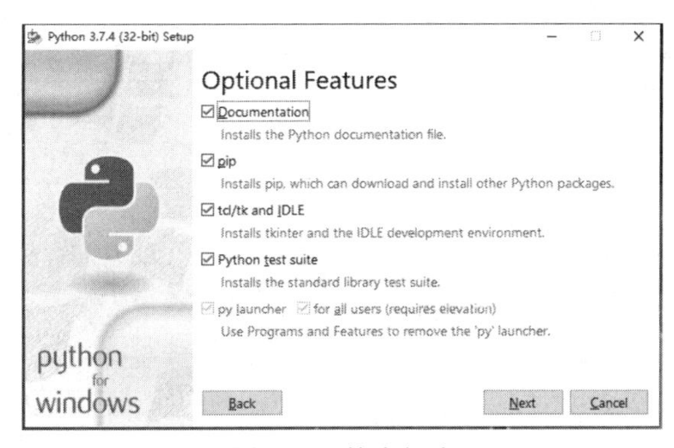

图 12-7　检查勾选

问题 3：Python 第三方库安装的网络问题，由于所安装的 Python 第三方库是在国外的服务器上，所以国内的计算机安装速度会非常慢，并且可能会产生超时或者是无法安装等网络问题，如何解决？

我们可以尝试使用国内镜像源的方式来进行安装：

清华大学：https://pypi.tuna.tsinghua.edu.cn/simple

阿里云：http://mirrors.aliyun.com/pypi/simple/

中国科技大学 https://pypi.mirrors.ustc.edu.cn/simple/

华中理工大学：http://pypi.hustunique.com/

山东理工大学：http://pypi.sdutlinux.org/

豆瓣：http://pypi.douban.com/simple/

镜像源使用方式：可以在使用 pip 的时候加参数-i https://pypi.tuna.tsinghua.edu.cn/simple

例如：pip install -i https://pypi.tuna.tsinghua.edu.cn/simple xlrd，这样就会从清华的镜像去安装 xlrd 库。当然可以更换其他镜像源来进行安装，就能很好解决网络问题。

12.2　xlrd 库的使用

xlrd 和 xlwt 库的基础操作

12.2.1　打开 Excel 工作表对象

首先要分清这些概念：什么工作簿，什么是工作表，什么是单元格，什么是区域单元格，只有理清了这些对象，在编写代码的时候才能清楚地知道这些对象应该具备怎样的函数。如图 12-8 所示，分别是工作簿对象、工作表对象、区域单元格对象、单元格对象，并且它们之间的关系是包含关系。

（a）工作簿对象

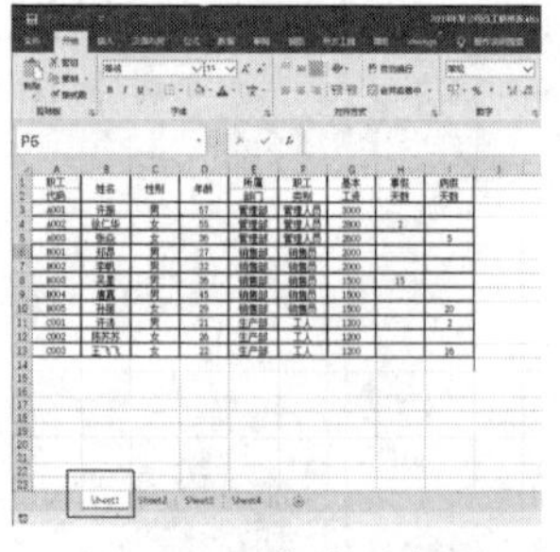

（b）工作表对象

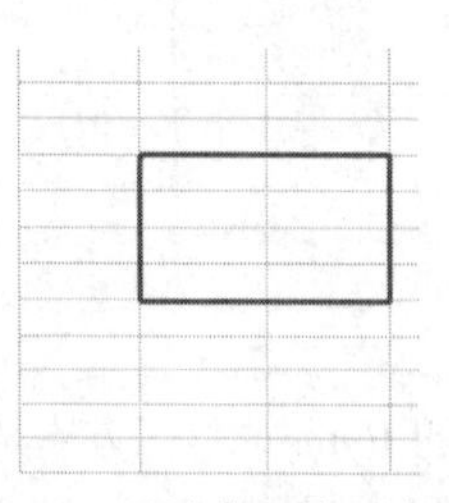

（c）区域单元格对象

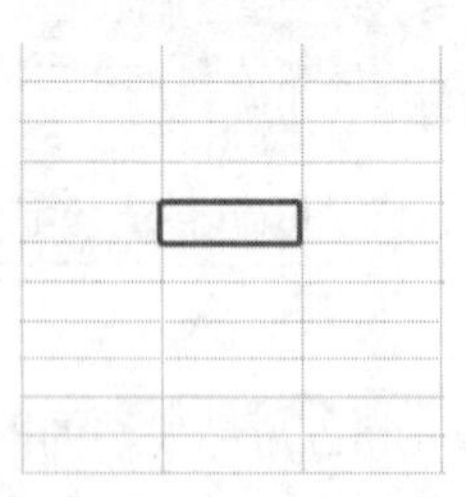

（d）单元格对象

图 12-8　Excel 工作表对象

```
import xlrd                                  #导入库
Excelbook = xlrd.open_workbook(r"D:\a\2019 年某公司员工薪资表.xlsx")
#通过 open_workbook 函数，加载磁盘 D 的 a 文件夹中的 xlsx 工作簿文件
print(Excelbook)
#输出的值，是一个工作簿对象
#获得工作表：一共有三种方式
sh1 = Excelbook.sheet_by_index(0)
sh2 = Excelbook.sheet_by_name("Sheet1")
sh3= Excelbook.sheets()[0]
```

以上三个函数都会返回一个 xlrd.sheet.Sheet()工作表对象，一个工作簿可以有多个工作表，工作表的排列从 0 下标开始，如图 12-9 所示。

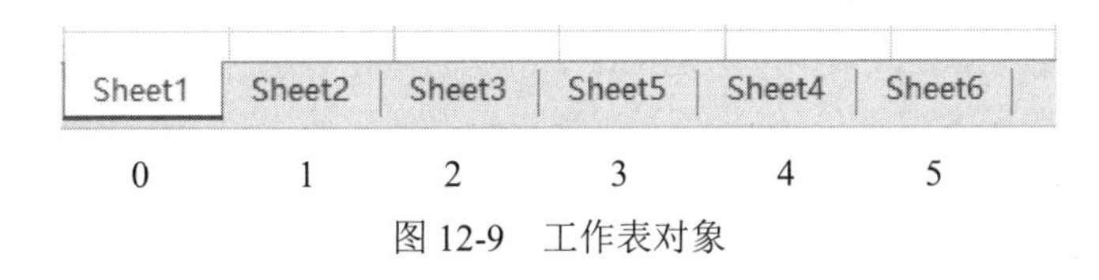

图 12-9　工作表对象

12.2.2　数据读取单个单元格

常用的单元格数据类型包含以下几种：0 empty（空的），1 string（text）、2 number、3 date、4 boolean、5 error、6 blank（空白表格）。前面创建了工作表对象之后，接下来就要调用相应的方法进行读取单元格数据。

```
import xlrd                                  #导入库
Excelbook = xlrd.open_workbook(r"D:\a\2019 年某公司员工薪资表.xlsx")
#通过 open_workbook 函数，加载磁盘 D 的 a 文件夹中的 xlsx 工作簿文件
print(Excelbook)
#输出的值，是一个工作簿对象
#获得工作表：一共有三种方式
sh1 = Excelbook.sheet_by_index(0)
cellvalue1 = sh1.cell_value(rowx=4, colx=1)
cellvalue2 = sh1.cell(4,1).value
print(cellvalue1)
print(cellvalue2)
```

代码解释说明：获取值有两种方式，一种是直接通过 cell_value 函数，函数中传递 2 个参数：单元格数值所在的行号和列号；另一种是通过调用 cell 函数，函数中依然要传递 2 个参数：行号和列号，这个时候所返回的对象是一个单元格对象，最后再调用单元格对象的 value 属性，就获得 sh1 列表的行号和列号所对应的数值。而通过这种方式事实上可以获得任何一个单元格的数值。

12.2.3　数据读取多个单元格

使用以上方法读取单个单元格的数值，这种读取方式效率比较低，而使用列表对象的其他属性可以获取每行、每列或者是所有数据的值。比如：nrows 可以获得该工作表的有效数据有多少

行；ncols 可以获得该工作表的有效数据有多少列；row 函数表示获取哪行数据，row(3)表示第 3 行数据，返回的数据是列表值。同理，col(3)函数表示的就是获得第 3 列的数据，返回值也是一个列表。

```
print(sh1.col(3))
print(sh1.row(3))                    #输出值
```

输出结果为：

```
[text:'年龄', empty:'', number:57.0, number:55.0, number:36.0, number:27.0, number:32.0, number:36.0, number:45.0, number:29.0, number:21.0, number:26.0, number:22.0]

[text:'A002', text:'徐仁华', text:'女', number:55.0, text:'管理部', text:'管理人员', number:2800.0, number:2.0, empty:'']
```

上面代码获取到的是一个列表，列表中的数值不是字典格式，虽然是使用冒号隔开的，它的数据类型为：<class 'xlrd.sheet.Cell'>，这是 xlrt 中常见的 cell 对象，也就说每一个列表元素表示的是一个单元格对象，单元格对象有 value 属性，所以可以通过遍历列表获得每一个单元格对象，再通过 value 属性获取每一个单元格的值，具体参考如下代码：

```
for i in sh1.row(3):
    print(i.value)


for j in sh1.col(3):
    print(j.value)
```

如何获取工作表中的所有数据呢？在 sh1 表格对象中，nrow 属性获取总的有效行数，ncols 属性获取总的有效列数，获得了这些行数和列数的字符串中之后就可以通过遍历获取所有的值信息。看如下代码示例：

```
for rows_num in Range(sh.nrows):
    print(sh1.row(rows_num))
```

sh1.row(rows_num)所表示的意思就是每一行的 range 对象，如果希望得到每个单元格的数据，还需要对其进行遍历，如下所示：

```
for rows_num in range(sh.nrows):
    for i in sh1.row(rows_num):
        print(i.value)
```

通过以上的示例代码，能清楚知道可以获取任何一列、任何一行的数据，这就是 xlrd 库对数据的读取操作。

12.2.4 Excel 工作表写入单个数据

Python 操作 Excel 使用 xlrd 进行数据的读取，数据的写入需要使用到另外一个第三方库 xlwt，xlwt 库的安装方式和 xlrd 库一样，所以这里不再重复讲解。

使用 xlwt 写入到 Excel 工作簿支持两种扩展名：xls 和 xlsx。

xls：xls 为 Excel 2003 版本的扩展名，支持最大行数为 65536，在 Excel 中按下 Ctrl + ↓ 组合键可到达最大行的位置。

xlsx：xlsx 为 Excel 2007 版本之后的拓展名，Excel 2013 支持最大行数为 1048576。

```
import xlwt                    #导入第三方库
#创建新的工作簿文件
new_workbook = xlwt.Workbook()
#创建新的工作表对象 worksheet，并取名为 test_sheet
sheet = new_workbook.add_sheet('test_sheet')
#写入第一行内容   sheet.write(a, b, c)   a：行，b：列，c：内容

sheet.write(0, 0, '姓名')
sheet.write(0, 1, '年龄')
sheet.write(0, 2, '班级')
sheet.write(0, 3, '考场号')

#保存文件
new_workbook.save('./myExcel.xls')
```

运行结果如图 12-10 所示。

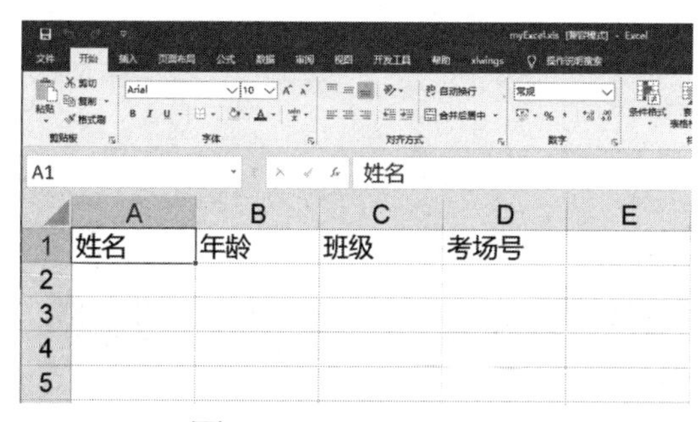

图 12-10　程序执行结果

12.2.5　Excel 工作表写入多个数据

根据工作使用场景要求，有时需要写入单个工作表数据，也有的时候需要写入多个工作表数据，比如可以对上述代码进行修改，将多个数据放在列中，然后通过遍历列表循环写入的方式写入 Excel 工作簿数据。请参考如下示例代码：

```
name_list = ['姓名','年龄','班级','考场号']
for i in name_list:
    sheet.write(0, name_list.index(i), i)
```

在 Python 编程中，数据类型比较丰富，如果遇到有列表和字典嵌套的这种类型，该如何写入 Excel 工作表数据？

```
data = [
    {
        'name': '小张',
        'age': '12',
        'gender': '男',
```

```
            'grand': '5 年级'
        },
        {
            'name': '小王',
            'age': '10',
            'gender': '男',
            'grand': '3 年级'
        },
        {
            'name': '小赵',
            'age': '8',
            'gender': '女',
            'grand': '2 年级'
        }
]

for i, item in enumerate(data):
        sheet.write(i+1, 0, item['name'])
        sheet.write(i+1, 1, item['age'])
        sheet.write(i+1, 2, item['gender'])
        sheet.write(i+1, 3, item['grand'])
```

运行结果如图 12-11 所示。

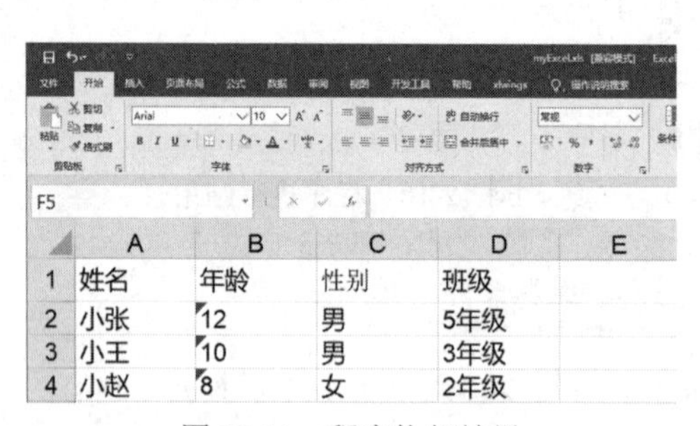

	A	B	C	D	E
1	姓名	年龄	性别	班级	
2	小张	12	男	5年级	
3	小王	10	男	3年级	
4	小赵	8	女	2年级	

图 12-11　程序执行结果

补充讲解：Python 内置函数enumerate()。

enumerate() 函数用于将一个可遍历的数据对象（如列表、元组或字符串）组合为一个索引序列，同时列出数据和数据下标，一般用在 for 循环当中。

用法说明参考如下代码示例：

```
seasons = ['春', '夏', '秋', '冬']
print(list(enumerate(seasons)) )
#输出的结果为：
#[(0, '春'), (1, '夏'), (2, '秋'), (3, '冬')]
#说明会将其列表和下标全部打印输出，有很多时候不仅需要列表中的值，也需要列表中的下标
#所以这个函数用的地方比较多
```

在 for 循环使用 enumerate 函数：

```
seasons = ['春', '夏', '秋', '冬']
for i，element in enumerate(seasons):
    print(i,element)
```

输出结果：

```
0, '春'
1, '夏'
2, '秋'
3, '冬'
```

12.2.6 Excel 工作表数据复制

复制工作表数据就是将一个工作表中的内容复制到另外一个工作簿的工作表中，并保留原数据格式不发生改变。有两种操作方法：一种是利用 xlutils 中的 copy 属性进行复制，另外一种方法利用前面所学习过的文件读写来进行操作，首先来看第一种方法，如图 12-12 所示。

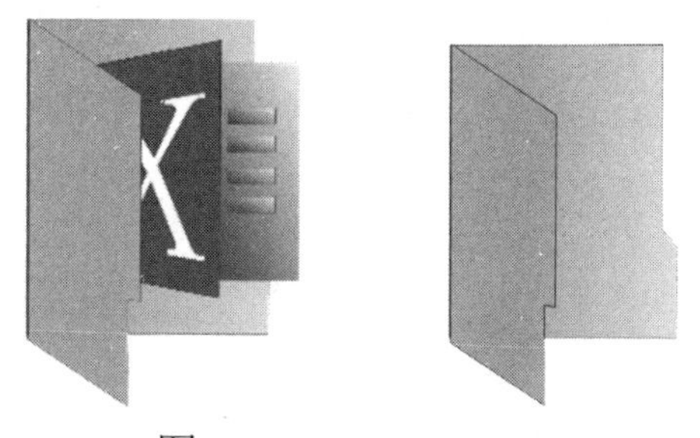

图 12-12　复制参考图例

```
#导入读和写的模块
import xlrd
import xlwt
#导入 xlutils 的 copy 属性
from xlutils.copy import copy
#首先进行读取
workbook = xlrd.open_workbook( "文件路径",formatting_info = True)
sheet = workbook.sheets()[0]
#进行复制
new_workbook = copy(workbook)
new_sheet = new_workbook.get_sheet(0)
#保存
new_workbook.save("指定文件保存路径")
```

xlutis 库需要先在 cmd 中进行安装，Python 的第三方库安装可以参考上述所讲解的 xlrd。利用 xlutils.copy 拷贝 Excel，可以实现两个功能：①读取表格信息的功能；②在表格中写入数据的功能。相当于 xlrd 和 xlwt 的结合体。

但请注意，xlrd 读取的 xlsx 具有完整的读取功能，但保存为新表格文件时，必须以.xls 格式保存，因为 xlwt 只支持.xls 格式的保存。

formatting_info 参数表示保留原数据的样式（如原表格的标蓝单元格，加粗字体斜体等信息的保留），默认值为 False（不保留）。

另外一种方法通过二进制文件读写实现复制功能，再通过对复制过的工作簿进行读写等操作。

```
f = open("myExcel.xlsx", 'rb')
#创建文件句柄
date_excel = f.read()
#读取二进制读
f.close()
#关闭文件

f = open("newmyExcel.xlsx ", 'wb')
#二进制写模式
f.write(date_excel)
#二进制写
f.close()
```

第13章 Excel格式控制

本章学习目标

- 了解什么是行高，什么是列宽，熟练掌握如何编写代码设置列宽和行高。
- 了解什么是 XFStyle 风格样式，熟练掌握设置风格样式的 5 个步骤。
- 熟练掌握 Font 属性的具体操作。
- 熟练掌握 Borders 属性的具体操作。
- 熟练掌握 Alignment 属性的具体操作。
- 熟练掌握 Pattern 属性的具体操作。
- 熟练掌握合并单元格的具体操作。

本章首先向读者介绍在 Excel 中什么是列宽和行高，接着告诉读者如何用代码实现对列宽行高的设置，然后介绍了如何对单元格以及单元格中的内容进行设置，如字体属性、对齐方式、模式属性、边界属性，最后介绍了如何合并单元格。

13.1 设置列宽行高

设置列宽行高

在对 Excel 进行操作时，如果只是简单地调整行和列的大小，只需要单击并拖动行的边缘或者列的头部即可。但是如果需要根据单元格的内容来设置行或列的大小，或者是设置大量电子表格的行列大小，用 Python 程序来实现就要快得多。

首先来了解什么是行高？什么是列宽？

行高即一行的高度，如图 13-1 所示。

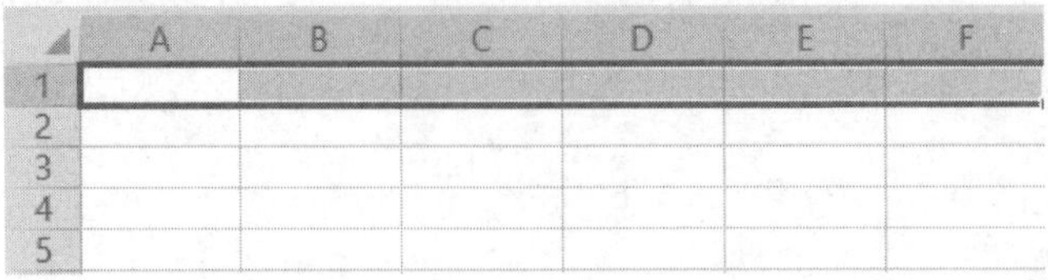

图 13-1　理解行高

列宽，即一列的宽度，如图 13-2 所示。

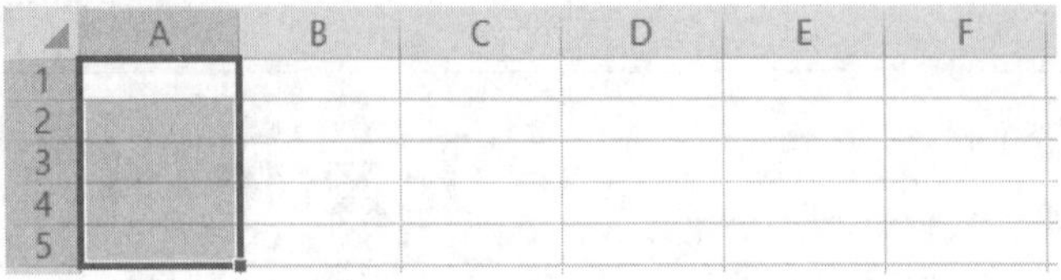

图 13-2　理解列宽

设置列宽：首先，使用表格对象 worksheet 去调用列的 col()函数，col()函数中括号里的参数为下标，比如下标为 0，则表示第 0 列。接着调用它的宽度属性 width。调用之后开始对宽度进行赋值。其中 256 表示一个衡量单位，用 256 乘以所要设置的单位数。

代码示例：

```
#设置列宽
worksheet.col(0).width = 256 * 20
worksheet.col(0).width = 256 * 30
```

设置行高：首先，使用表格对象 worksheet 去调用行的 row()函数，row()函数中括号里的参数为下标，比如下标为 0，则表示第 0 行。接着调用它的高度属性 high。调用之后开始对高度进行赋值。其中 20 表示一个衡量单位，用 256 乘以所要设置的单位数。

代码示例：

```
#设置行高
worksheet.row(0).height_mismatch = True    #对行高进行初始化
worksheet.row(0).height = 20 * 30
```

案例：选择一个 Excel 文件，编写代码将单元格中第一列的宽度改为 40 个单位，第一行的高度改为 60 个单位，查看修改后的文件。

代码示例：

```
#导入读和写的模块
import xlrd
import xlwt
from xlutils.copy import copy
#首先进行读取
workbook = xlrd.open_workbook(r"C:\Users\你好\Desktop\2019 年某公司员工薪资表.xlsx")
sheet = workbook.sheets()[0]
#进行复制
new_workbook = copy(workbook)
```

```
new_sheet = new_workbook.get_sheet(0)
#设置列宽，256 为一个衡量单位
new_sheet.col(1).width = 256 * 40
#设置行高，20 是 1 个衡量单位
new_sheet.row(1).height_mismatch = True
new_sheet.row(1).height = 20 * 60
```

运行结果如图 13-3 所示。

	A	B	C	D	E	F	G	H	I
1	职工	姓名	性别	年龄	所属	职工	基本	事假	病假
2	代码	格式控制			部门	类别	工资	天数	天数
3	A001	许振	男	57	管理部	管理人员	3000		
4	A002	徐仁华	女	55	管理部	管理人员	2800	2	
5	A003	张焱	女	36	管理部	管理人员	2600		5
6	B001	郑昂	男	27	销售部	销售员	2000		
7	B002	李帆	男	32	销售部	销售员	2000		
8	B003	吴星	男	36	销售部	销售员	1500	15	
9	B004	唐嘉	男	45	销售部	销售员	1500		
10	B005	孙丽	女	29	销售部	销售员	1500		20
11	C001	许涛	男	21	生产部	工人	1200		2
12	C002	陈苏苏	女	26	生产部	工人	1200		
13	C003	王飞飞	女	22	生产部	工人	1200		16
14									

图 13-3　修改后的工作表

13.2　设置表的风格样式

13.2.1　风格样式属性

设置 XFStyle 风格样式的属性有许多，下面介绍几种常用的属性。Font()设置单元格字体属性，如字体类型、大小等；Borders()设置单元格边框线粗细以及颜色；Pattern()设置单元格背景颜色；Alignment()设置单元格内容的对齐方式，分为水平方向对齐和垂直方向对齐。

1. Font()

Font()可以设置字体类型、字号、颜色、是否加粗、是否有下划线、是否倾斜等。具体的功能如图 13-4 所示。

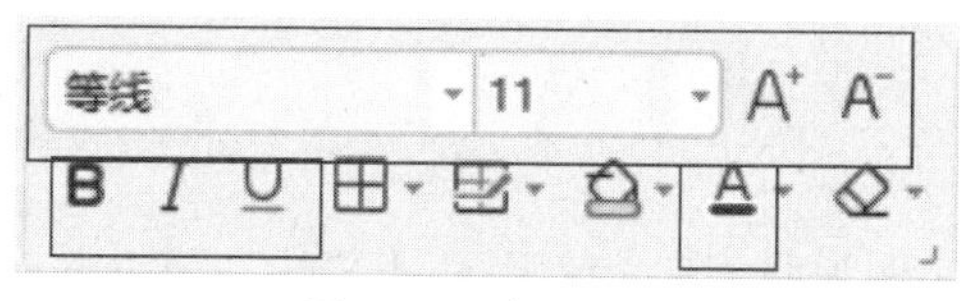

图 13-4　字体设置

2. Borders()

Borders()可以设置单元格边框线粗细以及边框线的颜色。具体功能如图 13-5 所示。

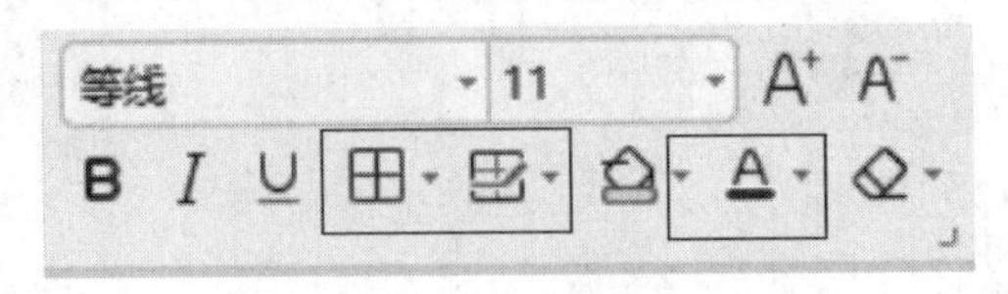

图 13-5　边框设置

3. Alignment()

Alignment()设置单元格内容的对齐方式，分为水平方向对齐和垂直方向对齐。水平方向又分为上中下，垂直方向又分为左中右。具体功能如图 13-6 所示。

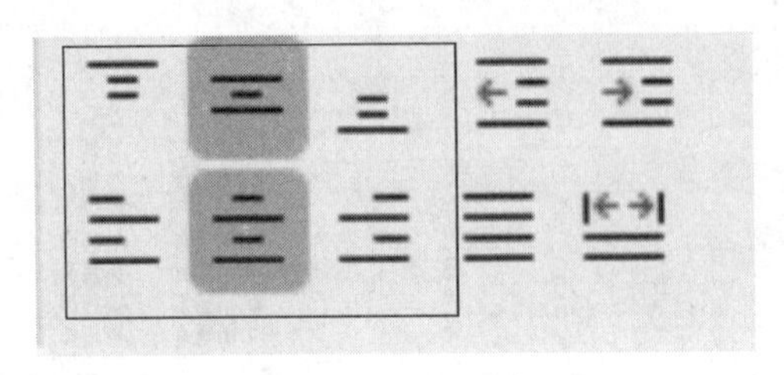

图 13-6　对齐设置

4. Pattern()

Pattern()可以设置填充表格的背景颜色。具体功能如图 13-7 所示。

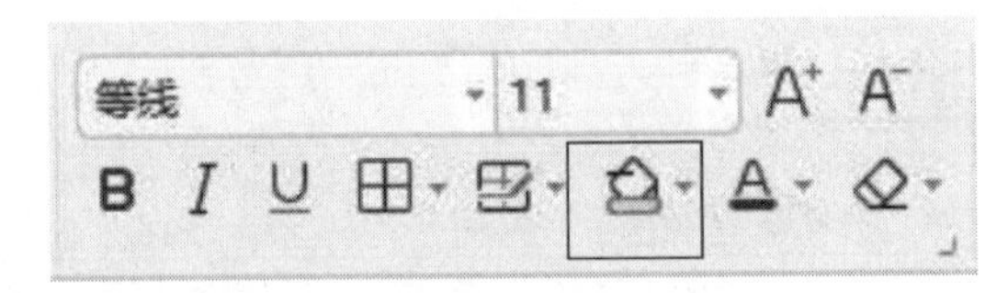

图 13-7　背景颜色设置

13.2.2　设定风格样式

1. 初始化样式（创建样式对象）

首先使用写入的模块 xlwt 去调用 XFStyle()这个类，然后返回样式的对象，并且使用变量 style 去接收它。

代码示例：

```
#初始化样式
style = xlwt.XFStyle()
```

2. 创建属性对象

这里使用字体属性进行举例说明，首先使用 xlwt 模块去调用 Font()这个类，然后将返回的对象赋值给 font。font 也就是字体对象，其实也是风格样式的属性。

代码示例：

```
#创建属性对象
```

```
font = xlwt.Font()
```

3. 对属性的值进行初始化

此处还以字体对象为例进行说明，对字体对象的名称、是否加粗、字号等进行设置。

代码示例：

```
#属性的值进行初始化
font.name = "Microsoft JhengHei Light"      #字体名称，设置任意字体
font.blod = True                            #是否加粗
font.height = 20*20                         #字号*20
```

4. 将设置好的属性对象赋值给 style 的对应属性

使用 style 调用 font 属性，再把上一步中设置好的 font 属性赋值给它。

代码示例：

```
#将设置好的属性对象赋值给 style 的对应属性
style.font = font
```

5. 写入数据时使用 style 对象

表格数据 worksheet 调用 write()进行写入，只需在括号中增加一个参数 style 即可。

代码示例：

```
#写入数据时使用 style 对象
worksheet.write(1, 1, "你好", style)
```

案例：新建一个 Excel 文件，编写代码，写入格式控制，并将其字体设置为宋体，字号设置为20，字体加粗，查看运行后的结果。

代码示例：

```
import xlrd
import xlwt
from xlutils.copy import copy
fworkbook = xlrd.open_workbook(r"C:\Users\你好\Desktop\样例.xlsx")
sheet = workbook.sheets()[0]
new_workbook = copy(workbook)
new_sheet = new_workbook.get_sheet(0)
#初始化样式(创建样式对象)
style = xlwt.XFStyle()
#创建属性对象，这里使用字体属性做例子说明
font = xlwt.Font()
#对属性的值进行初始化
font.name = "宋体"        #字体名称，设置任意字体
font.blod = False         #是否加粗
font.height = 20*20       #字号*20
#将设置好的属性对象赋值给 style 的对应的属性
style.font = font
new_sheet.write(1,1,"格式控制",style)
new_workbook.save(r"C:\Users\你好\Desktop\样例.xlsx")
```

运行结果如图 13-8 所示。

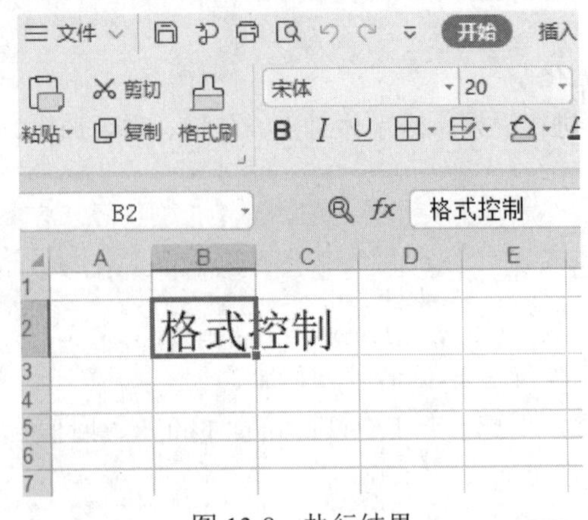

图 13-8　执行结果

13.3　设置字体属性

创建字体对象：font = xlwt.Font()，字体属性见表 13-1。

表 13-1　字体属性

示例代码	描述
font.name = "宋体"	字体名称，设置任意字体（Excel 中有）
font.blod = False	是否加粗，有的字体有粗体，有的没有，True 为加粗
font.underline = True	是否增加下划线，True 为增加，False 为不添加下划线
font.italic = True	是否为斜体，True 为斜体，False 不为斜体
font.escapement = xlwt.Font.ESCAPEMENT_NONE	escapement　字体效果 #常量值 1：ESCAPEMENT_SUPERSCRIPT　字体悬空位于上方 #常量值 2：ESCAPEMENT_SUBSCRIPT　字体悬空位于下方 #常量值 3：ESCAPEMENT_NONE　字体没有这个效果
font.colour_index = 33	参考素材库中的颜色值.jpg 或者是使用列表 xlwt.Style.colour_map

知识锦囊　Style 类中有 colour_map 属性，它返回的是一个字典，字典中有颜色及对应的序号。

代码示例：

```
print(xlwt.Style.colour_map)
```

运行结果如图 13-9 所示。

```
...
===== RESTART: C:\Users\你好\AppData\Local\Programs\Python\Python37\666.py =====
{'aqua': 49, 'black': 8, 'blue': 12, 'blue_gray': 54, 'blue_grey': 54, 'bright_g
reen': 11, 'brown': 60, 'coral': 29, 'cyan_ega': 15, 'dark_blue': 18, 'dark_blue
_ega': 18, 'dark_green': 58, 'dark_green_ega': 17, 'dark_purple': 28, 'dark_red'
: 16, 'dark_red_ega': 16, 'dark_teal': 56, 'dark_yellow': 19, 'gold': 51, 'gray_
ega': 23, 'grey_ega': 23, 'gray25': 22, 'grey25': 22, 'gray40': 55, 'grey40': 55
, 'gray50': 23, 'grey50': 23, 'gray80': 63, 'grey80': 63, 'green': 17, 'ice_blue
': 31, 'indigo': 62, 'ivory': 26, 'lavender': 46, 'light_blue': 48, 'light_green
': 42, 'light_orange': 52, 'light_turquoise': 41, 'light_yellow': 43, 'lime': 50
, 'magenta_ega': 14, 'ocean_blue': 30, 'olive_ega': 19, 'olive_green': 59, 'oran
ge': 53, 'pale_blue': 44, 'periwinkle': 24, 'pink': 14, 'plum': 61, 'purple_ega'
: 20, 'red': 10, 'rose': 45, 'sea_green': 57, 'silver_ega': 22, 'sky_blue': 40,
'tan': 47, 'teal': 21, 'teal_ega': 21, 'turquoise': 15, 'violet': 20, 'white': 9
, 'yellow': 13}
>>>
```

图 13-9　程序运行结果

修改颜色属性有以下两种方法：

```
font.colour_index = 12
font.colour_index = xlwt.Style.colour_map['blue']
```

13.4　设置边界属性

设置边界属性

创建边界对象：borders= xlwt.Borders ()，边界属性见表 13-2。

表 13-2　边界属性

代码示例	描述
borders.top = 2	上边框：数字为像素单位，数字越大表示线越粗
borders.bottom = 2	下边框
borders.left = 2	左边框
borders.right = 2	右边框
xlwt.Borders.THIN	如果数字为 1，也可以使用 xlwt.Borders.THIN 来表示
borders.left_colour = 33	边框左边颜色，参考素材库中的颜色值.jpg 或者是使用列表 xlwt.Style.colour_map
borders.right_colour = 33	边框右边颜色
borders.top_colour = 33	边框顶部颜色
borders.bottom_colour = 33	边框底部颜色

案例：新建一个 Excel 文件，编写代码，写入格式控制，并将其字体设置为宋体，字号设置为 20，字体加粗，为斜体，字体颜色为蓝色。并对单元格边框进行设置，将上边框设置为 1，下边框设置为 2，左边框设置为 3，右边框设置为 4，查看运行后的结果。

代码示例：

```
import xlrd
import xlwt
from xlutils.copy import copy
```

```
fworkbook = xlrd.open_workbook(r"C:\Users\你好\Desktop\样例.xlsx")
sheet = workbook.sheets()[0]
new_workbook = copy(workbook)
new_sheet = new_workbook.get_sheet(0)
style = xlwt.XFStyle()
font = xlwt.Font()
font.name = "宋体"
font.blod = True
font.height = 20*20
font.italic = True
font.colour_index = 12
style.font = font
#设置 borders 属性
borders= xlwt.Borders ()
borders.bottom = 2
borders.left = 3
borders.right = 4
style.borders = borders
new_sheet.write(1,1,"格式控制",style)
new_workbook.save(r"C:\Users\你好\Desktop\样例.xlsx")
workbook = xlrd.open_workbook(r"C:\Users\你好\Desktop\样例.xlsx")
```


运行结果如图 13-10 所示。

图 13-10　程序运行结果

13.5　设置对齐属性

设置对齐属性

创建对齐对象：alignment= xlwt.Alignment ()，对齐属性见表 13-3。

表 13-3　对齐属性

代码示例	描述
alignment.vert = xlwt.Alignment.VERT_TOP	VERT_TOP 等价于 0x00，水平方向——上对齐
alignment.vert = xlwt.Alignment.VERT_CENTER	VERT_CENTER 等价于 0x01，水平方向——居中对齐

续表

代码示例	描述
alignment.vert = xlwt.Alignment.VERT_BOTTOM	VERT_BOTTOM 等价于 0x02，水平方向—下对齐
alignment.horz = xlwt.Alignment.HORZ_LEFT	HORZ_LEFT 等价于 0x01，垂直方向——左对齐
alignment.horz = xlwt.Alignment. HORZ _CENTER	HORZ_CENTER 等价于 0x02，垂直方向——居中对齐
alignment.horz = xlwt.Alignment. HORZ _RIGHT	HORZ_RIGHT 等价于 0x03，垂直方向——右对齐

案例：新建一个 Excel 文件，编写代码，写入格式控制，并将其字体设置为宋体，字号设置为 20，字体加粗，为斜体，字体颜色为蓝色。并对单元格中文字的对齐方式进行设置，让文字内容在水平方向上对齐，在垂直方向上右对齐，查看运行后的结果。

代码示例：

```
import xlrd
import xlwt
from xlutils.copy import copy
fworkbook = xlrd.open_workbook(r"C:\Users\你好\Desktop\样例.xlsx")
sheet = workbook.sheets()[0]
new_workbook = copy(workbook)
new_sheet = new_workbook.get_sheet(0)
style = xlwt.XFStyle()
font = xlwt.Font()
font.name = "宋体"
font.blod = True
font.height = 20*20
font.italic = True
font.colour_index = 12
style.font = font
#设置 Alignment 属性
alignment= xlwt.Alignment ()
alignment.vert = xlwt.Alignment.VERT_TOP        #水平方向上对齐
alignment.horz = xlwt.Alignment. HORZ_RIGHT    #垂直方向右对齐
style.alignment = alignment
new_sheet.write(1,1,"格式控制",style)
#设置行高、列宽，可以清晰地看出对齐方式
new_sheet.col(1).width = 256 * 60
new_sheet.row(1).height_mismatch = True
new_sheet.row(1).height = 20 * 60
new_workbook.save(r"C:\Users\你好\Desktop\样例.xlsx")
```

运行结果如图 13-11 所示。

图 13-11　程序运行结果

13.6　设置模式属性

设置模式属性

创建模式对象：pattern = xlwt.Pattern ()，见表 13-14 所示。

表 13-14　模式属性

代码示例	描述
pattern.pattern = xlwt.Pattern.SOLID_PATTERN	设置模式
attern.pattern_fore_colour = 3	设置颜色：参考素材库中的颜色值.jpg 或者是使用列表 xlwt.Style.colour_map

案例：接着上一个案例，在上个案例的基础上文件进行修改。编写代码，对单元格模式进行设置，将单元格颜色设置为绿色。赋值模式颜色对象不同的整型数值，表示不同的颜色，或者使用列表 xlwt.style.colour_map。

代码示例：

```
import xlrd
import xlwt
from xlutils.copy import copy
fworkbook = xlrd.open_workbook(r"C:\Users\你好\Desktop\样例.xlsx")
sheet = workbook.sheets()[0]
new_workbook = copy(workbook)
new_sheet = new_workbook.get_sheet(0)
style = xlwt.XFStyle()
font = xlwt.Font()
font.name = "宋体"
font.blod = True
font.height = 20*20
font.italic = True
font.colour_index = 12
style.font = font
alignment= xlwt.Alignment ()
boalignment.vert = xlwt.Alignment.VERT_TOP
```

```
alignment.horz = xlwt.Alignment. HORZ_RIGHT
style.alignment = alignment
#设置 Pattern 属性
pattern = xlwt.Pattern ()
pattern.pattern = xlwt.Pattern.SOLID_PATTERN
pattern.pattern_fore_colour = 3
style.pattern = pattern
new_sheet.write(1,1,"格式控制",style)
new_sheet.col(1).width = 256 * 60
new_sheet.row(1).height_mismatch = True
new_sheet.row(1).height = 20 * 60
new_workbook.save(r"C:\Users\你好\Desktop\样例.xlsx")
```

运行结果如图 13-12 所示。

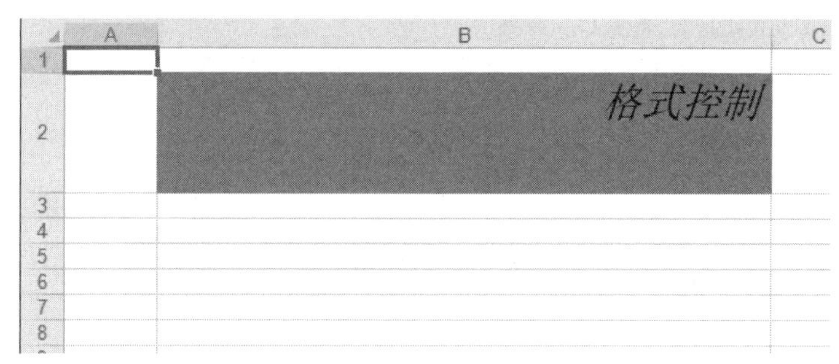

图 13-12　程序运行结果

13.7　合并单元格

在写入数据的时候，如果需要合并单元格，使用如下方式：

```
sheetwork.write_merge(x,y,z,m,"单元格文本",style)。
```

x 表示所要合并的行，z 表示所要合并的列，x、z 这两个参数能够确定起始单元格的位置。y 表示所要合并的行，m 表示所要合并的列，y、m 这两个参数能够确定结束单元格的位置。

代码示例：

```
import xlrd
import xlwt
from xlutils.copy import copy
fworkbook = xlrd.open_workbook(r"C:\Users\你好\Desktop\样例.xlsx")
sheet = workbook.sheets()[0]
new_workbook = copy(workbook)
new_sheet = new_workbook.get_sheet(0)
style = xlwt.XFStyle()
font = xlwt.Font()
font.name = "宋体"
font.blod = True
```

```
font.height = 20*20
font.italic = True
font.colour_index = 12
style.font = font
alignment= xlwt.Alignment ()
boalignment.vert = xlwt.Alignment.VERT_TOP
alignment.horz = xlwt.Alignment. HORZ_RIGHT
style.alignment = alignment
pattern = xlwt.Pattern ()
pattern.pattern = xlwt.Pattern.SOLID_PATTERN
pattern.pattern_fore_colour = 3
style.pattern = pattern
#合并单元格
new_sheet.write_merge(2,4,3,5，"格式控制",style)
new_workbook.save(r"C:\Users\你好\Desktop\样例.xlsx")
```

运行结果如图 13-13 所示。

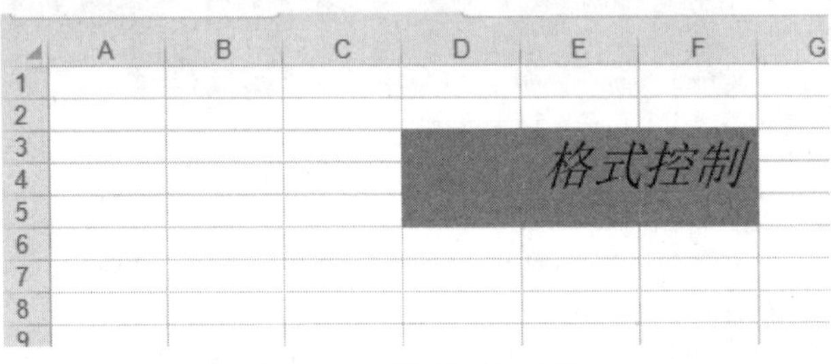

图 13-13　程序运行结果

13.8　总结回顾

在本章的学习中，首先了解了列宽和行高，并学习了如何使用代码对列宽和行高进行设置。接着学习了 XFStyle 风格样式，并介绍了使用 XFStyle 风格样式的五个步骤，然后对其中的 Font 属性、Borders 属性、Alignment 属性、Pattern 属性分别做了详细的介绍，并通过例子加以说明。希望同学们在课后能够及时回顾本章节内容，并完成后续的章节测试，对自己知识的掌握程度做一个检测。

13.9　小试牛刀

1．编写代码，在表格中写入“你好”，将字体设置为宋体，字号设置为 20，并将字体加粗，设置为斜体。

2．在上一题的基础上，将单元格边框粗细设置为 2，并将边框颜色设置为绿色。

3．在上两题的基础上，将“你好”设置为在水平方向下对齐，在垂直方向上左对齐，并将单元格背景颜色设置为蓝色。

第14章 Excel 自动建表实战

本章学习目标

- 了解自动化建表应用场景。
- 了解如何对表格中数据进行分析。
- 熟练掌握如何创建工作簿、工作表。
- 熟练掌握如何将数据写入到字典中，并将字典中数据写入到 Excel 文件中。
- 熟练掌握如何编写代码自动计算出表格数据，并将结果写入到表格中。
- 熟练掌握设置表格风格样式的方法。

本章首先介绍在什么情况下使用自动化建表，然后介绍自动化建表的步骤，最后介绍如何美化表格，对表格进行风格样式的设置。

14.1 自动化建表应用场景

创建虚拟数据

创建 Excel 文件时，当数据量非常小、数据没有变动性时，直接操作 Excel 文件即可。但当要处理的数据量非常庞大时、数据改动量比较大等情况出现时，为了提高工作效率，需要编写代码进行 Excel 自动建表操作。下面具体介绍 Excel 自动建表的应用场景：

（1）处理庞大、重复性的数据，这些数据需要放进表格中（自动生成表格）。

（2）处理改动性比较大，人工修改烦琐，迫切需要解放人工（自动修改）。

（3）从网站爬取的数据，数据清洗后，需要放在表格中（自动生成表格）。

14.2 表格数据分析

表格分析是一项重要能力，此处的编程业务逻辑能力就是基于分析能力的能力。下面以展示的表格为例，对表格数据进行分析。首先把所有数据都放在一个字典中，在字典中数据都是以键值对成对出现的。键值对中既包含键又包含值，如表格中的第一行，“商品 id”是键，而后边几列的数据“品名”“数量”“单位”“单价”就是值，用列表进行表示。而“总价”是需要利用前边的值进行计算得出的，不需要写进列表中，通过字典计算得出数值，再写入字典中，如图 14-1 所示。

商品id	品名	数量	单位	单价	总价
21323	面包	5	包	23	115
46456	鸡蛋卷	4	包	42	168
45645	鸡翅	1	千克	33	33
754557	牛肉干	2	千克	45	90
456456	火腿肠	4	箱	67	268
456546	巧克力	2	箱	49	98
73454	山楂	4	箱	44	176

图 14-1　表格数据展示

14.3 数据格式整理

首先导入读写模块，创建工作簿、工作表进行保存，然后整理表格数据，将数据存放在字典中。

代码示例：

```
#导入读写模块
import xlrd
import xlwt
#创建新的工作簿
workbook = xlwt.Workbook()
#创建新的工作表
worksheet = workbook.add_sheet("零食售卖清单")
#保存
workbook.save(r"C:\Users\你好\Desktop\A\零食售卖清单.xls")
goods = {"商品 id":["品名","数量","单位","单价","总"],
            21323:["面包",5,"包",23],
            46456:["鸡蛋卷",4,"包",42],
            45645:["鸡翅",1,"千克",33],
            754557:["牛肉干",2,"千克",45],
            456456:["火腿肠",4,"箱",67],
            456546:["巧克力",2,"箱",49],
```

```
        73454:["山楂",4,"箱",44],
        234:["鸡肉",23,"千克",56]}
```

14.4　数据写入到表格

写入表格数据

首先用 for 循环遍历字典调用 items()，将字典中的键放在第 0 列，同时设置一个变量 i 控制键所在的行，然后在下面再写一层 for 循环写入值，i 控制值所在的行，range()函数控制值所在的列。

代码示例：

```
#导入读写模块
import xlrd
import xlwt
#创建新的工作簿
workbook = xlwt.Workbook()
#创建新的工作表
worksheet = workbook.add_sheet("零食售卖清单")
goods = {"商品 id":["品名","数量","单位","单价","总价"],
          21323:["面包",5,"包",23],
        46456:["鸡蛋卷",4,"包",42],
        45645:["鸡翅",1,"千克",33],
        754557:["牛肉干",2,"千克",45],
        456456:["火腿肠",4,"箱",67],
        456546:["巧克力",2,"箱",49],
        73454:["山楂",4,"箱",44],
        234:["鸡肉",23,"千克",56]}
i = 0
for key,value in goods.items():
#将字典中的键放在第 0 列
    worksheet.write(i,0,key)
    for j in range(len(value)):
#写入 i 行，列表下标+1 列，写入的数据：列表下标对应的元素
        worksheet.write(i,j+1,value[j])
    i += 1
#保存
workbook.save(r"C:\Users\你好\Desktop\零食售卖清单.xlsx")
```

运行结果如图 14-2 所示。

	A	B	C	D	E	F
1	商品id	品名	数量	单位	单价	总价
2	21323	面包	5	包	23	
3	46456	鸡蛋卷	4	包	42	
4	45645	鸡翅	1	千克	33	
5	754557	牛肉干	2	千克	45	
6	456456	火腿肠	4	箱	67	
7	456546	巧克力	2	箱	49	
8	73454	山楂	4	箱	44	
9	234	鸡肉	23	千克	56	
10						
11						

图 14-2　写入后的数据效果

14.5　追加数据到表格

接着上一小节的例子，将总价那一列的数据写入表格中。首先需要用 for 循环遍历字典调用 items()，因为总价填入的数据是从第一行开始的，所以需要创建一个变量 m 控制写入的行，每次循环结束 m+1。

代码示例：

```
#导入读写模块
import xlrd
import xlwt
#创建新的工作簿
workbook = xlwt.Workbook()
#创建新的工作表
worksheet = workbook.add_sheet("零食售卖清单")
goods = {"商品 id":["品名","数量","单位","单价","总价"],
          21323:["面包",5,"包",23],
         46456:["鸡蛋卷",4,"包",42],
         45645:["鸡翅",1,"千克",33],
         754557:["牛肉干",2,"千克",45],
         456456:["火腿肠",4,"箱",67],
         456546:["巧克力",2,"箱",49],
         73454:["山楂",4,"箱",44],
         234:["鸡肉",23,"千克",56]}
i = 0
for key,value in goods.items():
    #将字典中的键放在第 0 列
    worksheet.write(i,0,key)
    for j in range(len(value)):
        #写入 i 行，列表下标+1 列，写入的数据：列表下标对应的元素
        worksheet.write(i,j+1,value[j])
    i += 1
#追加数据
```

```
    m = 0
    for key,value in goods.items():
        if m > 0:
            worksheet.write(m,len(value)+1,value[1]*value[3])
        m += 1
workbook.save(r"C:\Users\你好\Desktop\零食售卖清单.xlsx")
```

运行结果如图 14-3 所示。

	A	B	C	D	E	F
1	商品id	品名	数量	单位	单价	总价
2	21323	面包	5	包	23	115
3	46456	鸡蛋卷	4	包	42	168
4	45645	鸡翅	1	千克	33	33
5	754557	牛肉干	2	千克	45	90
6	456456	火腿肠	4	箱	67	268
7	456546	巧克力	2	箱	49	98
8	73454	山楂	4	箱	44	176
9	234	鸡肉	23	千克	56	1288
10						
11						

图 14-3　程序运行结果

14.6　设置风格样式

设置和封装风格样式

在上一章中已经学习了 XFStyle 风格样式的使用方法，这里就运用 Font 属性、Borders 属性、Alignment 属性、Pattern 属性对上一小节例子中的单元格进行样式的设置。

代码示例：

```
#设置样式 1
def style0():
    #初始化样式（创建样式对象）
    style = xlwt.XFStyle()
    #创建属性对象
    font = xlwt.Font()
    font.name = "黑体"          #字体名称
    font.blod = True            #是否加粗
    font.height = 20*20         #字号*20
   #将设置好的属性对象赋值给 style 对应的属性
   style.font = font
   #创建边界对象
   borders= xlwt.Borders ()
   borders.top = 1
   borders.bottom = 1
   borders.left = 1
   borders.right = 1
   #将设置好的属性对象赋值给 style 对应的属性
   style.borders = borders
```

```
    #创建属性对象
    pattern = xlwt.Pattern ()
    pattern.pattern = xlwt.Pattern.SOLID_PATTERN
    pattern.pattern_fore_colour = 44
    #将设置好的属性对象赋值给 style 对应的属性
    style.pattern = pattern
    #创建对齐对象
    alignment= xlwt.Alignment ()
    alignment.horz= xlwt.Alignment.HORZ_CENTER
    #将设置好的属性对象赋值给 style 对应的属性
    style.alignment = alignment
    return style
Style0 = style0()
```

14.7 封装风格样式

上一小节中学习了使用函数设置单元格样式，这一小节就将设置样式的函数添加进代码中。在本章第二小节的例子中可以看出，该单元格一共有 3 种样式，需要通过控制行号来设置相应的样式。

代码示例：

```
#导入读写模块
import xlrd
import xlwt
#创建新的工作簿
workbook = xlwt.Workbook()
#创建新的工作表
worksheet = workbook.add_sheet("零食售卖清单")
#设置样式 1
def style0():
    style = xlwt.XFStyle()
    font = xlwt.Font()
    font.name = "黑体"
    font.blod = True
    font.height = 20*20
    style.font = font
    borders= xlwt.Borders ()
    borders.top = 1
    borders.bottom = 1
    borders.left = 1
    borders.right = 1
    style.borders = borders
    pattern = xlwt.Pattern ()
    pattern.pattern = xlwt.Pattern.SOLID_PATTERN
    pattern.pattern_fore_colour= 44
```

```
        style.pattern = pattern
        alignment= xlwt.Alignment ()
        alignment.horz= xlwt.Alignment.HORZ_CENTER
        style.alignment = alignment
        return style
#设置样式 2
def style1():
        style = xlwt.XFStyle()
        font = xlwt.Font()
        font.height = 20*18
        font.name = "宋体"
        style.font = font
        borders= xlwt.Borders ()
        borders.top = 1
        borders.bottom = 1
        borders.left = 1
        borders.right = 1
        style.borders = borders
        pattern = xlwt.Pattern ()
        pattern.pattern = xlwt.Pattern.SOLID_PATTERN
        pattern.pattern_fore_colour = 22
        style.pattern = pattern
        alignment= xlwt.Alignment ()
        alignment.horz = xlwt.Alignment. HORZ_CENTER
        style.alignment = alignment
        return style
#设置样式 3
def style2():
        style = xlwt.XFStyle()
        font = xlwt.Font()
        font.height = 20*18
        font.name = "宋体"
        style.font = font
        borders= xlwt.Borders ()
        borders.top = 1
        borders.bottom = 1
        borders.left = 1
        borders.right = 1
        style.borders = borders
        alignment= xlwt.Alignment ()
        alignment.horz = xlwt.Alignment. HORZ_CENTER
        style.alignment = alignment
        return style
style0 = style0()
style1 = style1()
style2 = style2()
goods={"商品 id":["品名","数量","单位","单价","总价"],
```

```
        21323:["面包",5,"包",23],
        46456:["鸡蛋卷",4,"包",42],
        45645:["鸡翅",1,"千克",33],
        754557:["牛肉干",2,"千克",45],
        456456:["火腿肠",4,"箱",67],
        456546:["巧克力",2,"箱",49],
        73454:["山楂",4,"箱",44],
        234:["鸡肉",23,"千克",56]}
i = 0
for key,value in goods.items():
    worksheet.col(i).width = 256 * 20
    if i == 0:
        worksheet.write(i,0,key,style0)
    elif i > 0 and i%2 == 1:
        worksheet.write(i,0,key,style1)
    else:
        worksheet.write(i,0,key,style2)
    for j in range(len(value)):
        if i == 0:
            worksheet.write(i,j+1,value[j],style0)
        elif i > 0 and i%2 == 1:
            worksheet.write(i,j+1,value[j],style1)
        else:
            worksheet.write(i,j+1,value[j],style2)
    i += 1
#追加数据
m = 0
for key,value in goods.items():
    if m > 0:
        if m%2 == 1:
            worksheet.write(m,len(value)+1,value[1]*value[3],style1)
        else:
            Worksheet.write(m,len(value)+1,value[1]*value[3],style2)
    m += 1
workbook.save(r"C:\Users\你好\Desktop\零食售卖清单.xlsx")
```

运行结果如图 14-4 所示。

	A	B	C	D	E	F
1	商品id	品名	数量	单位	单价	总价
2	21323	面包	5	包	23	115
3	46456	鸡蛋卷	4	包	42	168
4	45645	鸡翅	1	千克	33	33
5	754557	牛肉干	2	千克	45	90
6	456456	火腿肠	4	箱	67	268
7	456546	巧克力	2	箱	49	98
8	73454	山楂	4	箱	44	176
9	234	鸡肉	23	千克	56	1288
10						

图 14-4　程序运行结果

14.8　总结回顾

在本章的学习中，首先了解了自动化建表的应用场景，即在什么情况下编写代码进行自动建表，接着学习如何对表格数据进行分析，在这些准备工作做完之后，开始学习代码的编写。首先学习创建工作簿、工作表模块，接着学习了如何整理数据，将数据存放在字典中，然后学习将字典中的数据写入表格中，并将需要计算的数据追加到表格中，最后学习了设置样式，并整理样式，展现最终的 Excel 表格。希望同学们在课后能够及时回顾本章节内容，每一小节都有样例及代码示例，在课后多加练习，并完成后续的章节测试，对自己知识的掌握程度做一个检测。

14.9　小试牛刀

1．运用 Excel 自动建表，编写代码，将表 14-1 中的数据写入 Excel 表格。

表 14-1　学员信息表

学号	姓名	性别	院系	专业
2020510831	张三	男	信息学院	计算机科学与技术
2020520722	李四	男	软件学院	软件工程
2020510633	王一	女	医学院	医学信息工程
2020520526	刘二	女	机械学院	机械工程

2．运用 Excel 自动建表，编写代码，将表 14-2 中的数据写入 Excel 表格，并自动计算出总分。

表 14-2　学员信息表

学号	姓名	性别	英语	高数	总分
2020510831	张三	男	71	83	
2020520722	李四	男	62	85	
2020510633	王一	女	78	73	
2020520526	刘二	女	80	91	

3．对第 2 题中的表格进行样式的设置，可以自由发挥，可以参考下列样式，见表 14-3。

表 14-3　调整格式后的学员信息表

学号	姓名	性别	英语	高数	总分
2020510831	张三	男	71	83	
2020520722	李四	男	62	85	
2020510633	王一	女	78	73	
2020520526	刘二	女	80	91	

第15章 让 Excel 自动处理飞起来

本章学习目标

- 了解 xlwings 库的安装方式。
- 掌握 xlwings 库的原理结构。
- 熟练掌握 xlwings 库的基础用法。
- 熟练掌握 xlwings 库常用的 API。
- 熟练掌握 xlwings 库的拓展 API。

在本章的学习中，首先给读者介绍 xlwings 库是什么，以及是如何进行安装的，如何与 Excel 工作簿建立连接，以及操作 Excel 工作簿、工作表、单元格的相关 API 的操作。数量掌握基础常用 API 和拓展 API 的使用方法。最后会通过一些练习，让读者更加熟悉 xlwings 库如何应用的工作场景中。

15.1 xlwings 库的介绍和安装

xlwings 库的安装

15.1.1 什么是 xlwings 模块

Python 操作 Excel 的模块有 xlwings、xlrd、xlwt、openpyxl、pyxll 等，这些第三方库提供的功能归纳起来有两种：

（1）用 Python 读写 Excel 文件，实际上就是读写有格式的文本文件，操作 Excel 文件和操作 text、csv 文件没有区别，Excel 文件只是用来储存数据。

（2）除了操作数据，还可以调整 Excel 文件的表格样式、字体样式等。另外需要提到的是用 COM 调用 Excel 的 API 操作 Excel 文档也是可行的，比较麻烦，基本和 VBA 没有区别。

xlwings 也是一个开源免费的第三方库，它能够非常方便地读写 Excel 文件中的数据，并且能够进行单元格格式的修改。xlwings 名称是由 Excel 中的 xl 和 wings 单词组成，wings 单词的意思是飞起来，从字面上也能感受到 xlwings 功能的强大。从下列图标中可以看到 xlwings 库是多么全能，如图 15-1 所示。

	WIN	MAC	PY2	PY3	.xls	.xlsx	读	写	修改
xlrd	✓	✓	✓	✓	✓	✓	✓	✗	✗
xlwt	✓	✓	✓	✓	✓	✗	✗	✓	✓
xlutils	✓	✓	✓	✓	✓	✗	✗	✗	✓
xlwings	✓	✓	✓	✓	✓	✓	✓	✓	✓
openpyxl	✓	✗	✓	✓	✗	✓	✓	✓	✓
xlswriter	✓	✓	✓	✓	✗	✓	✗	✓	✗
win32com	✓	✓	✓	✓	✓	✓	✓	✓	✓
DataNitro	✓	✗	✓	✓	✓	✓	—	—	—
pandas	✓	✓	✓	✓	✓	✓	✓	✓	✗

图 15-1　库的使用范围

xlwings 还可以和 matplotlib、numpy 以及 pandas 无缝连接，支持读写 numpy、pandas 数据类型，将 matplotlib 可视化图表导入到 Excel 中。

最重要的是 xlwings 可以调用 Excel 文件中 VBA 写好的程序，也可以让 VBA 调用用 Python 编写的程序，从而进行混合开发。

15.1.2　安装 xlwings 第三方库

按 Windows+r 组合键，在弹出的“运行”对话框中输入 cmd，打开 cmd 命令窗口，如图 15-2 所示。

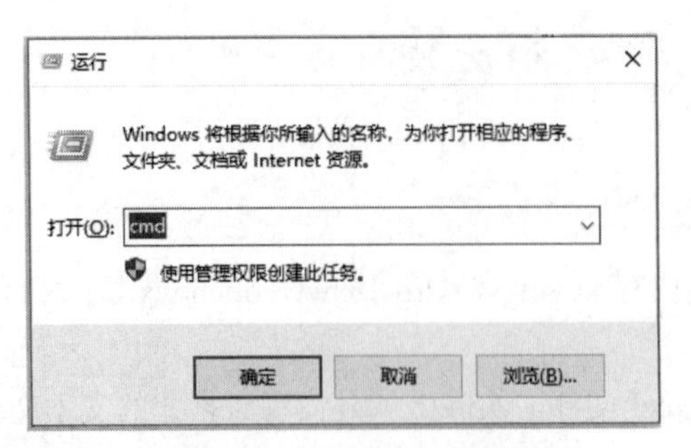

图 15-2　“运行”对话框

通过输入 pip install xlwings 进行第三库安装，此方法简单快捷，在前面的章节中学习 xlrd 这个第三方库的时候，已经详细讲解了第三方库的安装步骤，这里不再赘述。安装之后在 dos 命令行中进行库的导入，测试这个第三方库是否安装成功了。

15.2　xlwings 库初体验

15.2.1　与 Excel 工作簿建立连接

首先要理清什么工作簿，什么是工作表，什么是单元格对象，什么是区域单元格对象，和前面所讲解 xlrd 库的原理有异曲同工之妙。如图 15-3（a）～（d）所示，分别是工作簿对象、工作表对象、区域单元格对象、单元格对象，它们之间是层层包含的关系。

（a）工作簿对象

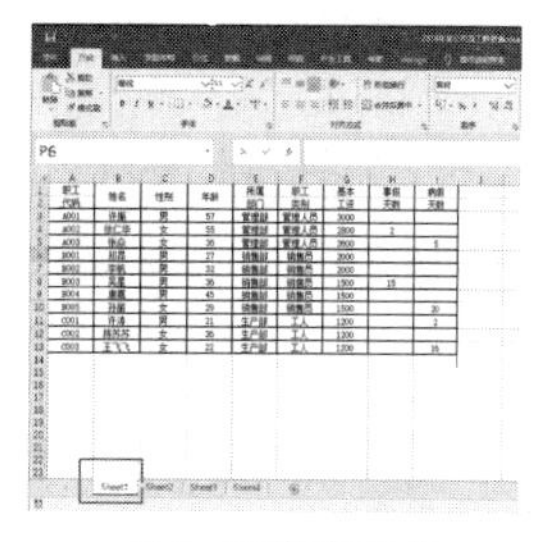

（b）工作表对象

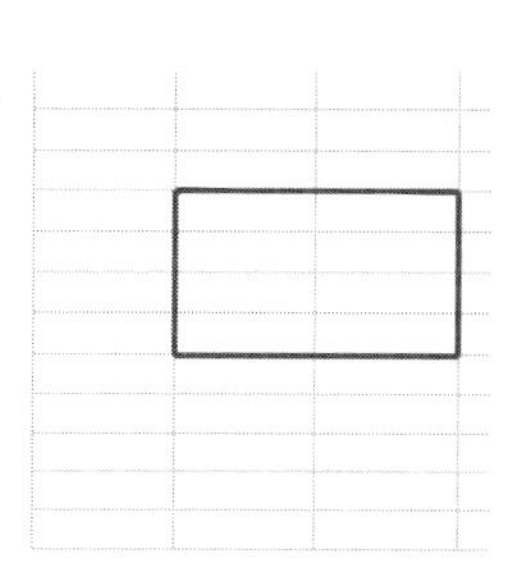

（c）单元格范围对象

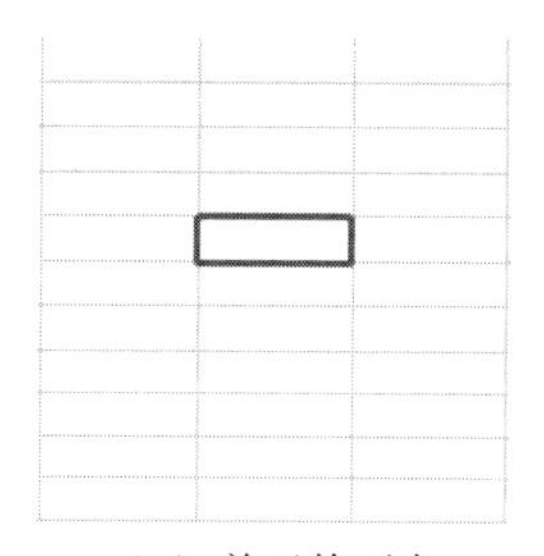

（d）单元格对象

图 15-3　Excel 工作簿的层级对象

通过 xlwings 库连接指定的工作簿，并获取工作簿对象，代码如下：

```
import xlwings as xw   #导入库
wb = xw.Book("薪资表.xlsx " )   #相对路径
wb = xw.Book("./文件/薪资表.xlsx " )   #相对路径
wb = xw.Book(r "C:\Users\Administrator\Desktop\源码\薪资表.xlsx ")
#在代码执行建立工作簿连接的时候，会直接打开工作簿
```

代码解析：首先导入 xlwings 第三方库，为了更方便使用第三方库，给这个第三方库取一个别名为 xw。通过 xw 调用 Book 类，创建一个工作簿对象，在实例化工作簿对象的时候，如果不传参

表示创建新的工作簿文件，如果传递原工作簿的 path 参数，表示打开原有的工作簿。

path 路径可以提供相对路径，也可以提供绝对路径。

15.2.2　相对路径和绝对路径

相对路径和绝对路径

在这里需要详细介绍相对路径和绝对路径，以后在遇到此类问题就能灵活使用。

绝对路径：就是所要打开的工作簿文件在硬盘上真正的路径（这个是物理路径），例如：C:\Users\Administrator\Desktop\源码\薪资表.xlsx，就是薪资表.xlsx 文件的绝对路径。绝对路径后面一定要加文件的全名称（文件名+文件后缀名），每个文件都有它自己的绝对路径，且是唯一的。如图 15-4 所示。

图 15-4　工作簿文件绝对路径

相对路径：相对于某个基准目录的路径。在物理路径的相对表示，“/” 代表文件是所在的根目录；“./” 代表当前目录，有时候可以省略不写；“../” 代表上级目录。这种类似的表示，也是属于相对路径。

如图 15-5 所示，getconnection.py 文件和薪资表.xlsx 文件在同一个源码目录下，这是源码文件夹，可以看成是这两个文件当前的目录。

图 15-5　工作簿文件相对路径

所以在代码中打开工作簿文件的时候，直接传递"./薪资表.xlsx"这个字符串就能找到工作簿文件，有时候 “./” 可以省略不写，写成"薪资表.xlsx" 这种形式也是可以的。

如果在源码文件夹中创建了一个文件夹 A，并且将薪资表工作簿文件放入到该文件夹中，那么可以将路径写成"./A/薪资表.xlsx"这种形式，如图 15-6 所示。

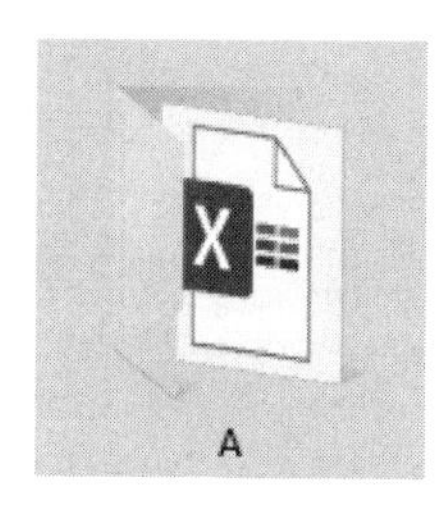

图 15-6　工作簿文件相对路径

如果所要打开的工作簿文件在 getconnection.py 文件的上级目录，A 文件夹中，应该写成两个点号的形式："../A/薪资表.xlsx"，表示它所在的上级目录，如图 15-7 所示。

图 15-7　工作簿文件相对路径

15.2.3　获取单元格数据

通过对工作簿对象的获取和文件路径的解释说明已经能轻松打开任意工作簿文件，接下来通过工作簿对象获取工作表对象，然后通过工作表对象再获取单元格范围对象，有了单元格范围对象就能实现对单元格数据进行读写操作。

```
import xlwings as xw                    #导入库
wb = xw.Book("薪资表.xlsx " )            #wb 指原来的工作表
sht = wb.sheets["sheet1"]               #"sheet1" 原工作表名称，不区分大小写
sht.Range("A1").value                   #获得对应表格数据
sht.Range("A1").value = "姓名"           #对原表格数据重新赋值
```

代码解析：通过相对路径，创建工作簿对象 wb，wb 工作簿对象中有一个 sheets 属性，调用这个属性返回的是一个工作表对象的特殊列表，通过在中括号中提供列表的相应名称，从而获得指定了列表的对象。在这里获得的是工作表名为 sheet1 的工作表对象，也能通过列表遍历所有的工作表对象。

```
sheet_list = wb.sheets                  #获取所有的工作表列表
for sheet in sheet_list:
    print(sheet)
    #获得每一个工作表
```

获得工作表对象之后，可以通过运行 dir 函数了解该工作表对象有哪些属性。

```
for sheet in sheet_list:
    print(dir(sheet))
    break#终止循环
    #输出该对象的所有属性和方法
```

运行结果如下：

```
['__class__', '__delattr__', '__dict__', '__dir__', '__doc__', '__eq__', '__format__', '__ge__', '__getattribute__', '__getitem__', '__gt__', '__hash__', '__init__', '__init_subclass__', '__le__', '__lt__', '__module__', '__ne__', '__new__', '__reduce__', '__reduce_ex__', '__repr__', '__setattr__', '__sizeof__', '__str__', '__subclasshook__', '__weakref__', 'activate', 'api', 'autofit', 'book', 'cells', 'charts', 'clear', 'clear_contents', 'delete', 'impl', 'index', 'name', 'names', 'pictures', 'Range', 'select', 'shapes', 'used_Range']
```

这个输出的结果包含工作表对象所有的属性和方法，由于是刚接触这个第三方库，所以先挑选最简单的进行说明，后期还会系统地进行讲解：name 属性表示每个工作表的名称，比较容易理解，而 Range 函数表示单元格范围对象，是讲解的重点，Range 函数中需要放置字符串参数来表示某一个范围内的单元格（如“A1:B5”）或者是某一个单元格（如“A2”），而这个时候获得的是单元格对象，还需要调用 value 属性获取它最终的值。

获取值也叫读取，给获取到的值重新赋值也叫写入，通过以上方式就能完成对单元格数据的读写操作。

15.2.4　工作簿文件的保存

如果打开的是源工作簿文件，直接通过工作簿对象 wb，调用 save 函数即可完成保存；如果创建的是新的工作簿文件，需要在 save 函数中添加所要保存的路径参数，这里的路径和上述所讲解的链接工作簿的路径问题，是保持一致的，可以用相对路径，也可以用绝对路径。就如同在操作工作簿的时候，新创建的工作簿需要“另存为”，而打开原有的工作簿需要“保存”，是同一个概念，如图 15-8 所示。

保存

另存为

图 15-8　保存和另存为的区别

格式如下：

```
wb.save()#将原来打开的工作簿文件进行保存
wb.save(保存路径)#将原来打开的工作簿文件进行保存
```

15.3　xlwings 库极速入门

xlwings 库极速入门

15.3.1　xlwings 库结构分析

我们在 xlwings 初体验的环节已经大致了解了如何通过 xw 创建新的工作簿文件，以及加载原有的工作簿文件，并且能够实现对工作簿文件当中的数据进行读和写的操作。

通过 xw 虽然可以直接调用 Book 类，但是这种操作并没有显示出 xlwings 这个第三方库的结构逻辑性，首先仔细看图 15-9，App 相当于 Excel 程序，Book 相当于工作簿。N 个 Excel 程序则由 apps 表示，N 个工作簿由 books 表示。

从图 15-9 可以看出，它们之间的逻辑结构是层层包围的，范围也是按照从大到小的顺序进行排布。App 相当于 Excel 程序，xlwings 可以创建多个 App 对象，那么每一个 App 对象又可以创建多个 Book 工作簿对象，每一个 Book 工作簿对象又可以创建多个 Sheet 表格对象，每一个 Sheet 表格对象，又可以创建多个 Range 对象，就是按照这个逻辑结构一级级进行排布。

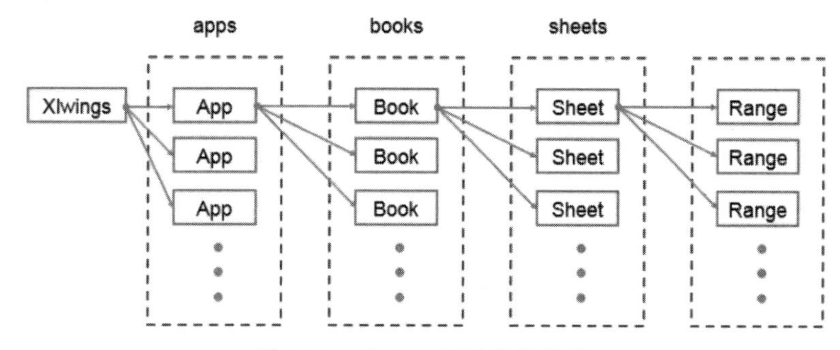

图 15-9　xlwings 库的结构分析

也可以通过图 15-10 和实际工作中操作 Excel 工作簿进行对比，这样就能更好理解每一个类所表达的意思。

图 15-10　xlwings 库的结构类比

15.3.2　实例化应用

```
import xlwings as xw    #导入库
app=xw.App(visible=True,add_book=False)
```

app 是一个实例对象，可以对比前面所学习的 Students 类和 stu1 实例化对象，完全可以把“实例化”理解为“创建”这个实例化对象就是创建了一个 Excel 程序。

App 类中的参数有两个：visible 表示实例化的对象是否可见，需要给它一个布尔类型的数据，add_book=False 表示是否在这个工作簿中默认新增工作表，True 表示新增，False 表示不新增。

当上述程序执行的时候，就会出现如图 15-11 所示的 Excel 程序，这个就是 App 实例化的对象。

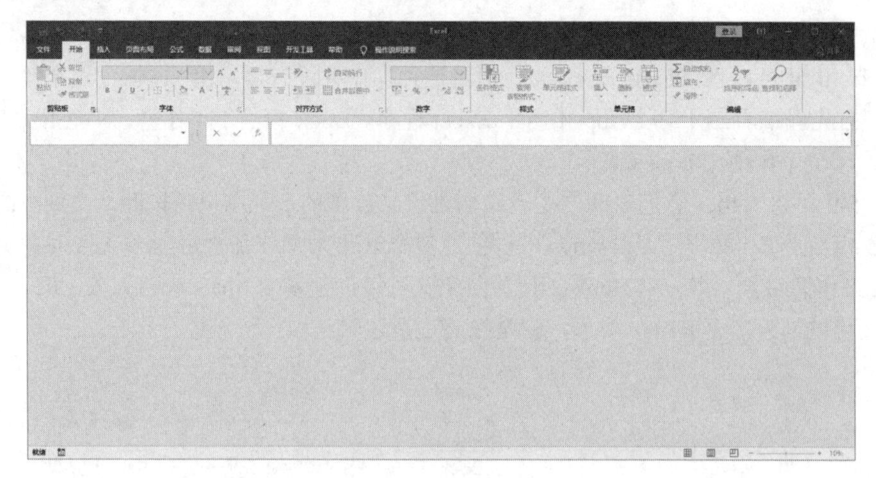

图 15-11　App 对象

15.3.3　创建工作簿对象

关于 Book 有两种方式：一种是新增工作表格；另一种是打开原有的工作簿文件，那么打开原有的工作簿文件就需要参考前面所讲解的有关路径方面的知识点，可以使用相对路径或绝对路径来进行打开，推荐使用相对路径，因为相对路径的兼容性会更好一些。代码如下所示：

```
#创建新工作簿
workbook = app.books.add()
#打开原工作簿
workbook = app.books.open(r"放置工作簿的相对路径")
```

运行代码之后，可以看到如图 15-12 所示的工作簿，并且在这个工作簿中创建了工作表文件。

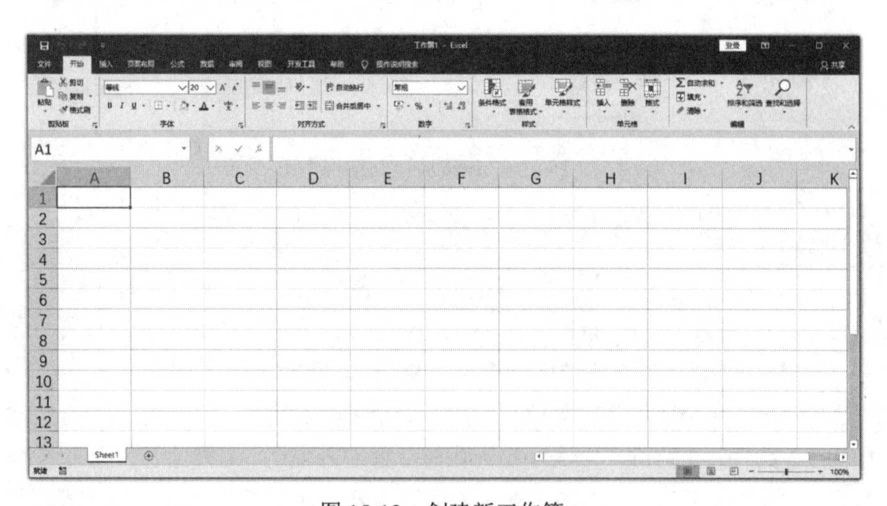

图 15-12　创建新工作簿

关闭工作簿代码如下：

```
#关闭工作簿（实际上是退出所有的工作表）
workbook.close()
#退出工作簿
app.quit()
```

workbook.close()表示关闭所有的工作表，但是工作簿并没有退出，而 app.quit()表示关闭当前的工作簿，这个时候才会真正退出。

15.3.4　创建工作表对象

有了工作簿对象之后，接下来就是创建和打开工作表对象。

```
#在原工作簿上增加了一个“奖金”表格
workbook.sheets.add("奖金")
#获取当前的“奖金”表格，且默认变为活动表格（解释活动表格）
sheet1 = workbook.sheets["奖金"]
sheet2 = workbook.sheets[2]
sheet2.activate()
```

工作簿对象 workbook 调用 sheets 属性返回，返回的是一个 sheets 对象，执行 print(workbook.sheets)运行结果如下所示，可以得知输出为是一个 xlwings 库内部定义的 sheets 对象，是一种列表形态，里面放置的是每个工作表对象。

运行结果如下：

```
Sheets([<Sheet [2019 年某公司员工薪资表.xls]奖金>, <Sheet [2019 年某公司员工薪资表.xls]Sheet1>, <Sheet [2019 年某公司员工薪资表.xls]Sheet2>, ...])
```

还可以通过 dir 函数查看 sheets 这个对象有哪些属性，通过输出可以看到有两个常用的属性和函数：add、count。程序编写如下：

```
print(dir(workbook.sheets))
```

add 函数表示要添加的工作表，在函数中所给的参数表示添加工作表的名称；count 属性表示当前的工作簿对象有多少个工作表。

workbook.sheets 同时又表示 xlwings 库中一个特殊的列表，所以这个特殊列表可以进行遍历，每一个列表元素就是工作表对象，同时这个特殊的列表可以按照 Python 中的常规列表对待，加一个中括号，中括号中可以写工作表名字符串，表示获得该工作表对象；如果写下标，表示获得该下标下的工作表对象，工作表的下标是在同个工作簿当中按照从左往右，从 0 开始，依次递增 1 的顺序排列。和 Python 中常规列表取元素的方法类似。

在所取得的工作表对象中，可以调用它的函数 activate，该函数表示将调用它的工作表置为当前的工作表，叫作激活工作表对象。哪个工作表对象调用了 activate 函数就表示哪个是激活工作表。比如：sheet2 调用了该函数，那么 sheet2 就是激活工作表，也称为当前工作表，如图 15-13 所示。

```
sheet2 = workbook.sheets[2]
sheet2.activate()
```

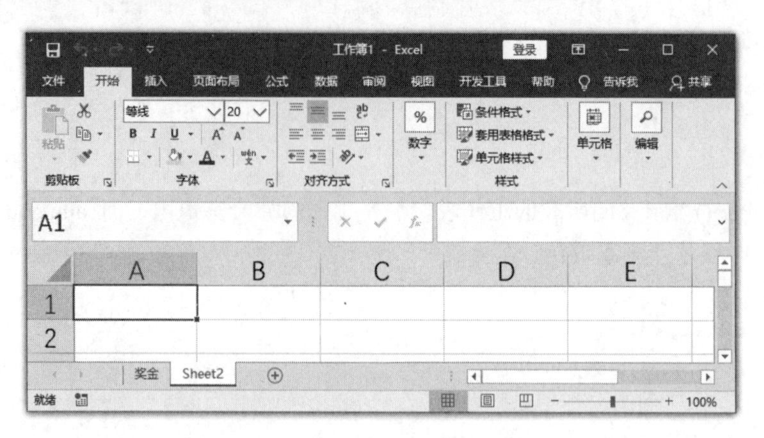

图 15-13　激活工作表对象

15.4　xlwings 库常用的 API（1）

xlwings 常用的 API

15.4.1　了解 API

API，全称 Application Programming Interface，即应用程序编程接口。

API 是一些预先定义函数，目的是用来提供应用程序与开发人员基于某软件或者某硬件得以访问一组例程的能力，并且无需访问源码或无需理解内部工作机制细节。

API 就是操作系统给应用程序的调用接口，应用程序通过调用操作系统的 API 而使操作系统去执行应用程序的命令（动作）。在 Windows 中，系统 API 是以函数调用的方式提供的。

通过 Python 去操作 Excel 工作簿，需要使用到 xlwings 库，xlwings 库中包含非常多的 API，比如 App 常用的 API、Book 常用的 API、Sheet 常用的 API 和 Range 常用的 API。而 APP 常用的 API 和 Book 常用的 API 比较少，前面已经讲解过了，完全可以理解为调用它们的函数，而剩余的对象 API 比较多，需要进行详细讲解。

15.4.2　工作表常用的 API

当 sheet 对象调用 clear 函数的时候表示清除该表格内容和格式；当调用 clear_contents 函数的时候，表示清除表格对象的内容；当调用 delete 函数表示将该表进行删除的操作。

```
#清除表格的内容和格式
sheet.clear()
#清除表格的内容
sheet.clear_contents()
#删除表格
sheet.delete()
```

也可以通过 print 将对象输出来，查看以上代码所执行的结果。运行以下代码，会发现所打开工作簿中，下标为 1 的工作表内容已将全部删除了，但工作表对象还在，所以输出的结果是工作表对象。

```
sheet = workbook.sheets[1]
sheet.clear()
print(sheet)
```

当 sheet 对象调用 clear_contents 函数的时候，会打印输出工作表对象，原来的格式还可以看到，但是该表格对象的内容已经看不到了，说明内容被删除了，代码如下所示：

```
sheet.clear_contents()
print(sheet)
```

当 sheet 对象调用 delete 函数的时候，不会打印输出工作表对象，并且会报变量找不到的异常提示，说明原来的工作表对象已经被删除了。

```
sheet.delete()
print(sheet)
```

15.4.3　单元格常用的 API

1. 获取 Range 对象

在 xlwings 所操作的 Excel 工作簿中，某一个单元格或者是连续的单元格都属于 Range 对象，都有相同的属性和方法。我们获得了 Range 对象才能对它的值、值类型、单元格风格进行相应的操作，Range 对象的 API 也是最多的，接下来将依次详细讲解，如图 15-14 所示。

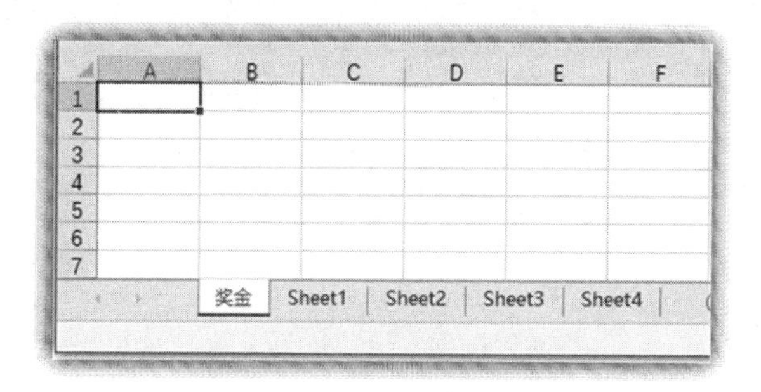

图 15-14　获取 Range 对象

先通过 Range 函数获得相应的 Range 对象，该函数要放置指定的单元格位置，比如 Range("A1")，它所表示的意思就是“纵向 A 列，横向第 1 行”位置的单元格对象，同理可推其他单个单元格的表示方式一致，即纵向所在的列加上横向所在的行组成的字符串，如图 15-15 所示。

如果将这个单元格对象通过以下代码打印输出，可以看出尖括号中的 Range 表示输出的结果是一个 Range 对象，中括号中的内容表示工作簿当前的名称，“奖金”表示工作表的名称，“!$A$1”表示该单元格对象所在的位置信息。

```
dyg_Range = sheet.Range("A1")
print(dyg_Range)
```

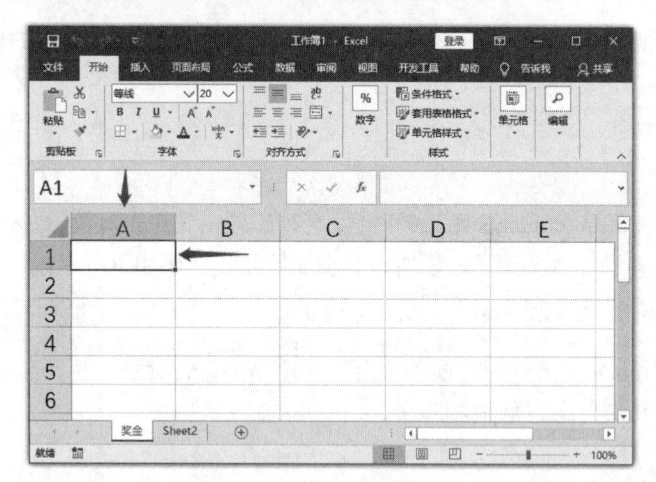

图 15-15　单个单元格对象

运行结果如下：

```
<Range [工作簿 1]奖金!$A$1>
```

如果要选连续多个区域的单元格对象，就需要从该区域开始左上角单元格位置加上结束右下角单元格的位置，比如 Range("B2:C5")，它所表示的意思就是左上角 B2 单元格，右下角 C5 单元格所在的范围区域作为 Range 对象，如图 15-16 所示。

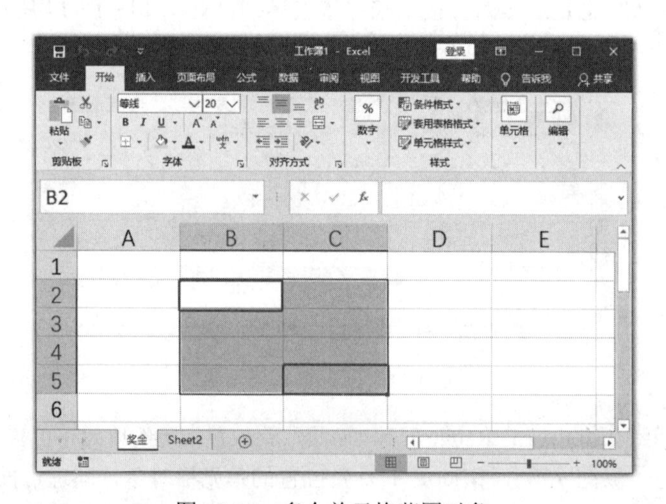

图 15-16　多个单元格范围对象

如果将这个单元格对象通过以下代码打印输出，可以看出尖括号中的 Range 表示输出的结果是一个 Range 对象，中括号中的内容表示工作簿当前的名称，“奖金”表示工作表的名称，“!$B$2:$C$5”表示该单元格对象所在的位置范围信息。

```
dyg_Range = sheet.Range("B2:C5")
print(dyg_Range)
```

运行结果如下：

```
<Range [工作簿 2]奖金!$B$2:$C$5>
```

2. add_hyperlink 添加单元格超链接

有 Range 对象就可以调用它的相关函数 add_hyperlink(参数 1,参数 2,参数 3)，表示添加超链接，参数 1 要放置一个可以访问的链接字符串；参数 2 表示在单元格内所显示字符串信息；参数 3 表示当我们鼠标放置到该位置的时候显示的提示信息。

```
dyg_Range = sheet.Range("A1")
dyg_Range.add_hyperlink(r"https://www.cnki.net/","知网","查阅文献的好地方")
```

运行上述代码，工作表中显示的结果如图 15-17 所示，在 A1 单元格内已经写入了知网的字符超链接，单击该字符超链接就会跳转到知网平台上。

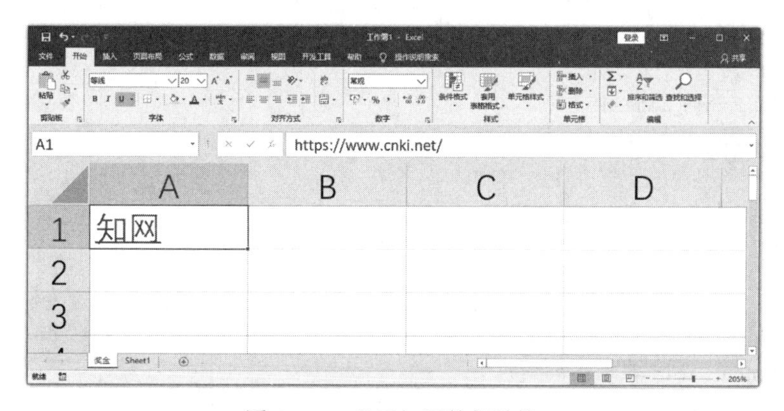

图 15-17　显示知网的超链接

如果希望获得某个单元格对象的超链接该如何做呢？通过单元格对象调用 hyperlink，会返回所在单元格链接的字符串。代码如下所示：

```
dyg_Range = sheet.Range("A1")
dyg_Range.add_hyperlink(r"https://www.cnki.net/","知网","查阅文献的好地方")
print(dyg_Range.hyperlink)
```

运行结果如下：

```
https://www.cnki.net/
```

从上面 2 个例子中可以看出，hyperlink 表示的是静态属性，而 add_hyperlink 表示的动态方法，当调用静态属性的时候是不需要添加括号的，而在调用动态方法的时候是需要添加括号的，这也是属性和函数的区别。

3. get_address 获取单元格位置

获取当前单元格的位置，也就是该单个单元格所在的横向坐标和纵向坐标；或者单元格区域的开始单元格和终止单元格所在的横向坐标和纵向坐标。

单元格对象直接调用 get_address 函数，所返回的值就是单元格所在的位置信息。执行代码如下所示：

```
#dyg1 是单元格范围对象，dyg2 是单个单元格对象
```

```
dyg1 = sheet.Range("A1:I14")
dyg2 = sheet.Range("A2")
#将获得的地址复制给变量
dyg1_address = dyg1.get_address()
dyg2_address = dyg2.get_address()
#将变量打印输出
print(dyg1_address)
print(dyg2_address)
```

运行结果如下：

```
$A$1:$I$14
$A$2
```

这是一个带有$美元符号的地址字符串，$美元符号将每一个字符串内的元素隔开，事实上所获取的地址对象可以当做 Range 函数中的参数来进行使用，代码如下所示：

```
#将地址当做 Range 函数的参数使用：
dyg1 = sheet.Range(dyg1_address)
dyg2 = sheet.Range(dyg2_address)
#打印输出单元格对象
print(dyg1)
print(dyg2)
```

运行结果如下：

```
<Range [2019 年某公司员工薪资表.xls]Sheet2!$A$1:$I$14>
<Range [2019 年某公司员工薪资表.xls]Sheet2!$A$2>
```


4. clear_contents 清除单元格的内容

使用 clear_contents 可以实现清除单元格内容的操作，但是只能清除内容，而不能清除它的格式，要想清除单元格的格式和内容，需要调用 clear 函数。如图 15-18 是一个有内容和格式的单元格，当执行如下代码的时候，就会发现 clear_contents 仅清除了内容，而 clear 不仅仅清除了内容也同样把格式清除了。

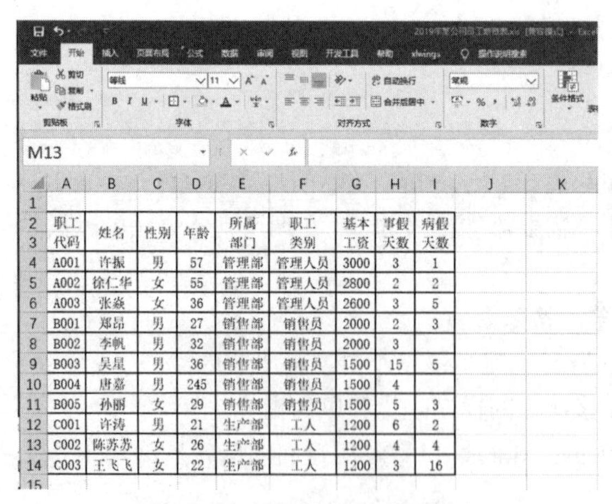

职工代码	姓名	性别	年龄	所属部门	职工类别	基本工资	事假天数	病假天数
A001	许振	男	57	管理部	管理人员	3000	3	1
A002	徐仁华	女	55	管理部	管理人员	2800	2	2
A003	张焱	女	36	管理部	管理人员	2600	3	5
B001	郑昂	男	27	销售部	销售员	2000	2	3
B002	李帆	男	32	销售部	销售员	2000	3	
B003	吴星	男	36	销售部	销售员	1500	15	5
B004	唐嘉	男	245	销售部	销售员	1500	4	
B005	孙丽	女	29	销售部	销售员	1500	5	3
C001	许涛	男	21	生产部	工人	1200	6	2
C002	陈苏苏	女	26	生产部	工人	1200	4	4
C003	王飞飞	女	22	生产部	工人	1200	3	16

图 15-18　源工作表内容和格式

```
#dyg1 是单元格范围对象，dyg2 是区域单元格对象
dyg1 = sheet.Range("A2:I6")
dyg2 = sheet.Range("A7:I15")

#dyg1 清除单元格的内容和格式
dyg1.clear()
#dyg2 仅清除单元格的内容
dyg2.clear_contents()
```

代码运行之后，会出现如图 15-19 所示的效果，可以证明，clear 不仅清除了单元格的内容，还清除了格式，而 clear_contents 仅仅清除了内容。

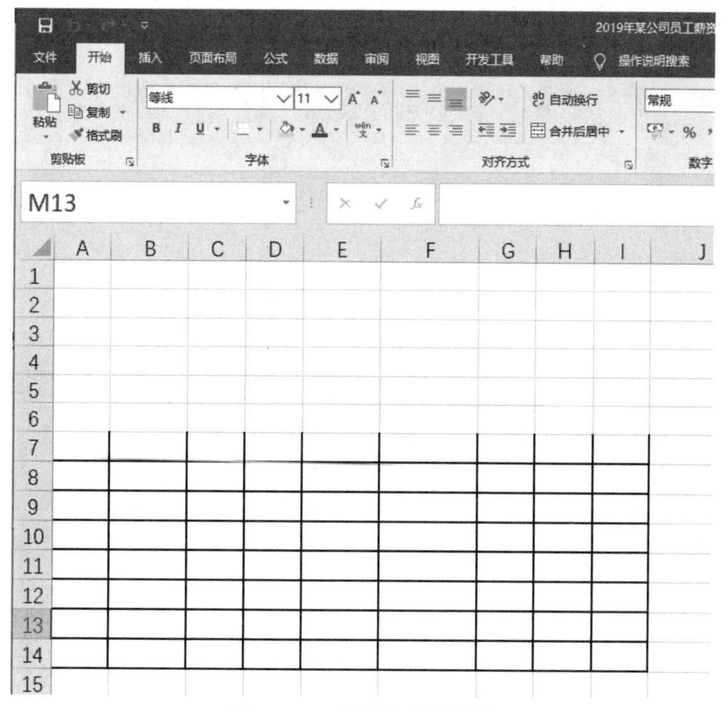

图 15-19　代码运行的效果

5. value 属性读取单元格数据

单元格对象和单元格区域对象都属于 Range 类，该类对象有一个属性叫 value 可以获取单元格对象的值，下面进行一个对比，观察单个单元格获取的值和单元格区域获取的值有什么区别。

```
#dyg1 是单元格对象
dyg1 = sheet.Range("A4")
#dyg2 是单个单元格区域对象
dyg2 = sheet.Range("B4:E7")

#获取 dyg1 单元格对象的值
print(dyg1.value)
```

```
print(type(dyg1.value))
print("-----------------------")
#获取 dyg2 区域单元格对象的值
print(dyg2.value)
print(type(dyg2.value))
```

运行结果如下：

```
A001
<class 'str'>
-----------------------
[['许振', '男', 57.0, '管理部'], ['徐仁华', '女', 55.0, '管理部'], ['张焱', '女', 36.0, '管理部'], ['郑昂', '男', 27.0, '销售部']]
<class 'list'>
```

原工作表中的数据如图 15-20 所示。

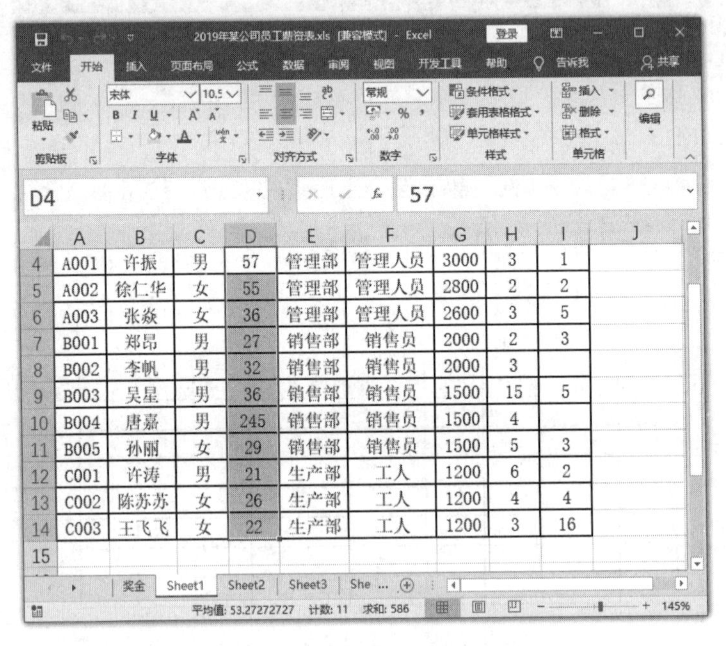

	A	B	C	D	E	F	G	H	I
4	A001	许振	男	57	管理部	管理人员	3000	3	1
5	A002	徐仁华	女	55	管理部	管理人员	2800	2	2
6	A003	张焱	女	36	管理部	管理人员	2600	3	5
7	B001	郑昂	男	27	销售部	销售员	2000	2	3
8	B002	李帆	男	32	销售部	销售员	2000	3	
9	B003	吴星	男	36	销售部	销售员	1500	15	5
10	B004	唐嘉	男	245	销售部	销售员	1500	4	
11	B005	孙丽	女	29	销售部	销售员	1500	5	3
12	C001	许涛	男	21	生产部	工人	1200	6	2
13	C002	陈苏苏	女	26	生产部	工人	1200	4	4
14	C003	王飞飞	女	22	生产部	工人	1200	3	16

图 15-20　原工作表中的数据

从这个代码执行的结果可以看出，dyg1 单元格对象所获取的值是字符串类型，而 dyg2 单元格区域获取的值是一个列表形式，而且每个列表元素都对应区域内的每行数据，二级列表元素依然是列表类型的数据。

从二级列表数值中发现，原来在工作表中的整型数据输出的时候变成了浮点类型数据。不过可以通过对列表的相关操作，将浮点类型数据转变为字符串类型数据或者整型数据。

6. value 属性赋值写入单元格数据

通过 value 属性可以读取任意单元格的值，那么如果给单元格数据重新赋值就是写入单元格数据。

```
#dyg1 是单元格对象
dyg1 = sheet.Range("A4")
#dyg2 是单个单元格区域对象
dyg2 = sheet.Range("B4:E7")

#给 dyg1 单元格对象赋值
dyg1.value = "优频课"

#给 dyg2 区域单元格对象的赋值
dyg2.value = [['许振', '男', 57, '管理部'], ['徐仁华', '女', 55, '管理部'], ['张焱', '女', 36, '管理部'], ['郑昂', '男', 27, '销售部']]
```

在给单元格区域进行赋值操作的时候一定要注意，范围内的每行区域要和列表的长度成对应关系，而不能列表长度很大但是无法一一对应到单元格范围内，程序执行的结果如图 15-21 所示。

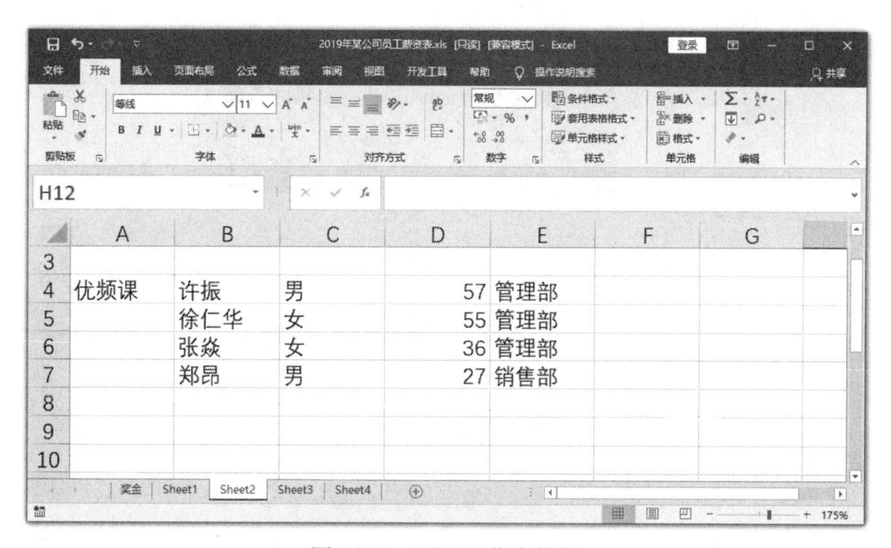

图 15-21　写入工作表数据

7. 单元格对象的 color 属性

获取单元格的颜色属性，直接使用单元格对象调用 color 属性即可，不过这里要做一个测试：单个单元格对象的背景颜色是什么格式类型，输出什么样的数据结果？单元格区域对象不同的背景颜色会是什么格式类型，输出什么样的数据结果？

如图 15-22 所示，这是设计好的单元格背景，“A4”为单个单元格对象；“B4:E7”为单元格区域对象。

```
#dyg1 是单元格对象
dyg1 = sheet.Range("A4")
#dyg2 是单个单元格区域对象
dyg2 = sheet.Range("B4:E7")

#获取单个单元格对象的颜色值
```

```
color1 = dyg1.color
print(color1)
print("-----------分割线-----------")
#获取单元格区域对象的颜色值
color2 = dyg2.color
print(color2)
```

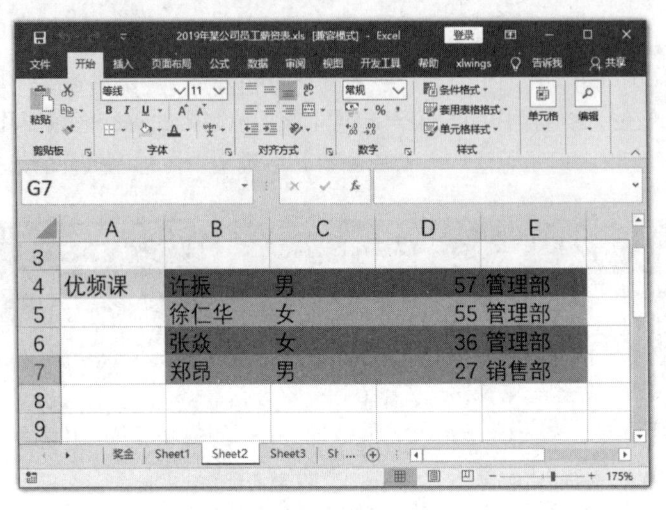

图 15-22　单元格风格样式

运行结果如下：

```
(255, 255, 0)
-----------分割线-----------
(0, 0, 0)
```

RGB 是一种色彩模式也是一种颜色标准，通过对红(R)、绿(G)、蓝(B)三个颜色通道的变化以及它们相互之间的叠加来得到各式各样的颜色，RGB 即是代表红、绿、蓝三个通道的颜色，这个标准几乎包括了人类视力所能感知的所有颜色，是目前运用最广的颜色系统之一。

RGB 各有 256 级亮度，用数字表示为从 0、1、2...直到 255。注意虽然数字最高是 255，但 0 也是数值之一，因此共 256 级。

从以上结果看出，输出的结果是 RGB 的值，并且将这个 RGB 的值放入了元组当中。“A4”单个单元格对象的颜色是打印输出的结果值是对应的，而“B4:E7”单元格区域对象的背景是多种颜色，当有多种颜色的时候并不会显示多种颜色的 RGB 值，而是仅显示了一个伪颜色值“(0, 0, 0)”，说明如果是区域单元格对象并不能获取它所有的颜色值。

反过来思考，如果给颜色值对象重新赋值，是不是就意味着将颜色值写入到单元格中了呢？下面同样做一个测试，首先将原表格恢复为没有任何颜色背景的状态，如图 15-23 所示。

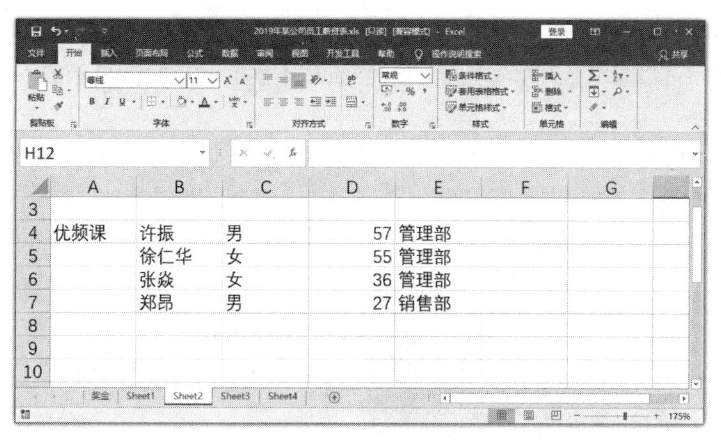

图 15-23　无格式工作表

接下来修改以下代码：

```
#dyg1 是单元格对象
dyg1 = sheet.Range("A4")
#dyg2 是单个单元格区域对象
dyg2 = sheet.Range("B4:E7")

#给单个单元格对象赋颜色值
dyg1.color = (122,45,100)

#给单元格区域对象赋颜色值
dyg2.color = (0,100,200)
```

运行结果如图 15-24 所示。

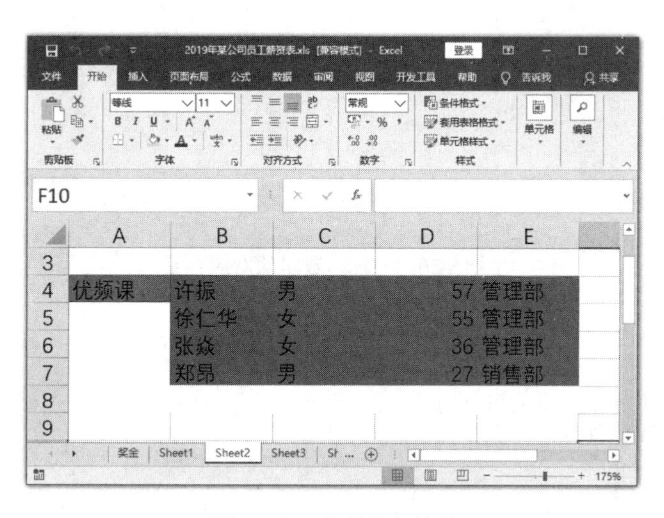

图 15-24　代码执行结果

从图 15-24 可以看出，给每一个单元格对象填充的颜色值都已经生效了，RGB 的颜色值和它所对应的颜色，大家可以参考 ps 中的颜色面板，当点选不同的颜色时会显示出不同的颜色 RGB 值。颜色面板如图 15-25 所示。

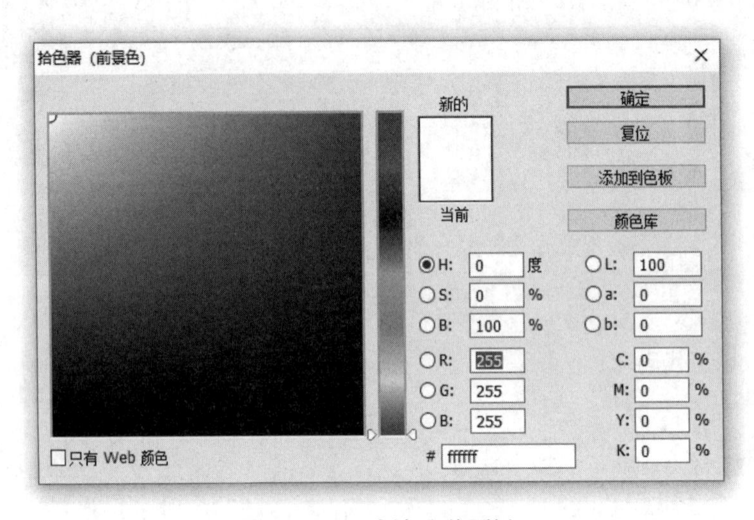

图 15-25 ps 颜色取值面板

8. column 列标

column 作为属性来进行使用，返回该单元格对象所在列的标号，并且 A 列使用 1 来表示，B 列使用 2 来表示，依此类推，从图 15-26 中可以很详细看出列标和数字的对应关系。

	A	B	C	D	E	F
1						
2						
3	1	2	3	4	5	6
4						
5						
6						
7						
8						
9						

图 15-26 列标与数字的对应关系

接下来在代码中验证：

```
#dyg1 是单个单元格对象
dyg1 = sheet.Range("A4")
#dyg2 是单个单元格区域对象
dyg2 = sheet.Range("B4:E7")
#dyg3 是单个单元格对象
dyg3 = sheet.Range("A12")
#获取单个单元格所在的列标
```

```
print(dyg1.column)
#获取单元格区域所在的列标
print(dyg2.column)
#获取单个单元格所在的列标
print(dyg3.column)
```

运行结果如下：

```
1
2
2
```

从以上的代码所输出的结果可以看出，单个单元格所输出的列标都是它所对应的列，而单元格区域所输出的列标则是它开始单元格所在的列。

9. columns 返回指定范围列的对象

columns 表示返回指定范围列的对象，从字面上可能不太容易理解，下面通过代码来进行测试，解开我们的疑惑。

```
#dyg1 是单个单元格对象
dyg1 = sheet.Range("A4")

#dyg2 是单个单元格区域对象
dyg2 = sheet.Range("B4:E7")

#获取单个单元格所在列对象
print(dyg1.columns)

#获取单元格区域所在的列对象
print(dyg2.columns)
```

运行结果如下：

```
RangeColumns(<Range [2019 年某公司员工薪资表.xls]Sheet2!$A$4>)
RangeColumns(<Range [2019 年某公司员工薪资表.xls]Sheet2!$B$4:$E$7>)
```

从程序的运行结果来看，不管是获取的是单个单元格列对象还是区域单元格的列对象，首先它是一个 Range 对象，表示指定区域中每列的数据，并且它还是一个特殊的列表，是 xlwings 自定义的列表，所以可以通过 for 循环打印输出每一个列表项，并且每个列表同时又是一个新的 Range 对象，可以通过以下代码进行测试：

```
#获取单个单元格所在列对象
for i in dyg1.columns:
    print(i)
    print(type(i))
print("-----------分割线------------")
#获取单元格区域所在的列对象
for i in dyg2.columns:
    print(i)
    print(type(i))
```

运行结果如下：

```
<Range [2019 年某公司员工薪资表.xls]Sheet2!$A$4>
<class 'xlwings.main.Range'>
-----------分割线------------
<Range [2019 年某公司员工薪资表.xls]Sheet2!$B$4:$B$7>
<class 'xlwings.main.Range'>
<Range [2019 年某公司员工薪资表.xls]Sheet2!$C$4:$C$7>
<class 'xlwings.main.Range'>
<Range [2019 年某公司员工薪资表.xls]Sheet2!$D$4:$D$7>
<class 'xlwings.main.Range'>
<Range [2019 年某公司员工薪资表.xls]Sheet2!$E$4:$E$7>
<class 'xlwings.main.Range'>
```

从以上代码的运行结果不难看出，打印输出的数据类型是 Range 对象，并且从打印的数据也可以看出实际上打印的是每一列的数据，所以就可以将这些 Range 对象调用 value 属性将值打印输出。测试执行以下代码。

```
#dyg1 是单个单元格对象
dyg1 = sheet.Range("A4")

#dyg2 是单个单元格区域对象
dyg2 = sheet.Range("B4:E7")

#获取单个单元格所在列对象
for i in dyg1.columns:
    print(i.value)
print("-----------分割线------------")
#获取单元格区域所在的列对象
for i in dyg2.columns:
    print(i.value)
```

运行结果如下：

```
优频课
-----------分割线------------
['许振', '徐仁华', '张焱', '郑昂']
['男', '女', '女', '男']
[57.0, 55.0, 36.0, 27.0]
['管理部', '管理部', '管理部', '销售部']
```

这样就可以将方格范围内每一列的值打印输出，通过图 15-27 可以更加直观地看出来。

10. column_width 返回列的宽度

column_width 属性返回的是列的宽度，但是只能返回单列的宽度，无法返回多列的宽度总和，多列宽度返回值为 None。可以通过以下代码进行测试验证。

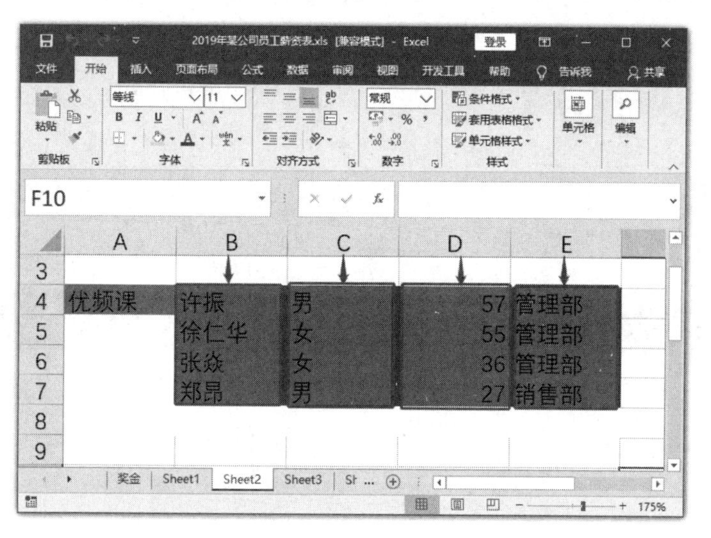

图 15-27　列对象和值的关系

```
#dyg1 是单个单元格对象
dyg1 = sheet.Range("A4")

#dyg2 是单个单元格区域对象
dyg2 = sheet.Range("B4:E7")

#获取单个单元格所在列的宽度
print(dyg1.column_width)
print("-----------分割线------------")
#获取单元格区域所在列的宽度
print(dyg2.column_width)
```

运行结果如下：

```
8.38
-----------分割线------------
None
```

列宽的单位：列宽使用单位为英寸，1 毫米=0.4374 个单位，1 厘米=4.374 个单位；1 个单位=2.2862 毫米。

所以 8.38 表示的是单位个数，1 个单位为 2.2862，8.38 个单位即两者相乘的结果约为 19 毫米的宽度。

如果给列宽重新赋值，那么就是设定工作簿所在的列宽。可以按照列宽的单位比例进行设定相应的列宽。代码如下所示：

```
#dyg1 是单个单元格对象
dyg1 = sheet.Range("A4")

#dyg2 是单个单元格区域对象
```

```
dyg2 = sheet.Range("B5:E7")

#给单个单元格对象所在的列宽赋值
dyg1.column_width = 12
#给单元格区域对象所在的列宽赋值
dyg2.column_width = 12
```

代码执行的效果如图 15-28 所示。

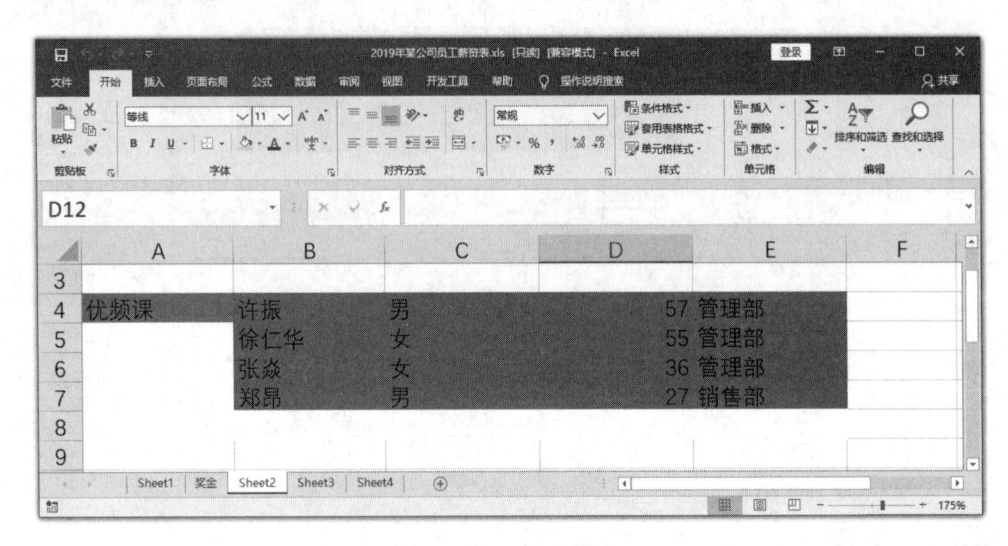

图 15-28　列宽的设定

从上述代码执行的效果图中可以看出，设定单个单元格列宽的对象，其实就是设定它所在的列的宽度，而设定多个单元格列宽对象，其实就是设定区域内每一列的列宽。

11．row 返回所在行的行标

行和列是相对应关系，所以列所具备的特性，行一样具备，row 返回所在的行标，单个单元格对象所在的行号，如果是单元格区域对象，则返回第一个开始单元格所在的行号，可以通过以下代码进行验证：

```
#dyg1 是单个单元格对象
dyg1 = sheet.Range("A4")

#dyg2 是单个单元格区域对象
dyg2 = sheet.Range("B5:E7")


#获取单个单元格对象所在的行号
print(dyg1.row)
#获取单元格区域对象所在的行号
print(dyg2.row)
```

程序执行的结果分别为：4 和 5。可以看成 row 属性就是取字符串"A4"和字符串"B5:E7"的第 2

位数字，也就是它所在的行号，如图 15-29 所示。

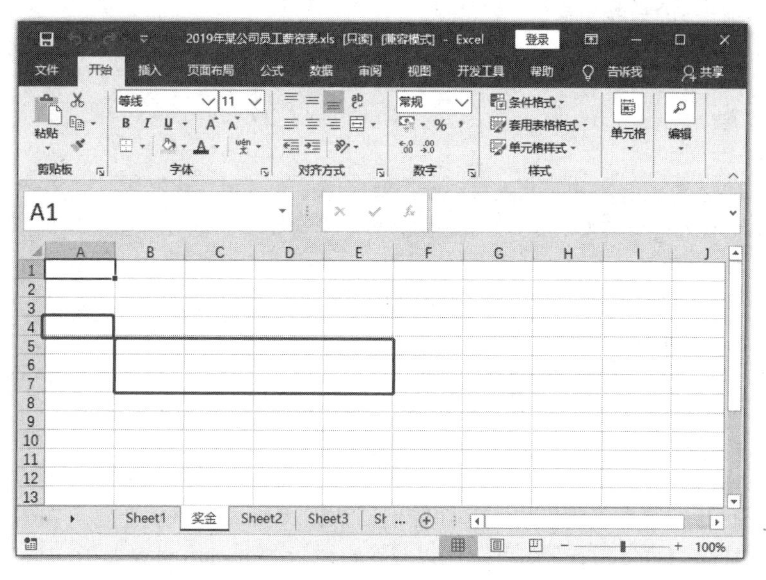

图 15-29　执行结果

12. rows 返回指定范围的行对象

rows 表示返回指定范围的行对象，下面通过代码来进行测试。

```
#dyg1 是单个单元格对象
dyg1 = sheet.Range("A4")

#dyg2 是单个单元格区域对象
dyg2 = sheet.Range("B5:E7")

#获取单个单元格对象所在行对象
print(dyg1.rows)
#获取单元格区域对象所在的行对象
print(dyg2.rows)
```

运行结果如下：

```
RangeRows(<Range [2019 年某公司员工薪资表.xls]Sheet2!$A$4>)
RangeRows(<Range [2019 年某公司员工薪资表.xls]Sheet2!$B$5:$E$7>)
```

从程序的执行结果来看，不管是获取的是单个单元格行对象还是区域单元格的行对象，首先它是一个 Range 对象，表示指定区域中每列的数据，并且它还是一个特殊的列表，是 xlwings 自定义的列表，所以可以通过 for 循环打印输出每一个列表项，并且每个列表同时又是一个新的 Range 对象，可以通过以下代码进行测试：

```
#获取单个单元格对象所在行对象
for i in dyg1.rows:
    print(i)
```

```
    print(type(i))
print("-------------我是分割线---------------")
#获取单元格区域对象所在的行对象
for i in dyg2.rows:
    print(i)
    print(type(i))
```

运行结果如下：

```
<Range [2019 年某公司员工薪资表.xls]Sheet2!$A$4>
<class 'xlwings.main.Range'>
-------------我是分割线---------------
<Range [2019 年某公司员工薪资表.xls]Sheet2!$B$5:$E$5>
<class 'xlwings.main.Range'>
<Range [2019 年某公司员工薪资表.xls]Sheet2!$B$6:$E$6>
<class 'xlwings.main.Range'>
<Range [2019 年某公司员工薪资表.xls]Sheet2!$B$7:$E$7>
<class 'xlwings.main.Range'>
```

从以上代码执行的结果不难看出，打印输出的数据类型是 Range 对象，并且从打印的数据也可以看出实际上打印的是每一行的数据，所以就可以将这些 Range 对象调用 value 属性将值打印输出。测试执行以下代码。

```
#dyg1 是单个单元格对象
dyg1 = sheet.Range("A4")

#dyg2 是单个单元格区域对象
dyg2 = sheet.Range("B5:E7")

#获取单个单元格对象所在行对象值
for i in dyg1.rows:
    print(i.value)
print("-------------我是分割线---------------")
#获取单元格区域对象所在的行对象值
for i in dyg2.rows:
    print(i.value)
```

运行结果如下：

```
优频课
-------------我是分割线---------------
['徐仁华', '女', 55.0, '管理部']
['张焱', '女', 36.0, '管理部']
['郑昂', '男', 27.0, '销售部']
```

这样就可以将方格范围内每一行的值打印输出，通过图 15-30 可以更加直观地看出来。

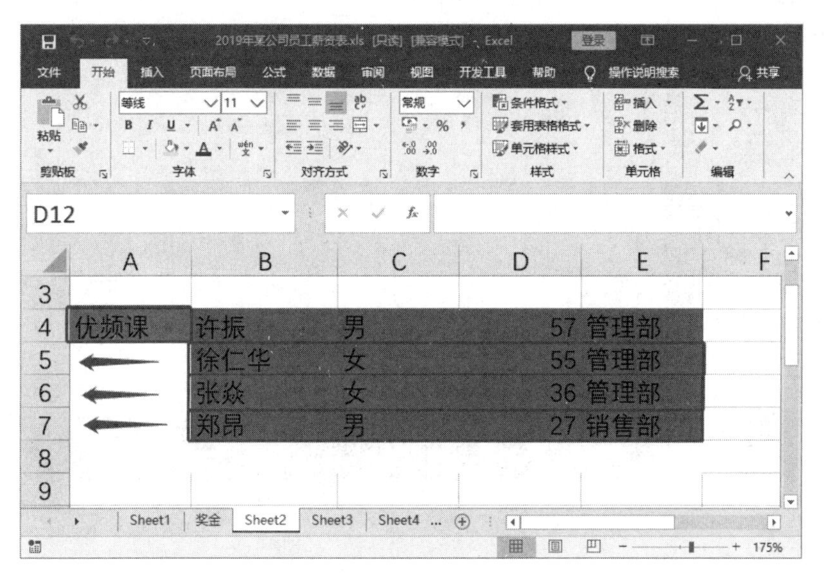

图 15-30　行对象和值的关系

13. row_height 返回行的高度

row_height 属性返回的是行的高度，但是只能返回单行的高度，无法返回多行的高度总和，多行高度返回值为开始单元格所在的行高度。可以通过以下代码进行测试验证。

```
#dyg1 是单个单元格对象
dyg1 = sheet.Range("A4")

#dyg2 是单个单元格区域对象
dyg2 = sheet.Range("B5:E7")

#获取单个单元格对象所在行对象值
print(dyg1.row_height)
print("-------------我是分割线---------------")
#获取单元格区域对象所在的行对象值
print(dyg2.row_height)
```

运行结果如下：

```
14.25
-------------我是分割线---------------
14.25
```

行高的单位：以磅为单位。即行高是等于 height 值除以 28.35，所得的结果为厘米（在上例中即为 14.25/28.35=0.5 厘米），如果我们获取的行高为 14.25，那么它打印输出到 A4 纸张上的尺寸大概是 0.5 厘米。

如果给行高重新赋值，那么就是设定工作簿所在的行高。可以按照行高的单位比例进行设定相应的行高。代码如下所示：

```
#dyg1 是单个单元格对象
dyg1 = sheet.Range("A4")

#dyg2 是单个单元格区域对象
dyg2 = sheet.Range("B5:E7")

#给单个单元格对象所在行对象赋值
dyg1.row_height = 20
#给单元格区域对象所在的行对象赋值
dyg2.row_height = 20
```

代码执行的效果如图 15-31 所示。

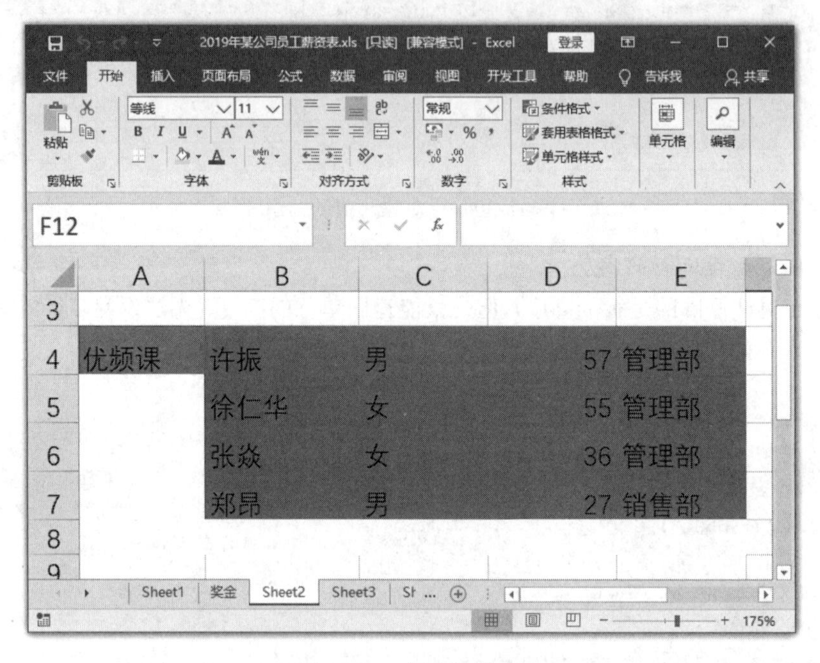

图 15-31 行高的设定

从上述代码执行的效果图中可以看出，设定单个单元格行高的对象，其实就是设定它所在的整行高度，而设定多个单元格行高对象，其实就是设定区域内每一行的行高。

14. autofit 自动调整行高列宽

如果表格数据格式宽度、高度大小不一，视觉上毫无美感，但是，如果操作的表格数据比较庞大的时候，使用代码一行一列去设定单元格的高度和宽度就不太现实了，这个时候要使用 autofit 函数，自动设定单元格的区域。

调整前的单元格如图 15-32 所示。在调整的时候，首先需要确定所需要调整的 Range 对象，调整后的工作表如图 15-33 所示。

职工代码	姓名	性别	年龄	所属部门	职工类别	基本工资	事假天数	病假天数
A001	许振	男	57	管理部	管理人员	3000	3	1
A002	徐仁华	女	55	管理部	管理人员	2800	2	2
A003	张焱	女	36	管理部	管理人员	2600	3	5
B001	郑昂	男	27	销售部	销售员	2000	2	3
B002	李帆	男	32	销售部	销售员	2000	3	
B003	吴星	男	36	销售部	销售员	1500	15	5
B004	唐嘉	男	245	销售部	销售员	1500	4	
B005	孙丽	女	29	销售部	销售员	1500	5	3
C001	许涛	男	21	生产部	工人	1200	6	2

图 15-32　调整前工作表

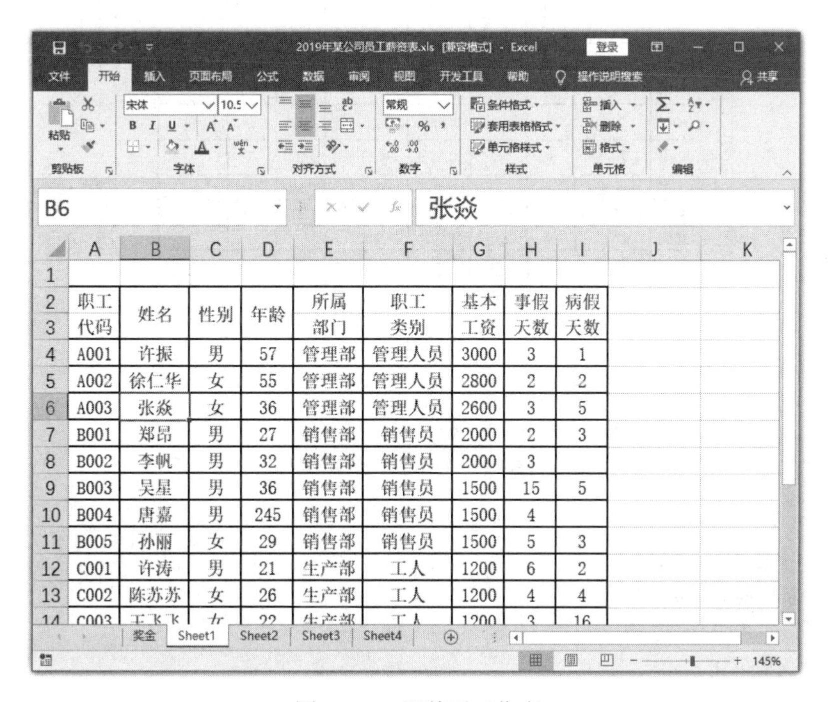

职工代码	姓名	性别	年龄	所属部门	职工类别	基本工资	事假天数	病假天数
A001	许振	男	57	管理部	管理人员	3000	3	1
A002	徐仁华	女	55	管理部	管理人员	2800	2	2
A003	张焱	女	36	管理部	管理人员	2600	3	5
B001	郑昂	男	27	销售部	销售员	2000	2	3
B002	李帆	男	32	销售部	销售员	2000	3	
B003	吴星	男	36	销售部	销售员	1500	15	5
B004	唐嘉	男	245	销售部	销售员	1500	4	
B005	孙丽	女	29	销售部	销售员	1500	5	3
C001	许涛	男	21	生产部	工人	1200	6	2
C002	陈苏苏	女	26	生产部	工人	1200	4	4
C003	王飞飞	女	22	生产部	工人	1200	3	16

图 15-33　调整后工作表

15.5 xlwings 库常用的 API（2）

前面已经详细介绍了有关 xlwings 库常用的 API，还有一些 API 虽然不太常用，但是仍然比较重要，所以还会对这些 API 进行详细的讲解。

15.5.1 获取表格有效区

首先需要理解什么是工作表的有效区或者称它为已使用区域，理解哪种情况下才叫已使用区域，已使用区域不能按照表格中有无值来判断，从已有数据表格末尾单元格，一直到“A1”单元格都是已使用区域。通过图 15-34 中工作表数据和代码的展示可以看出哪些是已使用区域。

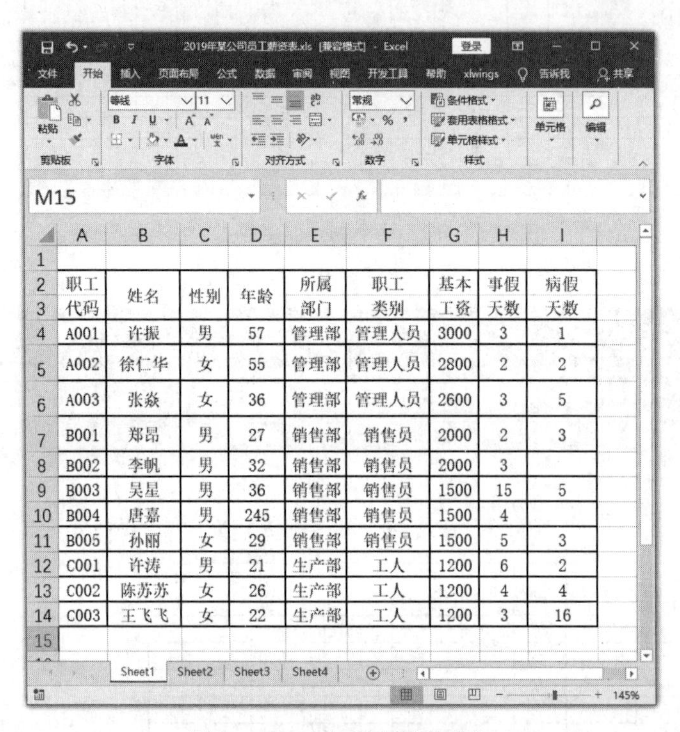

职工代码	姓名	性别	年龄	所属部门	职工类别	基本工资	事假天数	病假天数
A001	许振	男	57	管理部	管理人员	3000	3	1
A002	徐仁华	女	55	管理部	管理人员	2800	2	2
A003	张焱	女	36	管理部	管理人员	2600	3	5
B001	郑昂	男	27	销售部	销售员	2000	2	3
B002	李帆	男	32	销售部	销售员	2000	3	
B003	吴星	男	36	销售部	销售员	1500	15	5
B004	唐嘉	男	245	销售部	销售员	1500	4	
B005	孙丽	女	29	销售部	销售员	1500	5	3
C001	许涛	男	21	生产部	工人	1200	6	2
C002	陈苏苏	女	26	生产部	工人	1200	4	4
C003	王飞飞	女	22	生产部	工人	1200	3	16

图 15-34 工作表已使用区域

接下来再参考以下代码：

```
#获取 Sheet1 工作表
sheet = workbook.sheets["Sheet1"]
#获取工作表的有效区域
print(sheet.used_Range)
```

运行结果如下：

```
<Range [2019 年某公司员工薪资表.xls]Sheet1!$A$1:$I$14>
```

从上述代码所输出的结果判断程序的有效区域是从“A1”开始到“I14”结束，并且调用 used_Range 属性获得的是一个有效区单元格的 Range 对象，如果希望打印输出它所有的值信息，可以调用它的 value 属性，代码如下所示：

```
#获取 Sheet1 工作表
sheet = workbook.sheets["Sheet1"]
#获取工作表的有效区域
print(sheet.used_Range.value)
```

运行结果如下：

```
[[None, None, None, None, None, None, None, None, None], ['职工', '姓名', '性别', '年龄', '所属', '职工', '基本', '事假', '病假'], ['代码', None, None, None, '部门', '类别', '工资', '天数', '天数'], ['A001', '许振', '男', 57.0, '管理部', '管理人员', 3000.0, 3.0, 1.0], ['A002', '徐仁华', '女', 55.0, '管理部', '管理人员', 2800.0, 2.0, 2.0], ['A003', '张焱', '女', 36.0, '管理部', '管理人员', 2600.0, 3.0, 5.0], ['B001', '郑昂', '男', 27.0, '销售部', '销售员', 2000.0, 2.0, 3.0], ['B002', '李帆', '男', 32.0, '销售部', '销售员', 2000.0, 3.0, None], ['B003', '吴星', '男', 36.0, '销售部', '销售员', 1500.0, 15.0, 5.0], ['B004', '唐嘉', '男', 245.0, '销售部', '销售员', 1500.0, 4.0, None], ['B005', '孙丽', '女', 29.0, '销售部', '销售员', 1500.0, 5.0, 3.0], ['C001', '许涛', '男', 21.0, '生产部', '工人', 1200.0, 6.0, 2.0], ['C002', '陈苏苏', '女', 26.0, '生产部', '工人', 1200.0, 4.0, 4.0], ['C003', '王飞飞', '女', 22.0, '生产部', '工人', 1200.0, 3.0, 16.0]]
```

从以上代码执行的结果可以看出，当有效区的 Range 对象调用 value 属性的时候，会将所有的信息都打印输出，并且把有效区域的每行数据都放在一个列表中，又将该列表放置在新的列表中，形成了一个二维列表数据。

所以如果要一次性填写工作表数据，给有效区域赋值为一个二维列表也是可以的，这样就能一次性将数据写入工作表中。

15.5.2　工作表中的函数

Excel 中常用函数有数据库函数、日期与时间函数、工程函数、财务函数、数学和三角函数、统计函数等，非常丰富，功能也非常强大，单击函数所在的单元格，就可以看到这些函数的具体信息。

formula 属性既可以对单元格中的函数信息进行读取，也可以写入。以图 15-34 中表格为例，分别使用 Excel 自带的函数，计算事假的总天数和病假的总天数。

计算事假总天数的函数为：=SUM(H4:H14)

计算病假总天数的函数为：=SUM(I4:I14)

计算事假总天数的函数所表示的意思为在 H 列事假栏，从 H4 一直累加到 H14，SUM 表示总和的意思；计算病假总天数的函数所表示的意思为在 I 列病假栏，从 I4 一直累加到 I14，如图 15-35 所示。

要使用以下代码先获得这两个单元格的函数，观察这个函数和 Excel 中所获得的函数有什么不同。

```
#获取 Sheet1 工作表
sheet = workbook.sheets["Sheet1"]
#获取 H15 单元格的函数
hanshu1 = sheet.Range("H15").formula
print(hanshu1)
```

```
#获取 I15 单元格的函数
hanshu2 = sheet.Range("I15").formula
print(hanshu2)
```

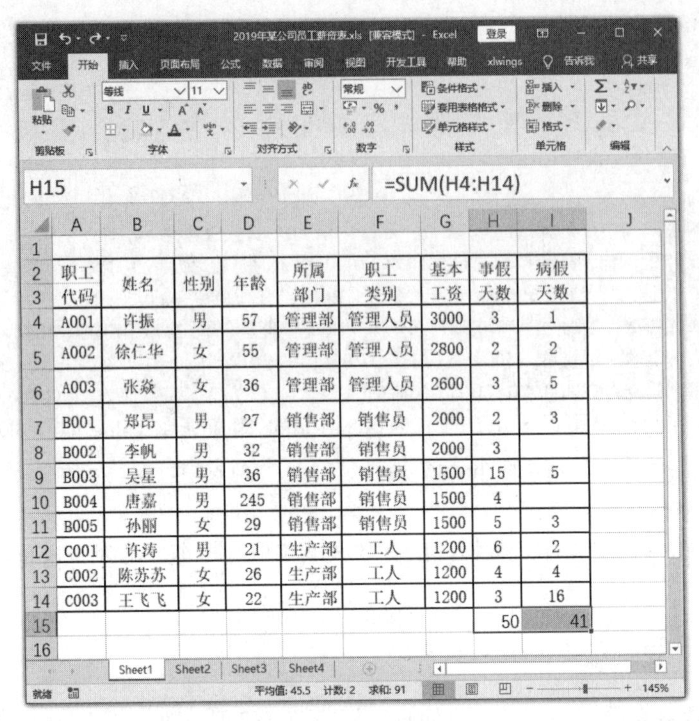

职工代码	姓名	性别	年龄	所属部门	职工类别	基本工资	事假天数	病假天数
A001	许振	男	57	管理部	管理人员	3000	3	1
A002	徐仁华	女	55	管理部	管理人员	2800	2	2
A003	张焱	女	36	管理部	管理人员	2600	3	5
B001	郑昂	男	27	销售部	销售员	2000	2	3
B002	李帆	男	32	销售部	销售员	2000	3	
B003	吴星	男	36	销售部	销售员	1500	15	5
B004	唐嘉	男	245	销售部	销售员	1500	4	
B005	孙丽	女	29	销售部	销售员	1500	5	3
C001	许涛	男	21	生产部	工人	1200	6	2
C002	陈苏苏	女	26	生产部	工人	1200	4	4
C003	王飞飞	女	22	生产部	工人	1200	3	16
							50	41

图 15-35　工作表与函数

运行结果如下：

```
=SUM(H4:H14)
=SUM(I4:I14)
```

从程序的运行结果中，可以看出和 Excel 中表示的函数完全一致，可以放心在代码中编写函数了。

下面编写一个函数，从第一个事假开始，每隔一次作为一次累加求和，代码如下所示：

```
#获取 Sheet1 工作表
sheet = workbook.sheets["Sheet1"]
#获取 H15 单元格的函数
#从第几行开始
star_row = 4
#到第几行结束
end_row = int(sheet.used_Range.address.split("$")[-1])

#事假函数的字符串拼接
str_shijia = ""
```

```
while star_row <= end_row:
        str_shijia += "H"+str(star_row)+"+"
        star_row+=2

#拼接事假计算函数
str_shijia = "=SUM("+str_shijia[:-1]+")"
#给事假函数赋值
sheet.Range("H"+str(end_row+1)).formula=str_shijia

#拼接病假计算函数
str_bingjia = str_shijia.replace("H","I")
#给病假函数赋值
sheet.Range("I"+str(end_row+1)).formula=str_bingjia
```

从以上代码中可以看出，使用 Python 操作 Excel 看似简单的数据要编写几十行代码，而直接使用 Excel 可能会更加简单，但是不要忘记了如果是大批量成千、上万的数据，使用 Excel 自动化处理是不可能完成的一件事，而这时 Python 的优点才会逐步突显出来，前期只是为了做一些基础铺垫。

接下来详细讲解上述代码的编写思路：首先需要设定一个初始值 star_row = 4，这个初始值用来记录事假和病假的行号，并且所计算的行号是从第 4 行开始的；接着要获取一共有多少行数据，可以通过 used_Range 属性获取所有表格的有效区域对象，再通过 adress 属性获取该对象的有效地址，并且对字符串地址进行切分取值，以获取最后的数据在第几行；

然后通过 while 循环并设定条件为：star_row <= end_row，开始行号小于或等于结束行号的时候，就会一直不断执行循环体中的内容。在循环体中让字符串循环累加，并拼接为事假的函数，最后再进行赋值操作。

有了事假字符串，病假字符串操作就更简单了，直接使用 replace 函数对字符串进行替换操作的处理即可，最后再进行赋值操作。

xlwings 库的拓展 API

15.6 xlwings 库的拓展 API

阅读 xlwings 库的官方文档时，却找不到 xlwings 库关于字体样式设计方面的说明，也看不到有关字体样式设置的相关函数，难道不能使用 xlwings 库修改字体的样式吗？

事实上这些字体样式的修改都是通过 api 函数来进行间接修改的。官方文档的原文是这样写的：

api

Returns the native object(pywin32 or appscript obj)of the engine being used.

翻译为：返回正在使用的引擎的本机对象（pywin32 或 appscript obj）。

也就是说，虽然 Python 不能直接习修改 xlwings 库中的字体，但是可以通过 api 属性，获取 Windows 系统 API 的库，pywin32 几乎包含了所有 Windows 操作系统的 API，并且对其进行了分类，其中 win32com 就在这个小类中，它是专门用于操作 Excel 的。fg.api 返回的对象属性和方法就是win32com中操作Excel对象的方法和属性，所以字体、边界、对齐、合并等都可以使用win32com模块。

15.6.1 设定字体样式

Python 是一种纯面向对象的编程语言，万物皆对象的编程思想也就是说可以将编程中的任何事物都抽象地看成对象。而每个对象都有它自身的属性和行为，可以更改使用它的属性，调用它的行为（函数），从而实现一定的功能。

同样，Font 字体也是一个对象，这个对象即便是不看官方文档说明，也能基本上猜出它应该具备哪些属性和行为。同样，Font 字体也是一个对象，这个对象即便是不看官方文档说明，也能基本上猜出它应该具备哪些属性和行为。读者可以首先思考，在使用 Office 办公软件时通常会对字体进行哪些修改？一般会修改字体的名字、大小、粗细、颜色等，所以字体对象也具有这些属性和行为。我们查了相关资料后，确定字体属性有 name、size、bold、color 等。而这些属性和工作表中对字体的调整按钮是一致的，如图 15-36 所示。

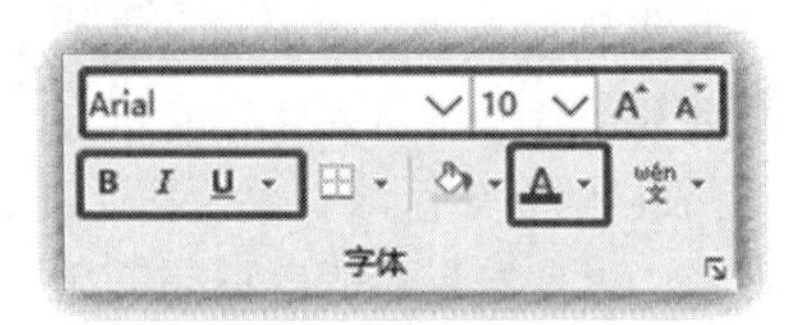

图 15-36　字体的属性

首先介绍 Font 对象的 name 属性，name 属性是用来获取字体名称的，当在 Excel 工作表中单击有字体的单元格，会在工作表上部的文字区域看到有字体的名字，并且如果更改文字的名称，选中单元格的字体会发生相应的改变。可以通过以下代码获取所选单元格的文字名称，也可以通过赋值对文字进行修改。

```
#单元格区域对象
dyg1 = sheet.Range("A2:H2")

#单个单元格对象
dyg2 = sheet.Range("A2")

#打印输出字体对象
print(dyg1.api.Font)

#打印输出单元格区域对象的字体名称
print(dyg1.api.Font.Name)

#打印输出单个单元格对象的字体名称
print(dyg2.api.Font.Name)
```

运行结果如下：

```
<xlwings._xlwindows.COMRetryObjectWrapper object at 0x0000017921D8D508>
宋体
宋体
```

从以上代码的执行结果中可以看出，无论是单个单元格还是多个单元格，只要是 Range 对象都有获取到它的字体名称属性，但是当单元格区域文字类型比较多的情况下，默认获取的是该单元格区域开始单元格的字体名称。

接下来对字体名称重新进行赋值。字体的名称可以从 Excel 工作表中进行查找，凡是工作表中能设定的文字，代码中也可以进行设定。

```
#单元格区域对象
dyg1 = sheet.Range("A5:H10")

#单个单元格对象
dyg2 = sheet.Range("A2")

#打印输出字体对象
print(dyg1.api.Font)

#设置单元格区域对象的字体名称
dyg1.api.Font.Name = "黑体"

#设置单个单元格对象的字体名称
dyg2.api.Font.Name = "微软雅黑"
```

程序运行效果如图 15-37 所示。

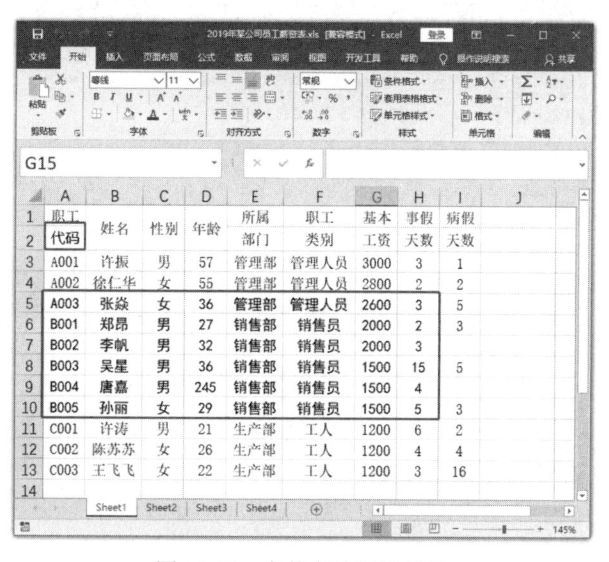

职工代码	姓名	性别	年龄	所属部门	职工类别	基本工资	事假天数	病假天数
A001	许振	男	57	管理部	管理人员	3000	3	1
A002	徐仁华	女	55	管理部	管理人员	2800	2	2
A003	张焱	女	36	管理部	管理人员	2600	3	5
B001	郑昂	男	27	销售部	销售员	2000	2	3
B002	李帆	男	32	销售部	销售员	2000	3	
B003	吴星	男	36	销售部	销售员	1500	15	5
B004	唐嘉	男	245	销售部	销售员	1500	4	
B005	孙丽	女	29	销售部	销售员	1500	5	3
C001	许涛	男	21	生产部	工人	1200	6	2
C002	陈苏苏	女	26	生产部	工人	1200	4	4
C003	王飞飞	女	22	生产部	工人	1200	3	16

图 15-37　字体名称设置效果

字体的 Name 属性已经详细讲解了，那么接下来了解关于字体 Size 大小属性。首先来了解字体的单位：

Excel 中的字号是以磅为单位的，这个字号在 Word、Excel 中均遵循下面的规定：初号=42 磅、小初=36 磅、一号=26 磅、小一=24 磅、二号=22 磅、小二=18 磅、三号=16 磅、小三=15 磅、四号=14 磅、小四=12 磅、五号=10.5 磅、小五=9 磅、六号=7.5 磅、小六=6.5 磅、七号=5.5 磅、八号=5 磅。

在设定字体的时候，往往对字体的多少号比较清楚，但是对磅却不了解，但是设置字体大小时必须要指定磅的数值，了解了字体单位之后，接着通过以下代码来设置字体的大小属性吧。

```
#单元格区域对象
dyg1 = sheet.Range("A5:H10")

#单个单元格对象
dyg2 = sheet.Range("A2")

#打印输出字体对象
print(dyg1.api.Font)

#设置单元格区域对象的字体大小
dyg1.api.Font.Size = 15

#设置单个单元格对象的字体大小
dyg2.api.Font.Size = 5
```

代码运行结果如图 15-38 所示。

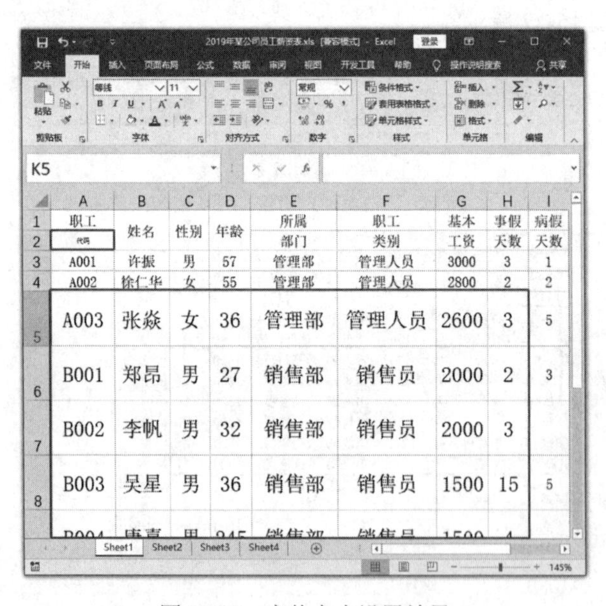

图 15-38　字体大小设置效果

接下来使用 Bold 属性设置字体粗细，字体的粗细对应 2 个数值：True 和 False，True 表示设定字体为粗体，False 表示设定字体为细体。首先看以下代码：

```
#单元格区域对象
dyg1 = sheet.Range("A5:H10")

#单个单元格对象
dyg2 = sheet.Range("A2")

#打印输出字体对象
print(dyg1.api.Font)

#设置单元格区域对象的字体大小
dyg1.api.Font.Bold = True

#设置单个单元格对象的字体大小
dyg2.api.Font.Bole = False
```

执行之后的工作表效果如图 15-39 所示。

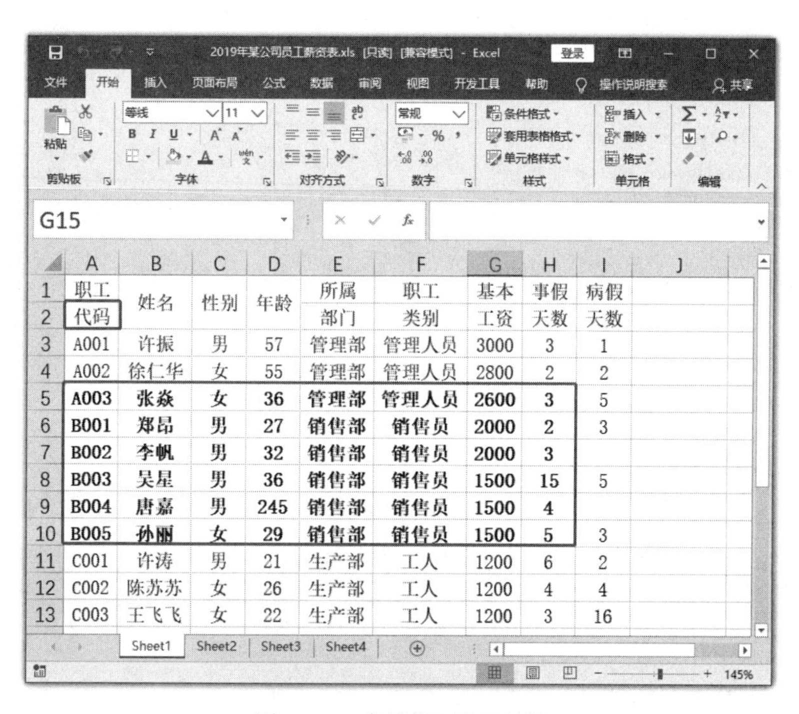

图 15-39　字体粗细设置效果

前面接触过单元格背景的设置，初步了解了颜色的 RGB 表示方式，那么在字体的颜色表示中是否也能使用呢？也就是直接将 RGB 颜色的元组直接复制字体的颜色对象属性，按照以上的思路，先进行代码的测试。

```
#单元格区域对象
dyg1 = sheet.Range("A5:H10")

#单个单元格对象
dyg2 = sheet.Range("A2")

#打印输出字体对象
print(dyg1.api.Font)

#设置单元格区域对象的字体大小
dyg1.api.Font.Color = (23,44,99)

#设置单个单元格对象的字体大小
dyg2.api.Font.Color = (23,144,199)
```

代码运行之后，发现字体的颜色并没有发生变化，不管是单个单元格对象还是单元格区域对象，字体颜色依然是黑色的。RGB 颜色计算的函数可将 RGB 的数值进行转换：颜色值=(65536*b)+(256*g)+(r)。当然，也可以写成这种形式：(2**16)*b+(2**8)*g+r，接着需要将它封装成为一个函数，当一个 RGB 数值元组的时候，会返回一个数据，再将该数据进行赋值的操作，代码如下所示：


```
def get_rgb(r,g,b):
    return (2**16)*b+(2**8)*g+r

#单元格区域对象
dyg1 = sheet.Range("A5:H10")

#单个单元格对象
dyg2 = sheet.Range("A2")

#打印输出字体对象
print(dyg1.api.Font)

#设置单元格区域对象的字体大小
dyg1.api.Font.Color = get_rgb(0,0,205)

#设置单个单元格对象的字体大小
dyg2.api.Font.Color = get_rgb(255,0,0)
```

代码执行结果如图 15-40 所示。

这时会发现字体颜色已经按照所设定好的发生了改变，那么就可以通过这种方式给 Excel 工作表中的内容设定各种颜色。

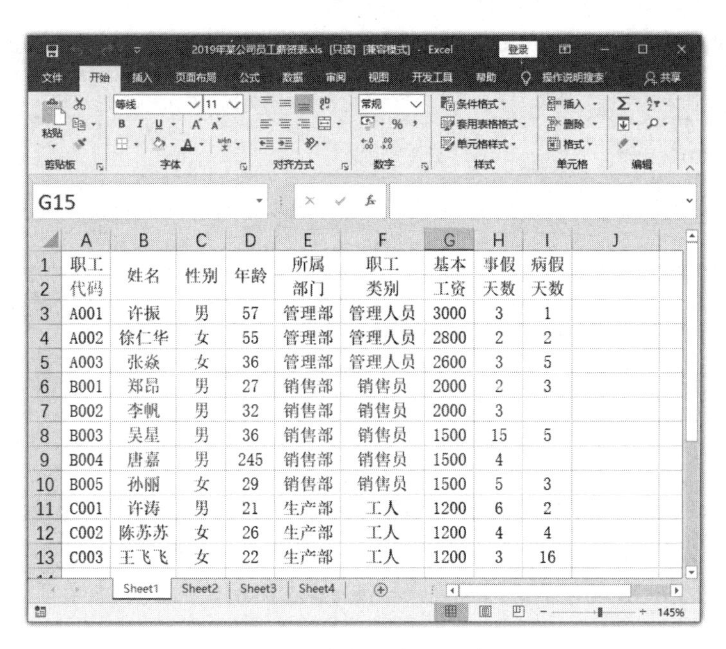

职工代码	姓名	性别	年龄	所属部门	职工类别	基本工资	事假天数	病假天数
A001	许振	男	57	管理部	管理人员	3000	3	1
A002	徐仁华	女	55	管理部	管理人员	2800	2	2
A003	张焱	女	36	管理部	管理人员	2600	3	5
B001	郑昂	男	27	销售部	销售员	2000	2	3
B002	李帆	男	32	销售部	销售员	2000	3	
B003	吴星	男	36	销售部	销售员	1500	15	5
B004	唐嘉	男	245	销售部	销售员	1500	4	
B005	孙丽	女	29	销售部	销售员	1500	5	3
C001	许涛	男	21	生产部	工人	1200	6	2
C002	陈苏苏	女	26	生产部	工人	1200	4	4
C003	王飞飞	女	22	生产部	工人	1200	3	16

图 15-40　字体颜色设置效果

15.6.2　设定边界属性

Borders 边界属性：思考单元格对象或单元格区域，都会有哪些边界属性值。

针对于单元格对象来说，有上、下、左、右边界，从单元格左上角到右下角开始的边界，从单元格右下角到左上角开始的边界，一共有 6 个数值，分别使用以下数字代号进行表示，并且可以通过下面的演示图更清楚了解这 6 个边界线所表达的意思。

```
#7 表示左部边框
#8 表示顶部边框
#9 表示底部边框
#10 表示右部边框
#5 表示从左上角到右下角
#6 表示从左下角到右上角
```

如图 15-41 所示。

而针对于单元格区域来说，有上、下、左、右边界，单元格内部垂直边界和水平边界，也有 6 个数值，分别使用以下数字代号进行表示：

```
#7 表示左部边框
#8 表示顶部边框
#9 表示底部边框
#10 表示右部边框
#11 表示内部垂直边框
#12 表示内部水平边框
```

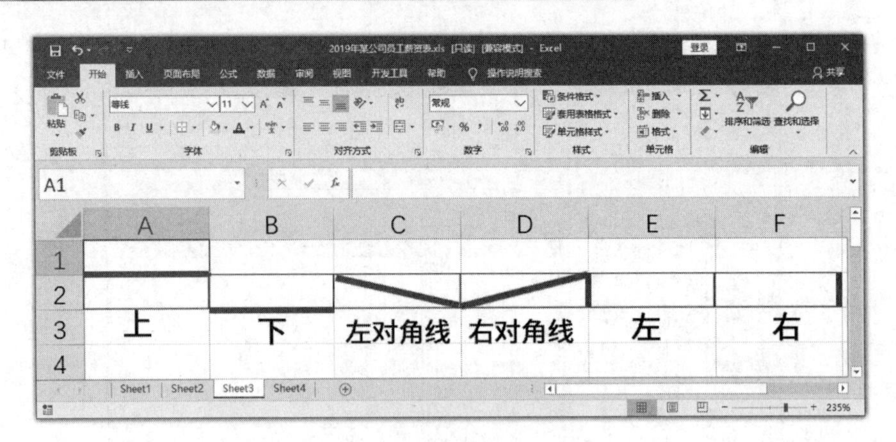

图 15-41　单元格对象边界线演示图

边界线对象有三大属性：边界线的风格、线的粗细和线的颜色。边界线的风格属性为 LineStyle；边界线的粗细属性为 Weight；边界线的颜色属性为 color，其中 color 属性的使用和字体颜色的设定保持一致，都需要将 RGB 颜色值进行转化，如图 15-42 所示。

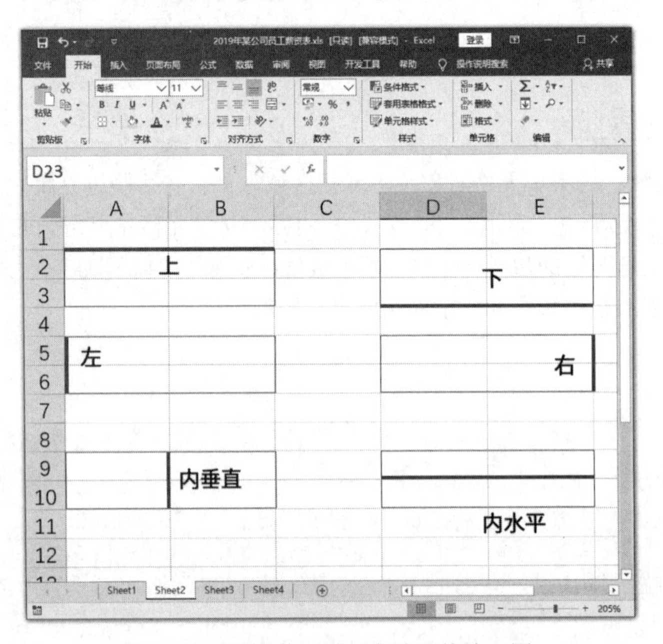

图 15-42　单元格区域对象边界线演示图

接下来在代码中对单元格区域对象的边界进行测试，代码如下所示：

```
def get_rgb(r,g,b):
    return (2**16)*b+(2**8)*g+r

#单元格区域对象
```

```
dyg1 = sheet.Range("A5:H10")

#dyg1 单元格区域对象创建边界
dyg1.api.Borders(8).LineStyle = 1 #上边界
dyg1.api.Borders(8).Weight=1
dyg1.api.Borders(8).color=get_rgb(255,0,0)


dyg1.api.Borders(9).LineStyle = 1 #下边界
dyg1.api.Borders(9).Weight=2
dyg1.api.Borders(9).color=get_rgb(0,255,0)

dyg1.api.Borders(7).LineStyle = 1 #左边界
dyg1.api.Borders(7).Weight=3
dyg1.api.Borders(7).color=get_rgb(0,0,255)

dyg1.api.Borders(10).LineStyle = 1 #右边界
dyg1.api.Borders(10).Weight=1
dyg1.api.Borders(10).color=get_rgb(255,100,0)

dyg1.api.Borders(11).LineStyle = 1 #内垂直
dyg1.api.Borders(11).Weight=2
dyg1.api.Borders(11).color=get_rgb(255,0,255)

dyg1.api.Borders(12).LineStyle = 1 #内水平
dyg1.api.Borders(12).Weight=3
dyg1.api.Borders(12).color=get_rgb(0,0,0)
```

代码运行结果如图 15-43 所示。

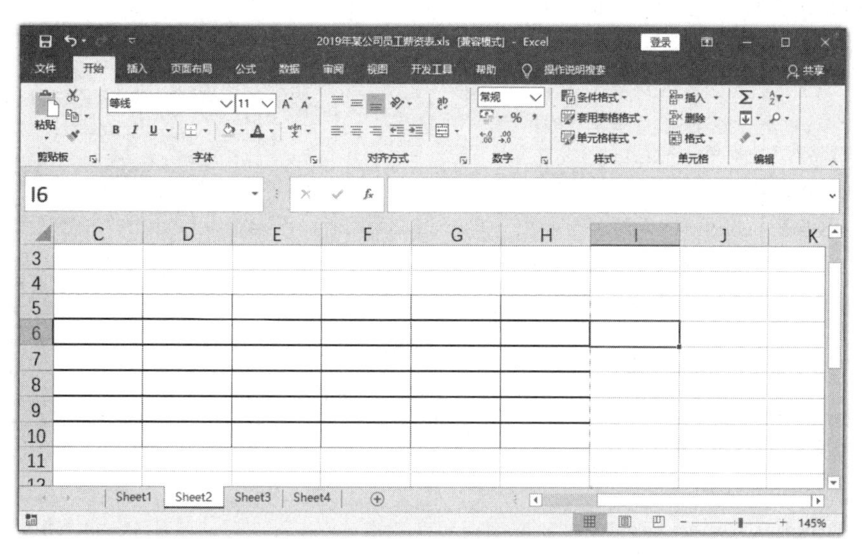

图 15-43　单元格区域对象边界线演示图

从图 15-43 中就能更深层次地了解单元格区域对象边界的相关设置。接下来测试单个单元格对象边界的相关设置，请参考如下代码：

```
#dyg1 单元格对象上边界风格设置
dyg1 = sheet.Range("A2")
dyg1.api.Borders(8).LineStyle = 1 #上边界
dyg1.api.Borders(8).Weight=2
dyg1.api.Borders(8).color=get_rgb(255,0,0)

#dyg2 单元格对象下边界风格设置
dyg2 = sheet.Range("C2")
dyg2.api.Borders(9).LineStyle = 1 #下边界
dyg2.api.Borders(9).Weight=3
dyg2.api.Borders(9).color=get_rgb(0,255,0)

#dyg3 单元格对象左边界风格设置
dyg3 = sheet.Range("E2")
dyg3.api.Borders(7).LineStyle = 1 #左边界
dyg3.api.Borders(7).Weight=3
dyg3.api.Borders(7).color=get_rgb(0,0,255)

#dyg4 单元格对象右边界风格设置
dyg4 = sheet.Range("A4")
dyg4.api.Borders(10).LineStyle = 1 #右边界
dyg4.api.Borders(10).Weight=2
dyg4.api.Borders(10).color=get_rgb(255,100,0)

#dyg5 单元格对象左对角风格设置
dyg5 = sheet.Range("C4")
dyg5.api.Borders(5).LineStyle = 1 #左对角
dyg5.api.Borders(5).Weight=2
dyg5.api.Borders(5).color=get_rgb(255,0,255)

#dyg6 单元格对象右对角风格设置
dyg6 = sheet.Range("E4")
dyg6.api.Borders(6).LineStyle = 1 #右对角
dyg6.api.Borders(6).Weight=3
dyg6.api.Borders(6).color=get_rgb(0,0,0)
```

代码运行结果如图 15-44 所示。

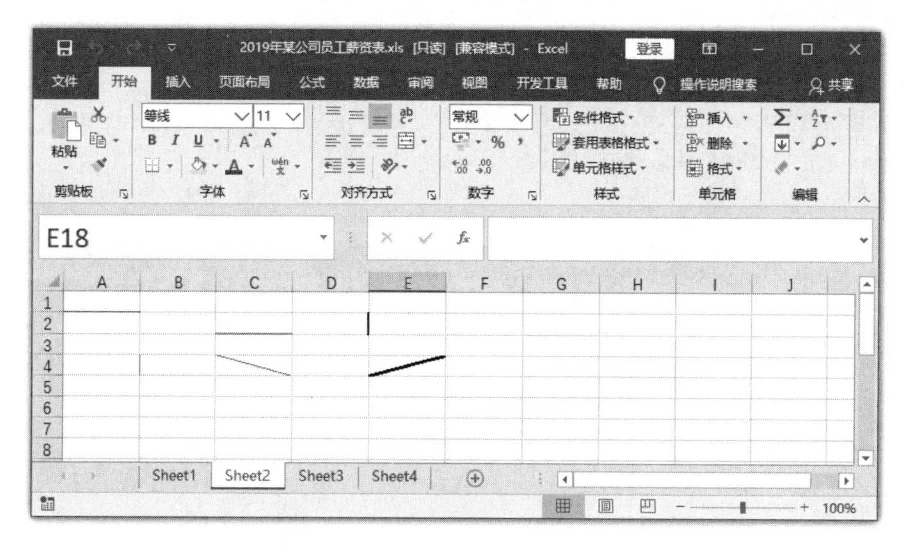

图 15-44 单元格对象边界线演示图

15.6.3 设定对齐属性

关于单元格的对齐方式有水平方向对齐和垂直方向对齐，水平方向对齐包括靠右对齐、居中对齐、靠左对齐；垂直方向对齐包括靠上对齐、居中对齐、靠下对齐。单个单元格区域这种对齐方式意义不大，所以直接使用单元格区域对象进行测试。

测试之前首先要清楚水平方向的对齐方式是什么样子的，如图 15-45 所示。

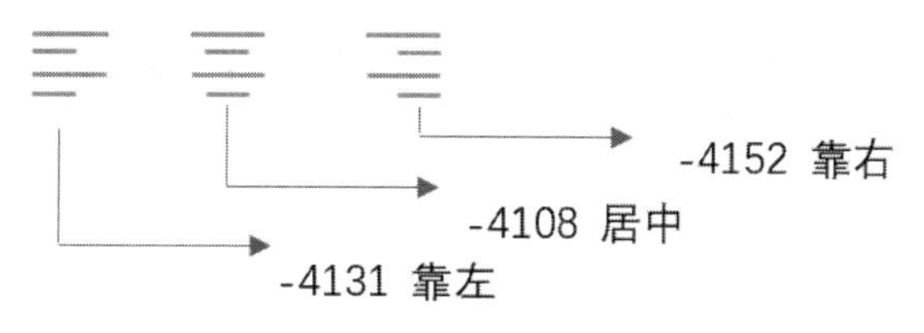

图 15-45 单元格水平对齐

比如要对如图 15-46 所示的 E6 到 G8 单元格区域进行操作，需要操作的区域有足够的单元格宽度和高度空间才能更好地观察，代码运行效果如图 15-47 所示。

```
#创建单元格区域对象 dyg1
dyg1 = sheet.Range("E6:G6")
#给单元格区域对象属性重新赋值（靠左位置）
dyg1.api.HorizontalAlignment = -4152

#创建单元格区域对象 dyg2
dyg2 = sheet.Range("E7:G7")
#给单元格区域对象属性重新赋值（居中位置）
```

```
dyg2.api.HorizontalAlignment = -4108

#创建单元格区域对象 dyg3
dyg3 = sheet.Range("E8:G8")
#给单元格区域对象属性重新赋值（靠右位置）
dyg3.api.HorizontalAlignment = -4131
```

图 15-46　原始单元格样式

图 15-47　水平对齐单元格样式效果

垂直方向对齐包括靠上对齐、居中对齐、靠下对齐。测试之前首先要清楚垂直方向的对齐方式是什么样子的，如图 15-48 所示。

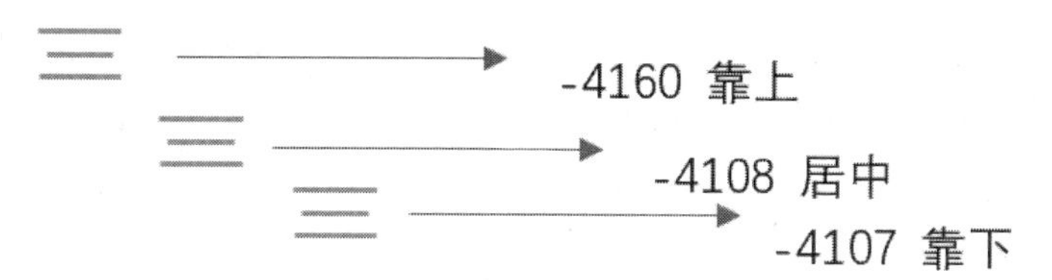

图 15-48　单元格垂直对齐

```
#创建单元格区域对象 dyg1
dyg1 = sheet.Range("E6:G6")
#给单元格区域对象属性重新赋值（靠上位置）
dyg1.api.VerticalAlignment = -4160

#创建单元格区域对象 dyg2
dyg2 = sheet.Range("E7:G7")
#给单元格区域对象属性重新赋值（居中位置）
dyg2.api.VerticalAlignment = -4108

#创建单元格区域对象 dyg3
dyg3 = sheet.Range("E8:G8")
#给单元格区域对象属性重新赋值（靠下位置）
dyg3.api.VerticalAlignment = -4107
```

代码运行效果如图 15-49 所示。

图 15-49　垂直对齐单元格样式效果

15.7 总结回顾

本章学习了 xlwings 第三方库的安装，以及如何与 Excel 工作簿建立连接，如保存和关闭工作簿。在这个过程中介绍了对工作表单元格数据的读写操作，了解了 xlwings 库的工作原理和 App、Workbook、Sheet、Range 对象所对应的 API。通过这些 API 的操作，目前已经可以对工作表数据进行各种各样的处理。

15.8 小试牛刀

1．使用 xlwings 模块创建一个工作簿命名为“业绩考核”，在该工作簿下创建一个工作表，命名为“1 月份考核表”，将以下数据写入到相应的工作表中，并自定义一种比较美观的表格样式风格。

```
["序号","姓名","性别","年龄","职业","业绩"]
[
[1,"小鱼","女",22,"导师",78],
[2,"菲菲","男",21,"讲师",45]
[3,"茉莉","女",23,"管理员",78]
[4,"嘻嘻","女",22,"网站设计",77]
[5,"星星","男",23,"UI 设计",78]
[6,"乐乐","女",22,"教育达人",90]
[7,"朱朱","女",21,"学生",29]
[8,"皮皮","男",24,"班主任",56]
[9,"东东","男",21,"形象设计师",99]
]
```

2．改写以上工作表数据，使用将业绩栏序号从 1～9，依次更改为：[89,99,98,78,77,88,99,94,85]。

3．一次性批量创建 10 个工作簿文件，工作簿文件命名为：优频课+编号，编号可以是 5 位数字的随机数，在每个工作簿中创建 12 个薪资表，分别是 1 月份薪资表、2 月份薪资表、3 月份薪资表等，依此类推。

第16章 Excel自动化处理实战

本章学习目标

- 了解 xlwings 库使用方式。
- 掌握 Python 文件打包。
- 熟练掌握编程的思路。
- 综合能力提升。

本章首先给读者展示一个日常生活中的一个简单使用案例——超市扫码记账系统，将每次获取到的数据写入到 Excel 工作表中，将 Excel 工作簿当成一个小型的数据库来进行操作。接着讲解如何进行文件打包，以便于将打包的文件运行在没有 Python 编译环境的计算机中，最后通过一个数据筛选的工作案例实现对 Excel 工作表数据的相关操作。

16.1 超市扫码记账系统案例

超市扫码记账案例

16.1.1 案例简介

本次案例为自动营销记账，在 Python idle 中输入数据，实现数据的输入，保证能获得用户所输入的数值，再将用户输入的数据写入程序所生成的 Excel 表格中。首先为了获取数据，需要使用 input 函数命令来获取数据：

```
print("请如下格式输入售卖信息：")
print("苹果 2.5 45")
str_value = input("请输入：")
```

这是数据的获取方式，但是所需要的数据是大量的、依次输入的数据，所以需要进行一个 while 循环语句以便于进行数据的获取。当使用 while 循环语句时，为避免造成死循环，需要对变量进行赋值。先创建一个 flag 变量，并将 True 值赋值给 flag，以便于后续终止循环。

```
flag = True
while flag:
    #循环获取用户输入
    print("请如下格式输入售卖信息：")
    print("苹果 2.5 45")
    str_value = input("请输入：")
```

在循环语句中，需要设置循环条件，当输入“保存”时，将数据进行保存、关闭、退出 Excel，并使循环停止。否则将对数据进行分割处理，并将输入的数据变换成字符串形式，然后将数据通过传参的方式传递到所定义的 input_data 函数中。

```
if str_value == "保存":
        #保存工作簿
        workbook.save("销售记录单.xls")
        #关闭工作簿
        workbook.close()
        #退出工作簿
        app.quit()
        Flag = False
else:
        str_value_list = str_value.split(" ")
        input_data(str_value_list)
```


因为程序是自上而下依次运行，所以 input_data 函数需要放在循环语句的上方以便于程序的正确运行。编写的程序需要用到 xlwings 第三方库和 datetime 标准库。xlwings 库是用于读写 Excel 的第三方开源库，datetime 库是 Python 自带的可以读写时间日期的标准库。

```
import xlwings as wx
import datetime
#创建新的工作簿
app = wx.App(visible=True,add_book = False)
workbook = app.books.add()
```

在创建新的工作表时，如果希望工作表名可以按照当天的月份和日期作为工作表名，首先需要通过导入使用 datetime 标准库，在创建新的工作表时，通过字符串的拼接，将月份与日期转变为字符串类型数据，赋值给新创建的变量 time_str，再创建一个新的工作表，并以 time_str 变量命名为工作表的名字。

```
#创建时间名称
day= dt.datetime.now().day
month = dt.datetime.now().month
time_str = str(month)+"月"+str(day)+"日"
#创建新的工作表
workbook.sheets.add(time_str)
```

在使用程序打开并创建一个新的 Excel 工作簿后，需要对工作簿中的工作表进行格式设计，这些都是可以通过 Python 实现的。定义一个新的函数用来进行工作表的格式设计，参考如下代码：

```
def sheetStyle():
    #创建区域单元格对象
    fg1 = sheet.Range("A1:D1")
    #合并该对象
    fg1.api.merge()
    #进行赋值操作
    fg1.value = "优频课超市营销记录"
    #调整字体大小
    fg1.api.Font.Size = 25
    #调整对齐方式
    fg1.api.HorizontalAlignment = -4108
    fg1.row_height = 38
```

上述代码中，通过封装函数的方式将格式设计的具体实现代码进行了编写，其中 fg1 表示所选中的单元格区域对象，fg1 对象调用 api 属性和 merge 函数，表示将该区域对象进行合并，接着通过 value 属性对其进行赋值的操作，这里以“优频课超市营销记录”字符串为例，并且通过依次调用 api 属性、Font 属性和 Size 属性，对该单元格对象的字体大小进行了设定。最后通过 fg1 的 api 属性和 HorizontalAlignment 属性进行了赋值操作，将 fg1 的字体对象进行了居中调整，通过 row_height 行高属性进行了调整。调整之后整个效果如图 16-1 所示。

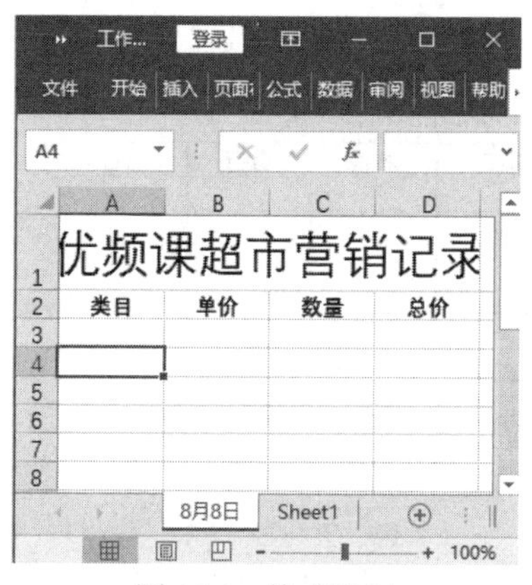

图 16-1　格式控制

```
    #创建区域单元格对象
    fg2 = sheet.Range("A2:D2")
    fg2.value = ["类目","单价","数量","总价"]
    #调整对齐方式
    fg2.api.HorizontalAlignment = -4108
    fg2.api.Font.Bold = True
```

fg2 表示所选择的单元格区域对象，fg2 对象调用 value 属性对其进行赋值的操作，这里以“类目”“单价”“数量”“总价”列表为例，对列表里的字符串进行分配输入。并且通过依次调用 api 属性、Font 属性和 Size 属性，对该单元格对象的字体大小进行了设定。然后通过 fg2 的 api 属性和 HorizontalAlignment 属性进行了赋值操作，将 fg2 的字体对象进行了居中调整，通过 row_height 行高属性进行了调整。

```
#设定边界线
#创建区域单元格对象
fg3 = sheet.Range("A1:D100")
#内部边框垂直
fg3.api.Borders(11).LineStyle = 1
fg3.api.Borders(11).Weight = 2
#内部边框水平
fg3.api.Borders(12).LineStyle = 1
fg3.api.Borders(12).Weight = 2
```

最后还需要对表格的边界线与内部的边框进行设置，fg3 表示所选择的单元格区域对象，通过 fg3 的 api 属性和 Borders 属性进行单元格的边框设置。当对表格的格式设置完成后，整个 Excel 表格效果如图 16-2 所示。

图 16-2　边框设置

将数据导入到 Excel 表格中，需要定义一个 input_data 函数，用于将获得的数据进行处理计算。

```
def input_data(str_value_list):
    for i in Range(3,100):
        str_addredd = "A"+str(i)
        end_addredd = "D"+str(i)
```

先定义一个 input_data 函数，函数的对象为之前设置过的 str_value_list 变量，设置一个 for 循环遍历语句，从 3 开始到 100 结束，分别将 Ai、Di 赋值给 str_addredd、end_addredd 变量。

建立一个 if 循环语句，设置循环条件，当单元格内的内容为空时，开始写入数据，数据写入完成后，使用 break 命令结束循环。当单元格的内容不为空时，使用 continue 命令，结束这一次的循环，开始下一次的循环。

```
if sheet.Range(str_addredd).value == None:
#写入数据
    sheet.Range(str_addredd).value=str_value_list
sheet.Range(end_addredd).value=float(str_value_list[1])*(str_value_list[2])
sheet.Range(str_addredd+":"+end_addredd).api.HorizontalAlignment = -4108
    break
else:
     continue
```

使用 if 循环语句和 value 属性来判别 str_addredd 变量的内容是否为空，当 str_addredd 内容为空时，将之前设置的 str_value_list 变量的值读取到 str_addredd 变量中，同理将 str_value_list 列表中的第二个值和第三个值相乘后读取到 end_addredd 变量中，再使用 value 属性把处理好的数据写入到 Excel 中。

此时已经完成了所有的相关代码工作，整个程序的效果如图 16-3 所示。

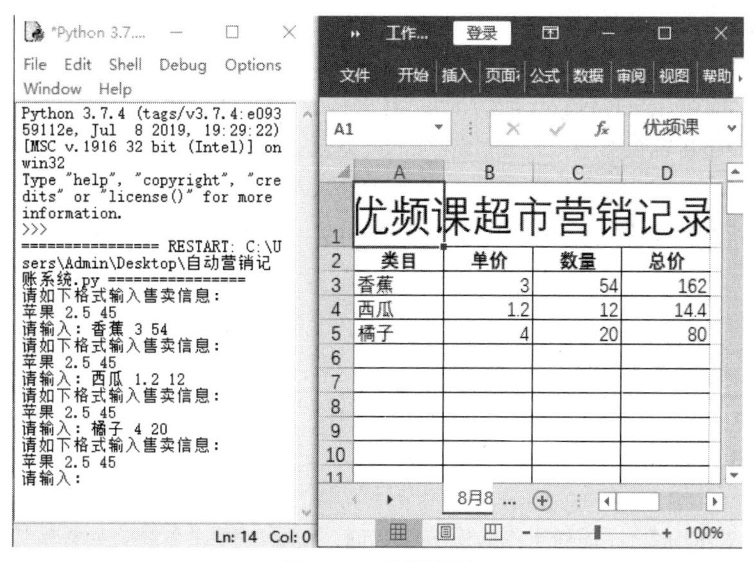

图 16-3　效果演示

16.1.2　文件的打包

py 文件的运行是需要安装 Python 环境的，如果在没有 Python 环境的情况下依然希望运行 py 文件，将 py 文件进行打包为可执行的 exe 文件即可（仅 Windows 系统可运行）。

Pyinstaller 是一个第三方工具包，需要通过包管理工具 pip 来进行下载。

下载完毕后将压缩包进行解压、打开，之后打开里面的应用程序即可。再按 Win+R 打开 cmd

命令行，输入 pip install pyinstaller 命令即可进行安装。

安装完毕后，就可以对 py 文件进行打包。以要打包“自动营销记账.py”为例，首先新建一个空白文件夹，将要打包的“自动营销记账.py”文件放入文件夹中，打开文件夹，清空文件夹目录，在文件夹目录中输入 cmd，即可直接打开 cmd 命令行，cmd 已经进入到桌面新建的文件夹中，输入“pyinstaller 自动营销记账.py”命令（需要注意的是文件名字后面的格式后缀也要写上去），执行命令后将在新建文件夹中生成打包文件。程序执行完成后，找到 dist 文件夹，打开“自动营销记账”文件夹，此时里面生成了很多文件，找到并打开里面的 exe 程序，此时已经将之前编写好的“自动营销记账.py”程序打包成了 exe 程序。当需要把编写的程序发给他人时，需要将 dist 里面的整个“自动营销记账”文件夹发过去，仅仅将 exe 程序发给对方，程序将无法正常运行。

除此之外还有更加简便的方法，整个执行过程和之前一样，但是在 cmd 的命令行中输入的命令改为“pyinstaller -F 自动营销记账.py”，运行完成后，打开新建文件夹中的 dist 文件夹，此时，里面只有一个 exe 程序，打开即可正常运行。

16.1.3 exe 文件图标设计

exe 文件图标的设计需要用到“迅捷 pdf 转换器”工具将图片转换为.icon 格式，否则无法运行，读者可自行下载。

exe 文件图标的设计与打包程序前的准备操作一样，不过需要单独准备一张作为图标的图片，将图片放入到迅捷 pdf 转换器中，使图片转为.icon 格式。在新建文件中放入要打包的图片和文件，打开文件夹，清空文件夹目录，在文件夹目录中输入 cmd，即可直接打开 cmd 命令行，输入“pyinstaller -F -i 图片文件名.icon 要打包的文件名.py”命令，即可在新建文件夹中将程序与图片一起打包为 exe。

16.2 工作簿数据筛选

工作簿数据筛选

16.2.1 案例思路分析

因为大家的工作场景、Excel 工作问题各有不同，很难通过一个案例去恰如其分地解决大家工作当中的问题，此处仅模拟了以华为奖励为背景的场景。以这个场景中的某些特定的工作问题为例，尝试如何处理，从这个案例中获得更多的项目经验。

某公司奖励模拟案例：模拟数据为某公司每个月对中国 23 个省、4 个直辖市、5 个自治区的部分员工，根据级别、学历、等资质条件进行奖励。

问题设置：青海省全年有多少人获得多少奖金？将获得奖金的全部放到另外一个新创建的青海省的表格中。

思路分析：首先应该创建实例应用，然后打开原来的工作簿，在原来的工作簿中新建一个工作表，对原来的数据进行筛选并将符合条件的数据添加到新建工作表中，最后保存并退出程序，如图 16-4 所示。

图 16-4　思路分析

16.2.2　模拟数据实现

首先需要模拟一段数据，数据如图 16-5 所示，分为姓名列、学历列、薪资列、地区列，这 4 列数据都是虚拟的，所以需要通过代码进行自动生成。

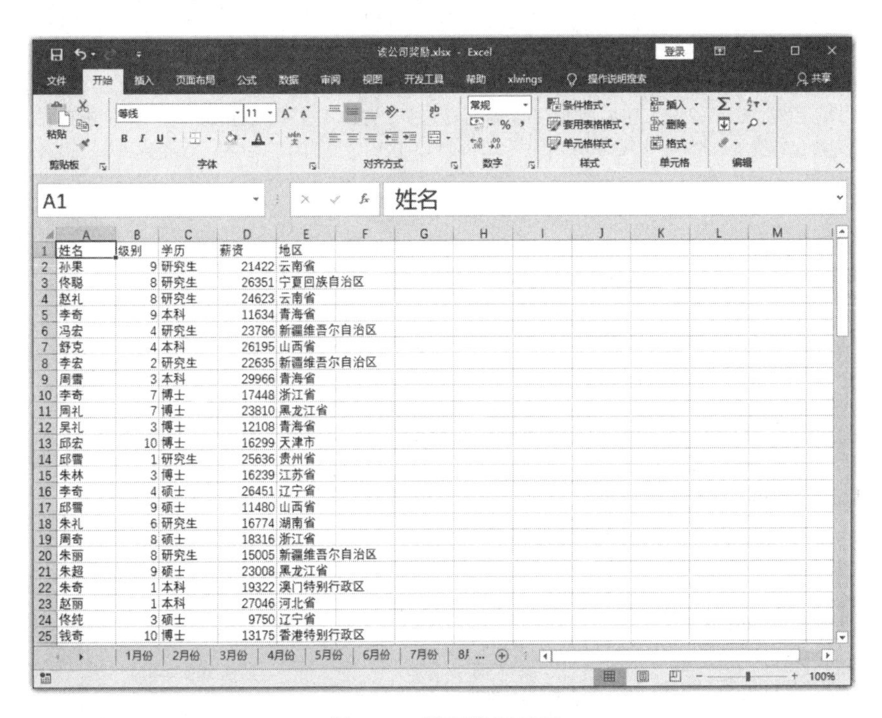

图 16-5　模拟数据展示

数据模拟不是本书讲解的重点，这里只需简单了解即可，代码如下所示：

```
import xlwings as xw
import random
import time

#创建工作簿
```

```
app = xw.App(visible = True,add_book = False)

#在实例中创建工作簿
wb=app.books.add()

#在工作簿中创建工作表
excellist = []
flag = 12
for i in Range(12):
    Excelbook = wb.sheets.add(str(flag)+"月份")
    excellist.append(Excelbook)
    flag -= 1

#模拟数据
firstname = ["张","龙","赵","钱","孙","李","王","周","吴","邱","舒","佟","冯","陈","朱"]
lastname = ["纯","超","雪","赛","家","丽","礼","林","奇","聪","克","果","宏"]
xueliname = ["本科","硕士","研究生","博士"]
addressname = ['北京市', '天津市', '上海市', '重庆市', '河北省', '山西省', '辽宁省', '吉林省', '黑龙江省', '江苏省', '浙江省', '
安徽省', '福建省', '江西省', '山东省', '河南省', '湖北省', '湖南省', '广东省', '海南省', '四川省', '贵州省', '云南省', '陕西省', '甘肃
省', '青海省', '台湾省', '内蒙古自治区', '广西壮族自治区', '西藏自治区', '宁夏回族自治区', '新疆维吾尔自治区', '香港特别行政
区', '澳门特别行政区']

#添加随机信息
def adddata(Excel):

    Excel.Range("A1:F1").value = ["姓名","贡献级别","学历","奖励","地区"]

    for i in Range(2,100):
        name = random.choice(firstname)+random.choice(lastname)
        level = random.randint(1,10)
        xueli = random.choice(xueliname)
        xinzi = random.randint(9000,30000)
        address = random.choice(addressname)
        newlist_value = [name,level,xueli,xinzi,address]

        newRange = "A"+str(i)+":"+"F"+str(i)
        Excel.Range(newRange).value = newlist_value

#删除 sheet1 工作表
for i in wb.sheets:
    if i.name == "Sheet1":
        i.delete()

#遍历工作表/并删除指定工作表
for Excel in wb.sheets:
    adddata(Excel)
```

```
    time.sleep(2)

#对数据进行保存，并关闭工作簿
wb.save('华为奖励表.xlsx')
wb.close()
app.quit()
```

16.2.3　实现数据筛选

程序执行之后，就会将设定好的每列随机数据加载到工作簿中，接下来就要使用该工作簿中的数据，如何使用工作簿中的数据呢？参考如下代码，并对每段代码进行详细讲解。

```
import xlwings as xw
app=xw.App(visible=True,add_book=False)
workbook = app.books.open("华为奖励.xlsx")
#获取所有的表格
sheets_list = workbook.sheets
#新增表格
qxs_Excel = workbook.sheets.add("青海省")
```

首先导入 xlwings 库，并将 xlwings 库简写为 xw，再使用 App 属性打开 Excel 应用，然后打开原有的工作簿，并且使用 sheets 属性将所有的表格数据赋值给新建的 sheets_list 变量用于获取所有的工作表，最后再新增工作表命名为“青海省”并赋值给 qxs_Excel。为了避免 sheets_list 变量将 qxs_Excel 的数据也进行获取，需要将 sheets_list 变量放到 qxs_Excel 变量的上方。

对原有的数据进行筛选，找出符合条件的将其导入到新创建的“青海省”工作表中。

```
#将数据添加到列表中
Range_value_list = []
def readRange(Excel):
    for i in Range(2,100):
        #单个表格字符串
        str_sheet = "E"+str(i)
        #整行表格字符串
        str_sheet1 = "A"+str(i)+":"+"E"+str(i)
        str_value_sheet = Excel.Range(str_sheet).value
        if str_value_sheet == "青海省":
            str_value_row = Excel.Range(str_sheet1).value
            Range_value_list.append(str_value_row)
```

创建名为 Range_value_list 的空白列表用于接受符合条件的数据，再定义一个 readRange 函数来挑选出符合要求的数据，在定义的 readRange 函数中，建立 for 循环，建立 str_sheet 变量和 str_sheet1 变量分别代表工作表中的 E 列和从 A 列到对应的 E 列的数据。新建 str_value_sheet 变量用于获取 str_sheet 变量中的内容，使用 if 函数来判别 str_value_sheet 中的内容是否符合判定条件，将 str_sheet1 变量中的值赋值给新建的 str_value_row 变量，再将 str_value_row 变量中的值添加到 Range_value_list 列表中。

```
for Excel in sheets_list:
    readRange(Excel)
#数据添加
qxs_Excel.Range("A1:F1").value = ["姓名","级别","学历","薪资","地址"]
flag = 1
for i in Range_value_list:
    flag += 1
    #整行表格字符串
    str_sheet1 = "A"+str(flag)+":"+"E"+str(flag)
    qxs_Excel.Range(str_sheet1).value = i
```

通过遍历列表 sheets_list，调用 readRange 函数并将 Excel 对象传入进去，接下来添加表头信息，将 A1 到 F1 表格数据赋值为一个列表，然后循环遍历 Range_value_list 列表，并通过变量 flag 进行做标记的操作。每次循环都要先构建单元格赋值范围字符串 str_sheet1，最后在将循环遍历的列表值赋值给该对象调用的 value 属性。

第17章

Word 文档的自动化操作

本章学习目标

- 熟练掌握 Word 文档的创建。
- 熟练掌握段落添加，字体的设置。
- 了解多个文本文件合并到 Word。
- 熟练掌握表格的创建和设定。

本章先向读者介绍 Python 自动化创建 Word 文档，对 Word 文档进行添加段落、设置字体的样式和颜色以及大小等。合并多个文本文件并保存到 Word 文档中，还介绍在 Word 文档中插入表格及数据，以及设置表格的样式。

Python-docx 库的安装

17.1 安装 Python-docx 第三方库

Python-docx 是 Python 的第三方库之一，主要用来对 Word 文档进行相关操作。由于 Python-docx 已经提交给PyPI仓库，所以可以使用 pip 安装，具体如下：用 Win+R 打开运行输入 cmd 单击确认，在命令提示符中输入 pip install Python-docx 进行安装。在安装的过程要注意以下几点：

（1）如果同时安装了 Python 2 和 Python 3，那么 pip 可能不能用，可以使用 pip3 来安装，如下：

```
pip3 install Python-docx
```

（2）Python-docx 也可以使用 easy_install 来安装，如下：

```
easy_install Python-docx
```

（3）如果不能使用 pip 和 easy_install，可以在 PyPI 下载包、解压、运行 setup.py，如下：

```
tar xvzf Python-docx-{version}.tar.gz
cd Python-docx-{version}
Python setup.py install
```

Python-docx 依赖 lxml 包，使用前两种方法会自动安装所需依赖包，第三种方法需要自己手动安装。

安装成功后可以在命令提示符中输入 pip list 进行版本查看。

17.2 创建 Word 文档

17.2.1 创建空白 Word 文档

Word 空白文档创建

1. 创建 Python 文件的方法

创建 Python 文件有以下两种方法：

（1）打开 Python 自带的 IDLE 软件，单击 file→New file 命令，进行编写程序代码，保存文件。注意：为了避免在编写代码时由于其他原因（计算机蓝屏、断电、关闭文件窗口等）导致代码丢失，需要创建文件直接保存，在编写代码过程中养成良好的 Ctrl+S 保存习惯。

（2）直接创建文本文档或者 Word 文档进行重命名，由于 Python 文件的后缀为 py，所以需要将文本文档的 txt 后缀或者 Word 文档的 docx 后缀改为 Python 文件的 py。右击该文件，选择 Edit with IDLE 选项，接着选择 Python 版本，即可打开 Python 文件，就可以开始编写程序，最后按快捷键 F5 运行程序。

2. Python 自动化创建 Word 文档

首先导入安装好的 Python-docx 库，Python-docx 库拥有许多方法，这里用到的是 Document 类，创建 Word 文档代码如下：

```
from docx import Document        #导入库
document = Document()            #创建 word 文档
#加载已存在的 word 文档
#path 可以给绝对路径或者相对路径
document = Document(path)
```

from docx import Document 表示从 docx 模块中导入 Document 类，创建实例化对象 document，如果需要编辑的 Word 文档已存在，则在 Document()中添加 Word 文档路径，路径存在绝对路径和相对路径，绝对路径是确切的地址，如 C:\Windows\addins\xxx.docx.。相对路径就是相对于当前文件的路径，如./A/xxx.docx。

3. 保存文档

打开一个 Word 文档，编辑完后，需要执行保存命令，否则文件内容将会丢失，保存文档的代码如下：

```
#保存文档
document.save(r"./A/放假通知.docx") #./A 表示当前路径下的 A 文件夹，Word 文档的名字为“放假通知”
print("执行完毕")
```

调用 save 方法对文档进行保存，确认代码是否执行完毕，可以通过设定输出语句进行实现。

17.2.2 添加标题、段落和分页符

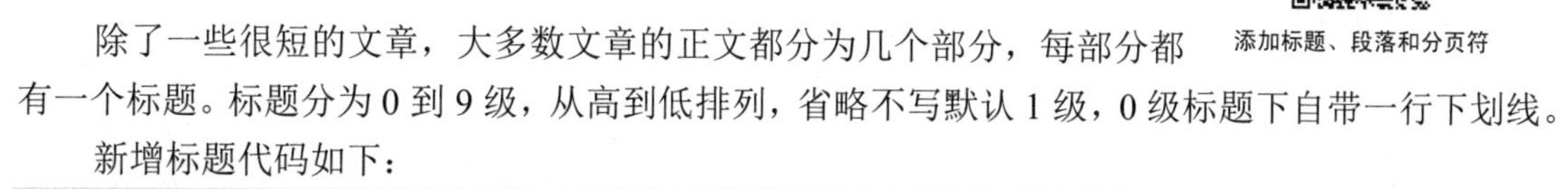

添加标题、段落和分页符

1. 添加标题

除了一些很短的文章，大多数文章的正文都分为几个部分，每部分都有一个标题。标题分为 0 到 9 级，从高到低排列，省略不写默认 1 级，0 级标题下自带一行下划线。

新增标题代码如下：

```
#标题添加问题
document.add_heading("我是默认 1 级标题")
document.add_heading("我是 0 级标题",0)
document.add_heading("我是 1 级标题",1)
document.add_heading("我是 2 级标题",2)
document.add_heading("我是 3 级标题",3)
```

添加标题调用 document 的 add_heading 方法，设置需要添加的标题及标题等级。在标题添加代码 add_heading("标题内容",int)中，int 是整数 0 到 9，0 级是最高级别，9 级是最低级别，默认级别为 1 级，使用 0 级时会附带下划线样式。在文章中，一级标题为文章的大标题，其次依次使用二级、三级标题。level 是 add_heading 方法的属性，level=2 表示 2 级标题，level 可写可不写。此时已完成创建标题的相关代码工作，整个程序的效果如图 17-1 所示。

我是默认 1 级标题

我是 0 级标题

我是 1 级标题

我是 2 级标题

我是 3 级标题

图 17-1　效果演示

2. 添加段落

在 Word 文档中，段落是最常见的，是构建文章的基础，创建段落的代码如下：

```
paragraph = document.add_paragraph("我是 A 段落")
paragraph = document.add_paragraph("我是 B 段落")
```

用 add_paragraph 方法添加段落，输入段落内容，可以直接写入字符串，或者用 text 参数设置

段落的内容，如 paragraph = document.add_paragraph(text='这是第一个段落')。仅插入段落不对其进行样式设置，段落内容将会与左边距对齐。效果如图 17-2 所示。

我是 A 段落

我是 B 段落

图 17-2　添加段落效果图

将此段落插入到上一个段落前面，代码如下：

```
prior_paragraph = paragraph.insert_paragraph_before('我会将段落插入在我上一个段落上面')
paragraph = document.add_paragraph("我是 C 段落")
```

paragraph.insert_paragraph_before 方法可以根据单词字面意思理解，在段落之前插入一个段落，默认情况下在最后一个段落之前添加一个段落，效果如图 17-3 所示。

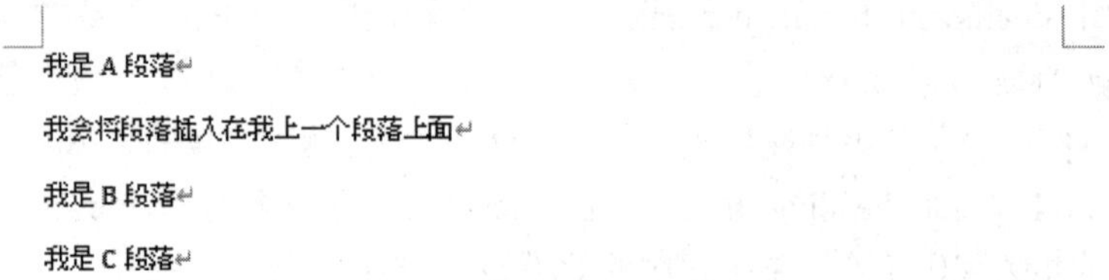

我是 A 段落

我会将段落插入在我上一个段落上面

我是 B 段落

我是 C 段落

图 17-3　插入段落效果图

如果在其他段落之前添加段落用 paragraphs 获取段落下标，再针对某一个段落之前插入。例如：共有 5 个段落，需要在第二个段落之前插入一个段落，代码如下：

```
para = document.paragraphs[1]
para.insert_paragraph_before("Hello World")
```

当需要在段落后面追加内容时，用 paragraph.add_run('追加的内容')对段落继续进行编辑。

3. 添加分页符

当前页面内容未满或已满，而想把接下来的内容放在下一页时，需要用到分页符，添加一个分页符的代码如下：

```
#这是一个分页符，用来断开页面
document.add_page_break()
paragraph = document.add_paragraph("因为上面有分页符，所以我们自动加入到下一页")
```

add_page_break 是添加分页符，为了能清晰看到已经成功添加一个分页符，在此处添加一个段落。为了清晰显示分页符的存在，添加一个 0 级标题并将上述代码中段落内容换成文章内容，效果如图 17-4 所示。

我是默认 1 级标题

我是 0 级标题

我是 1 级标题

我是 2 级标题

我是 3 级标题

我是 A 段落

我会将段落插入在我上一个段落上面

我是 B 段落

我是 C 段落

精彩极了，糟糕透了

记得七八岁的时候，我写了一首诗。母亲一念完那首诗，眼睛亮亮地，兴奋地嚷道："巴迪，这真是你写的字吗）多美的诗啊！精彩极了！"她搂住了我，赞扬声雨点般地落在我上。我既腼腆又得意洋洋，点头告诉她这首诗确实是我写的。她高兴得再次拥抱我。

"妈妈，爸爸下午什么时候回来？"我红着脸问。我有点迫不及待，想立刻让父亲看看我写的诗。"他晚上七点钟回来。"母亲摸着我的脑袋，笑着说。

整个下午，我用最漂亮的花体字把诗认认真真地重新誊写了一遍，还用彩色笔在它周围描上了一圈花边。将近七点钟的时候，我悄悄走进饭厅，满怀信心地把它平平整整地放在餐桌父亲的位置上。

图 17-4　添加分页符

17.3　设置 Word 中图片和字体

设置 Word 中的图片

17.3.1　操作图片

1．添加图片

Word 文档中添加图片是常规操作，添加图片之前先创建 Python 文件，导入库，保存文档。添加图片代码如下：

```
#导入库
from docx import Document
document = Document()
document.add_picture("./A/糟糕透了精彩极了.png")
#保存文档
document.save(r"./A/放假通知.docx")
print("执行完毕")
```

上述代码中调用 add_picture 方法添加图片，输入图片的路径，将图片添加在放假通知文档中，仅添加图片不对其进行尺寸、位置设置，图片默认与 Word 左边距对齐并且大小不变，如图 17-5 所示。

图 17-5　插入图片效果与原始图片对比

2. 设置图片尺寸

通过上面图片对比发现，对图片尺寸设置是必要的。设置图片尺寸需要导入尺寸类，在 add_picture 方法中设置图片的尺寸大小，代码如下：

```
#导入尺寸类
from docx.shared import Inches
#添加图片：设定图片宽高比例设置
#设置宽，高会自适应，不管图片怎样，都会按照设定的宽度进行拉伸
document.add_picture(r"./A/糟糕透了精彩极了.png",width=Inches(6))
```

自定义图片尺寸，Inches 是英尺的意思，当使用 Inches 对象时必须导入尺寸类，否则程序会报错，找不到 Inches。width 是 add_picture 的一个属性，控制图片的宽度，Inches(6)表示尺寸，是一个值，并赋值给 width，从而修改图片的大小，当 Inches 中的值为 6 时，表示将图片铺满 Word 文档的横向界面，Inches 的值不同，图片的高度会自适应，按照设定的宽度进行拉伸。可以自定义设置图片的高度，在 width 后面添加 height=Inches(2)，height 表示图片的高度，根据需求修改 Inches 中的值，Inches 的值可以为小数，建议仅定义宽度即可。效果如图 17-6 所示。

图 17-6　设置图片大小

3. 设置图片位置

通常来讲，添加图片时，图片的位置默认与 Word 左边距对齐，因此要根据自己的需求设置图片的位置。设置图片位置代码如下：

```
#导入位置类
from docx.enum.text import WD_ALIGN_PARAGRAPH
#添加图片：图片位置默认靠左，设定图片位置：LEFT CENTER RIGHT
image_p = document.add_paragraph()
image_run = image_p.add_run()
image_run.add_picture(r"./A/糟糕透了精彩极了.png",width=Inches(3))
image_p.alignment = WD_ALIGN_PARAGRAPH.CENTER
```

设置图片位置需要导入位置类，创建 image_p 空段落的对象，然后调用 add_run()函数，返回一个对象 image_run，再通过 image_run 对象调用 add_picture 方法设置图片的大小，用 image_p 调用 alignment 属性并给其赋值，WD_ALIGN_PARAGRAPH 是一个大写的常量，CENTER 是中心的意思，也可以设置为 LEFT、RIGHT（靠左、靠右）。效果如图 17-7 所示。

图 17-7　所示插入图片效果演示

设置 Word 中的字体

17.3.2　设置文档字体

1. 设置部分字体大小和样式颜色

由于 Python-docx 是外国研发的第三方库，导致对中文兼容性较差，在操作 Word 文档时部分字体大小和样式颜色会出现差异，需要用程序对这些字体重新进行设置。具体代码如下：

```
from docx import Document
from docx.oxml.ns import qn
from docx.shared import Pt
from docx.shared import RGBColor              #设置字体颜色
#创建 word 对象
document = Document()
#在一个段落中放置不同的字体样式。
p1 = document.add_paragraph()                 #创建的段落对象
text1 = p1.add_run("我是中文字体 wo shi xi wen zi ti") #将要更改样式的段落字体加载进来
#针对某个字体对象进行设定字体
text1.font.size = Pt(15)                      #设置字体
text1.bold = True                             #字体是否加粗
text1.italic = True                           #字体是否为斜体
text1.underline = True                        #字体是否为下划线
text1.font.color.rgb = RGBColor(250,25,25)  #设置字体颜色
#控制是西文时的字体
text1.font.name = 'Times New Roman'
#控制是中文时的字体
text1.element.rPr.rFonts.set(qn('w:eastAsia'), '方正超粗黑简体')
#我是新的段落，以上设置对我没有影响
p2 =Word.add_paragraph("君不见黄河之水天上来，奔流到海不复回。")
p3 =Word.add_paragraph("举头望明月，低头思故乡。")
#保存文档
```

```
document.save(r"./A/测试 1.docx")
print("执行完毕")
```

在日常生活中，经常需要调整文档中部分字体，比如修改一篇论文或文章时，需要对部分字体进行重新设置。设置字体大小和颜色需要导入相应的模块，设置字体用到 Pt 类，并赋值为 15，通过对象 text1 调用设置字体大小的 font.size 属性进行接收 Pt(15)，15 表示字体的大小，可以换成其他整型数。bold 表示字体是否加粗，采用的是 Boolean 类型，当值为 True 时表示加粗，False 表示不加粗。Italic 表示是否为斜体，当值为 True 时字体为斜体，False 为字体不倾斜。Underline 表示是否加下划线的意思，也是采用 Boolean 类型。字体颜色采用 RGB 颜色值，需要给 RGBColor() 类传递 3 个参数，3 个参数缺一不可。在针对 text1 进行一系列属性和函数的操作时，p2、p3 段落毫无影响。设置字体只有 font.name 还不够，还需要调用 element.rPr.rFonts 的 set()方法，以此来设置中文字体的样式。效果如图 17-8 所示。

我是中文字体wo shi xi wen zi ti

君不见黄河之水天上来，奔流到海不复回。

举头望明月，低头思故乡。

图 17-8　设置部分文档字体效果演示

以上是针对 text1 的操作，下列几行代码针对 text2 进行操作，区别在于 text1 是中英文结合，text2 是只有中文，在此需要注意一点：对中文操作时需要编写字体名称，可以是 Times New Roman，或者是其他的中文字体、西文字体，但必须要有 font.name 的存在，否则程序会报错。具体代码如下：

```
text2.font.size = Pt(30)
#text2.font.name = 'Times New Roman'
text2.font.name = u"黑体"
text2.element.rPr.rFonts.set(qn('w:eastAsia'), u'黑体')
```

2．设置全局字体大小和样式颜色

设置全部正文字体相当于将全文选中直接调整字体大小及颜色。可以使用以下代码直接对文档进行修改：

```
from docx import Document
from docx.oxml.ns import qn
from docx.shared import Pt
#创建 word 对象
document = Document()
#设置指定字体
document.styles['Normal'].font.size = Pt(20)
```

```
document.styles['Normal'].font.name = u'宋体'
document.styles['Normal']._element.rPr.rFonts.set(qn('w:eastAsia'), u'宋体')
#我是新的段落，以上设置对我没有影响
p2 = document.add_paragraph("君不见黄河之水天上来，奔流到海不复回。")
p3 = document.add_paragraph("举头望明月，低头思故乡。")
#保存文档
document.save(r"./A/测试 2.docx")
print("执行完毕")
```

对全部正文字体进行修改需要使用 styles 函数，Normal 表示正文的意思，即对正文进行字体设置，设置正文字体大小、字体样式。用 Heading、table 等各种 Word 对应的样式设置标题和表格。效果如图 17-9 所示。

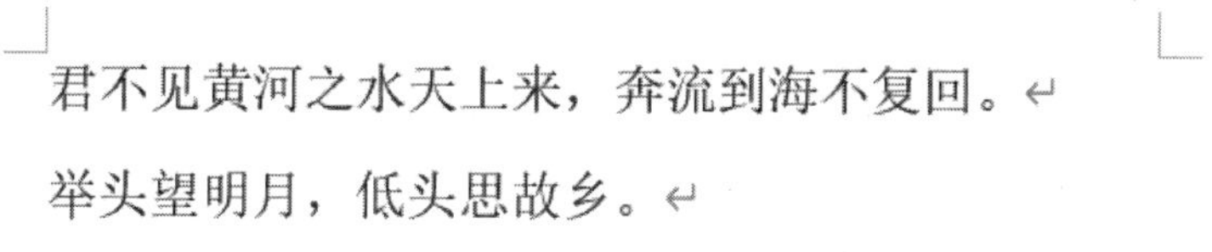

君不见黄河之水天上来，奔流到海不复回。↵

举头望明月，低头思故乡。↵

图 17-9　设置正文文档字体效果演示

17.4　合并多个文本文件到 Word

Word 文本合并

合并多个文本文件到 Word 的思路：

（1）在 Python 文件中导入相应的库。

（2）编写程序执行入口以及函数。

（3）获取目录下的文本。

（4）创建 Word 文档。

（5）读取文档文件，写入 Word 文档，设置指定字体。

将多个文本文件合并到 Word 文档中手动操作比较烦琐，用 Python 脚本文件可以一键合成，提高工作效率。具体代码如下：

```
import os
from docx import Document
from docx.oxml.ns import qn
from docx.shared import Pt
def get_filename(path,filetype):#输入路径、文件类型
    file_name = []
    for root,dirs,files in os.walk(path):
        for i in files:
```

```
            if filetype in i:
                file_name.append(i)
    return file_name #输出由有后缀的文件名组成的列表

#3.写入文档文件
def read_write(file_name):
    #创建 word 对象
    document = Document()
    #设置指定字体
    #document.styles['Normal'].font.name = u'宋体'
    document.styles['Normal']._element.rPr.rFonts.set(qn('w:eastAsia'), u'宋体')
    document.add_heading("pyhon 简介",0)
    for file in file_name:
        path = "./text 文档/"+file
        file_text = open(path,"r",encoding='utf8')
        str_file = file_text.read()
        file_text.close()
        document.add_paragraph(str_file)
    #保存文件
    document.save("./text 文档/合并文件.docx")
    print("已经完成...")

#Python 程序执行入口
if __name__ == "__main__":

    #获取目录下的文本
    file_name = get_filename("./text 文档",".txt")
    #2.读取文档文件并写入
    read_write(file_name)
```

先导入相对应的库，编写 Python 程序执行入口 if __name__ == "__main__"（注意：双下划线），这行代码是固定写法，创建 get_filename()函数，通过 path 路径获取所有.txt 文本文件，使用形参和实参的方法将数据传递。os.walk 是一个生成器，可以通过 for 循环进行遍历，将所有的.txt 文件名添加在 file_name 列表中。创建 word 对象，设置指定的字体和标题，可以设置字体的颜色和大小，根据自己的需求进行自定义。循环遍历打开文本文件，用“r”读取文本文件，文本文件的编码格式为'utf8'，读取数据后需要关闭文本文件，把读取的文件以段落的形式添加在 Word 文档中，最后对 Word 文档进行保存。效果图如图 17-10 所示。

pyhon 简介↵

1.4 Python 的优缺点 优点 1、优雅、明确、简单：这是 Python 的定位，使得 Python 程序看上去简单易懂，初学者容易入门，学习成本更低。但随着学习的不断深入，Python 一样可以胜任复杂场景的开发需求。引用一个说法：Python 的哲学就是简单优雅，尽量写容易看明白的代码，尽量少些代码。 2、开发效率高：Python 作为一门高级语言，具有丰富的第三方库，官方库中也有相应的功能模块支持，覆盖了网络、文件、GUI、数据库、文本等大量内容。因此开发者无需事必躬亲，遇到主流的功能需求时可以直接调用，在基础库的基础上施展拳脚，可以节省很多功夫和时间成本，大大降低开发周期。↵

Python 语言随着大数据和人工智能的发展得到了广泛的关注，随着大数据的落地应用，学习 Python 对于 IT 行业的从业者和普通职场人都有较大的实际意义。↵

Python 语言的语法结构简单清晰，所以比较适合作为第一门编程语言来学习。要想学习 Python 语言需要做好以下几个准备： 第一：制订一个系统的学习计划。虽然 Python 语言相对比较容易，但是学习编程语言一定要注重知识结构的合理性，这样才能比较全面的掌握编程过程。通常来说，在学习 Python 编程之前需要对操作系统和 Web 系统有一个概要的了解，了解编程语言与操作系统之间的关系，这对理解编程语言的抽象概念有重要的意义。随着编程语言学习的深入，操作系统等相关知识也可以同步学习。↵

第二：注重时间安排。编程语言的学习需要一个连续的过程，Python 基本语法的学习对于没有基础的人来说，通常需要 2 到 4 周左右，每天至少要抽出 2 个小时的学习时间。对于职场人来说，要提前做好时间上的规划。↵

第三：注重实践。学习 Python 最好是一边学习理论，一边做验证实验，通过大量的实验逐渐掌握 Python 的编程过程，从而逐渐建立起自己的编程思想，也就是利用 Python 来解决问题的思路。实验的进行通常分为验证性实验和综合性实验，验证性实验主要完成概念的理解，而综合性实验则是每个学习阶段的总结。↵

图 17-10　合并文档到 word

由图 17-10 可知，每一个段落都与左边距对齐，不符合正常的段落格式，可以在添加段落内容时为每一段内容开头添加两个字符的空格，让段落更加美观。

17.5　Word 中插入表格

Word 中插入表格

在 Word 文档中插入表格和数据，由于表格有行和列之分，需要用二维列表存储数据。插入表格，默认没有边界的粗细、线性类型以及线的颜色等，需要自定义表格的属性。具体代码如下：

```
from docx import Document
from docx.oxml.ns import qn
from setborders import set_cell_border
document = Document()
```

```
#创建表格数据
info = [
['笔名','鲁迅'],
['原名','周树人'],
['字','豫才'],
['哪里人','浙江绍兴人'],
['第一篇白话小说','《狂人日记》'],
['小说集','《呐喊》'],
['身份 1','文学家'],
['身份 2','思想家'],
['身份 3','评论家'],
['身份 4','作家'],
['散文集','《朝花夕拾》'],
['散文诗集','《野草》']
]
#设置指定字体
document.styles['Normal'].font.name = u'宋体'
document.styles['Normal']._element.rPr.rFonts.set(qn('w:eastAsia'), u'宋体')
#创建表格
rows = len(info)
clos = len(info[0])
table = document.add_table(rows,clos)
for i in Range(rows):
    for j in Range(clos):
table.cell(i,j).text = info[i][j]
#sz 表示边界的粗细；val 表示线型：单线 single，虚线 dashed，线的颜色 color
set_cell_border(
table.cell(i,j),
top={"sz": 3, "val": "single", "color": "#000000"},
bottom={"sz": 3, "color": "#000000", "val": "single"},
left={"sz": 3, "val": "single"},
right={"sz": 3, "val": "single"}
)
#保存文件
document.save("./A/测试 3.docx")
print("已经完成...")
```

导入创建 Word 文档和设定字体的库，设置表格用到 set_cell_border 函数，已经将该函数封装，直接导入函数调用即可，在此需要将封装好的函数文件和本文件放在一个文件夹中，否则将涉及相对路径和绝对路径的问题。创建 Word 文档，创建表格数据并设定数据的字体，创建表格数据列表涉及列表的嵌套，每一组数据之间需要用逗号隔开，需要对表格熟悉，例如：第几行第几列，根据对应位置方便插入数据。表格的行用 rows 来表示，列用 clos 表示，用 len()函数获取 info 列表的行长度和列长度。创建表格的行数和列数用 add_table 函数，并传入行和列的长度，方便接下来的数据插入。循环插入数据，用 cell 函数可以返回所引用单元格的格式、位置或内容等信息，i、j 变量表示行和列，info[i][j]表示第几行第几列的数据内容。调用 set_cell_border 函数，设置表格的线型、线的粗细和颜色。sz 表示边界的粗细；val 表示线型：单线 single，虚线 dashed，线的颜色 color。对文件进行保存。Word 中表格的设定和数据的插入效果如图 17-11 所示。

笔名	鲁迅
原名	周树人
字	豫才
哪里人	浙江绍兴人
第一篇白话小说	《狂人日记》
小说集	《呐喊》
身份 1	文学家
身份 2	思想家
身份 3	评论家
身份 4	作家
散文集	《朝花夕拾》
散文诗集	《野草》

图 17-11　数据信息表

17.6　总结回顾

本章主要学习了通过 Python-docx 第三方库实现对 Word 的基本操作，其操作包含：创建新 Word 文档，对文档段落、字体、表格、图片进行相应的调整。

17.7　小试牛刀

1．请对以下内容进行操作。

子曰：“学而时习之，不亦说乎？有朋自远方来，不亦乐乎？人不知而不愠，不亦君子乎？”。

子曰：“温故而知新，可以为师矣。”

子曰：“学而不思则罔，思而不学则殆。”

子曰：“由，诲女知之乎！知之为知之，不知为不知，是知也。”

（1）创建新 Word 文档，添加段落内容，每句话是一个段落。

（2）添加标题“《论语十则》”，设置为 0 级标题。

（3）将“知”字设置成红色斜体，并添加下划线，字体大小为 30。

（4）在第二段前添加新段落，内容为“曾子曰：‘吾日三省吾身：为人谋而不忠乎？与朋友交而不信乎？’”。

（5）为第 4 小题的段落内容追加内容“传不习乎？”。

（6）添加图片，设置图片的尺寸和位置。

2．将上述每一段话存入一个文本文件中，并合并到 Word 文档。设置楷体字体，添加一级标题“论语十则之子曰”。

3．创建 Word 文档并创建表格，在表格中插入数据信息，字体为等线，设定表格边界粗细为 5 号红色虚线。

4．提取第一题 Word 文档信息，提取段落和图片。

5．提取第三题表格中前三行数据信息。

6．将下列信息内容进行模板渲染。

	A	B	C	D	E	F	G
1	name	gender	idcard	university	spct	tuition	
2	张三	男	110101199703277846	郑州大学	计算机	13000	
3	杨亮	男	110101196205216896	郑州大学	计算机	13000	
4	舒灵	女	110101198302224125	郑州大学	计算机	13000	
5	杨喜	女	110101197708196004	郑州大学	会计	15000	
6	安小龙	男	110101197605145984	郑州大学	会计	15000	
7	韦洁	男	110101199106205169	郑州大学	会计	15000	
8	司马汉	女	110101198201107335	郑州大学	法律	15000	
9	韦宇	男	110101196609185568	郑州大学	法律	15000	
10	司马燕	女	110101199301116990	郑州大学	法律	15000	
11							

大学生助学贷款申请书

尊敬的领导：

您好！

我是 name ，性别：gender，身份证号：idcard，现就读于 university，spct 专业，学费 tuition 元整，由于高昂的学费为家庭带来了很大负担，在此提出申请，望领导批准！

申请人：name

日期：__年__月__日

第18章 加载源Word文档的操作

本章学习目标

- 熟练掌握源文档内容的读取。
- 熟练掌握paragraphs对象。
- 了解数据存储格式。
- 熟练掌握字典和列表的方法、函数。
- 熟练掌握对工作簿的使用。

本章先向读者介绍对源文档的段落、图片、表格信息的提取，提取xlsx信息表中数据并对Word文档模板进行渲染。

18.1 加载源Word文档

加载源Word文档

对Word文档的读取操作一般包含读取段落、读取表格、提取图片等。不同的内容格式对应不同的读取方法。

1. 读取段落

加载原有文档，获取文档中所有段落信息，以文本形式输出。读取段落代码如下：

```
#导入库
from docx import Document
#加载原有文档，绝对或者相对路径都可以
document = Document(r"./A/Python 简介.docx")
```

```
#读取段落的文字信息
for para in document.paragraphs:
    print(para.text)
print("---------------------")
```

读取所有段落中的文字信息，paragraphs 获取所有段落，按文档顺序排列，返回一个列表。使用 for 循环遍历，调用 text 方法生成字符串类型输出所有段落文字信息。

2. 读取表格

读取表格中数据需要知道表格的行数和列数，循环遍历读取表格中所有数据，具体代码如下：

```
#导入库
from docx import Document
#加载原有文档，绝对或者相对路径都可以
document = Document(r"./A/Python 简介.docx")
#读取段落信息
for table in document.tables:
    rows_value = len(table.rows)
    for i in Range(0,rows_value):
        for cell in table.row_cells(i):
            print(cell.text)
            print("----------------")
```

遍历文档中的所有表格，len()函数获取表格的行数 rows，Range 与 for 配合使用，Range(0,rows_value)表示 0 到 rows_value 的整数列表，循环遍历该列表。for 循环嵌套，用 text 方法提取表格中的数据并输出。

3. 提取图片

安装 docx2python 库，代码为：pip install docx2python。安装成功如图 18-1 所示。

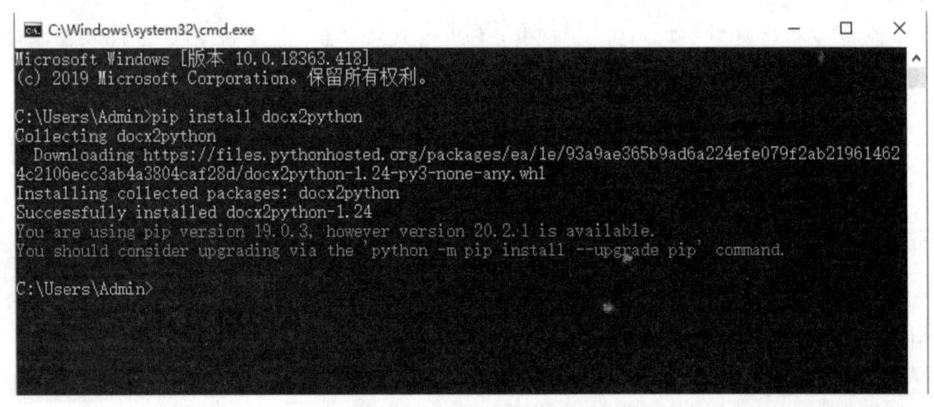

图 18-1 第三方库安装

读取图片信息，导入 docx2python 库的 docx2python 函数，获取读取文档路径和图片，具体代码如下：

```
#导入库
from docx2python import docx2python
document = docx2python(r"./A/Python 简介.docx")
'''
图片是以字典的形式：
{'image1.jpeg':图片的具体信息}
字典的 key 是自动按照顺序命名的，字典的值就是图片的具体二进制字节信息
dict_keys(['image1.png','image2.png'])
'''
for k,v in document.images.items():
    f = open(r"./A/"+k,"wb")
    print(k+":正在获取...")
    f.write(v)
    f.close()
```

图片以二进制数据字典类型存储在文档中，调用 images 的 items 函数，循环遍历图片的键和值，打开文件读取二进制数据，将图片保存，关闭文件。

18.2　学生在校证明模板渲染案例

学生在校信息模板渲染

目的：

将 xlsx 信息表中学生信息填写入 Word 文档中对应位置，如图 18-2 所示。

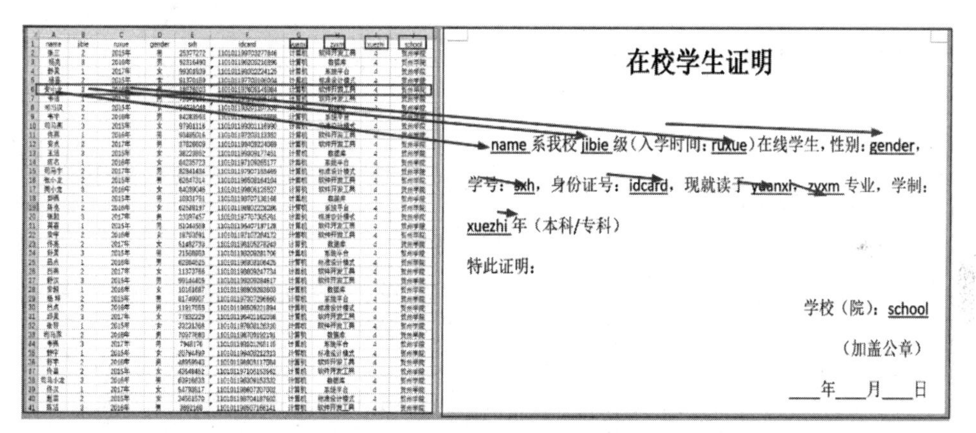

图 18-2　表格与 Word 信息映射

思路：

（1）获取工作簿中的信息。

（2）用二维列表存储每一位学生数据。

（3）获取 Word 文档中段落数据。

（4）将表格中每位同学的信息存入 Word 文档中对应内容。

（5）保存文件。

案例简介：

本案例为学生在校证明模板渲染，提取学生信息表所有学生信息，将提取的每一位学生数据填入对应的在校证明 Word 文档，主要用 docx2python 第三方库处理大量数据。

创建程序执行入口和读取表中数据的函数，导入对应模块，代码如下：

```
import xlwings as xw     #起别名
def read_sheet():

#Python 程序执行入口
if __name__ == "__main__":
    read_sheet() #调用函数
```

调用 read_sheet()函数打开原工作簿，获取工作簿中所有学生数据信息，sheet_list 接收数据，封装遍历 sheet_list。循环遍历所有信息，将数据存入 sheet_dic 字典，然后存储在 list_value 列表中，例如：sheet_list=[{"name":"张三"," jibie ":2},{"name":"杨亮"," jibie ":3}]，name 为字典的键，学生姓名为值。具体代码如下：

```
list_value = []
app=xw.App(visible=True,add_book=False)
#1.打开原工作簿
workbook = app.books.open(r"./A/学生信息表.xlsx")
#2.获取信息
sheet = workbook.sheets[0]
#封装列表
sheet_list = sheet.used_Range.value
for i in Range(1,len(sheet_list)):
#创建空字典
sheet_dic = {}
#构建字典
for j in Range(0,len(sheet_list[0])):
if type(sheet_list[i][j]) == float:
sheet_dic[sheet_list[0][j]] = str(sheet_list[i][j])[:-2]
else:
sheet_dic[sheet_list[0][j]] = sheet_list[i][j]
list_value.append(sheet_dic)
```

循环遍历构建字典，直接遍历输出结果与工作簿中数据会有差异，需要 if 判断数据类型并强制类型转换，可以通过 print 输出检验结果。

创建 save_close()函数对文件保存和退出程序，代码如下：

```
def save_close(app,workbook):
    workbook.close()
    app.quit()
    app.kill()
```

定义 write_data()函数，将数据写入 Word 模板中，采用多层循环嵌套模式循环遍历信息，替换 Word 中的值。具体代码如下：

```
from docx import Document     #导入库
```

```
def write_data(sheet_list_value):
    for sheet_dic_value in sheet_list_value:
        #打开原有 Word 文档
        document = Document("./A/在线学生证明模板.docx")
        for para in document.paragraphs:
            #runs 一方面可以将字符词组分开，另一方面防止文字样式改变
            for run in para.runs:
                for k,v in sheet_dic_value.items():
                    run.text = run.text.replace(k,v)
        document.save("./A/学生证明材料/"+sheet_dic_value["name"]+"_"+sheet_dic_value["sxh"]+".docx")
        print(sheet_dic_value["name"]+"的材料正在保存中...")
#Python 程序执行入口
if __name__ == "__main__":
    sheet_list_value = read_sheet()
    #将数据渲染到 Word 模板中
    write_data(sheet_list_value)
```

创建 write_data()函数对数据进行读写保存，遍历 Word 文档中所有段落信息，每一个段落用 run 对象保证文字内容和格式的准确性。items()方法把字典中每对 key 和 value 组成一个元组，并把这些元组放在列表中返回，循环遍历数据赋值给 k 和 v。run.text.replace(k,v)将文本中的内容进行替换。打开文档与保存文档是同一级别，对文档进行命名和保存，用 print 函数了解文档保存的进程。效果如图 18-3 和图 18-4 所示。

司马汉	2	2015年	女	94921048	110101198201107335	计算机	数据库	4	贺州学院

18-3　学生信息表

在校学生证明

司马汉系我校 2 级（入学时间：2015 年）在线学生，性别：女，学号：94921048，身份证号：110101198201107335，现就读于计算机，数据库专业，学制：4 年（本科/专科）

特此证明：

学校（院）：贺州学院

（加盖公章）

____年____月____日

图 18-4　案例效果图

18.3 总结回顾

本章主要讲解通过 Python-docx 第三方库加载源 Word 文档，并实现对文档段落读取、表格读取、图片读取等操作，通过一个工作中的场景案例将这些知识点联系在一起。

第19章 Word模板渲染

本章学习目标

- 熟练文档渲染的第三方库 docxtpl。
- 了解该库的基础应用场景。

本章主要讲解通过专门的第三方库 docxtpl 实现对 Word 文档模板进行渲染，通过案例的方式让大家更深入地了解 docxtpl 第三方库的使用。

19.1 docxtpl 简介

模板渲染库介绍

docxtpl 是基于 jinja2、Python-docx 的一个结合，运用 jinja2 模板标签，对指定的 Word 模板填充内容。安装 docxtpl 的代码为：pip install docxtpl。

实现思路分析：

（1）将 docx 模板中需要替换的内容用{{...}}手动标注。

（2）从 xlsx 文件中读取需要替换的值，并与 docx 模板中预设的变量名相对应。

（3）使用 docxtpl 库中的 DocxTemplate.render 方法完成模板渲染。

（4）输出替换后的 docx 文件。

以下是关于 docxtpl 的小案例。模板文件如图 19-1 所示。

春天来了

“沙沙沙——”春雨来了，像{{t1}}，如{{t2}}，似{{t3}}——春雨如{{t4}}的使者，随着她一同来到了人间。俗语说：“{{t5}}”，难怪棵棵花草在春雨过后都发出了带黄色嫩叶的新芽呢！

瞧，路边的花儿们{{t6}}，有的已经全部展开，像是在向人们展示着它那{{t7}}的腰身；有的才展开了一半，像个害羞的小姑娘；还有的还是{{t8}}的花骨朵儿，像是在说：“好戏还在后头呢！——”

图 19-1　Word 模板内容

最终效果如图 19-2 所示。

春天来了

“沙沙沙——”春雨来了，像花针，如牛毛，似细丝——春雨如春姑娘的使者，随着她一同来到了人间。俗语说：“春雨贵如油”，难怪棵棵花草在春雨过后都发出了带黄色嫩叶的新芽呢！

瞧，路边的花儿们竟相开放，有的已经全部展开，像是在向人们展示着它那美伦美奂的腰身；有的才展开了一半，像个害羞的小姑娘；还有的还是含苞欲放的花骨朵儿，像是在说：“好戏还在后头呢！——”

图 19-2　最终效果

```
from docxtpl import DocxTemplate
data_dic = {
't1':'花针',
't2':'牛毛',
't3':'细丝',
't4':'春姑娘',
't5':'春雨贵如油',
't6':'竞相开放',
't7':'美轮美奂',
't8':'含苞欲放',
}
#加载模板文件
document = DocxTemplate('./A/春天来了_模板.docx')
#填充数据
document.render(data_dic)
document.save('./A/春天来了_修改后.docx') #保存目标文件
```

上述代码实现 Word 模板渲染，用 render 方法将{{变量}}替换为需要的内容，save 方法保存文件。

19.2　学生通知书渲染案例

学生通知书渲染案例

1．学生通知书案例

学期结束，老师按照惯例颁发学生通知书，将通知书模板中学生姓名、各科学习成绩以及老师评语等变量用{{}}进行手动标注，模板中变量名与学生信息表中的键保持一致，对模板进行渲染，生成学生通知书文档。

```
from docxtpl import DocxTemplate
import xlwings as xw
def read_sheet():
    list_value = []
    app=xw.App(visible=True,add_book=False)
    #打开原工作簿
    workbook = app.books.open(r"./A/学生信息表.xlsx")
    #获取信息
    sheet = workbook.sheets[0]
    #封装列表
    sheet_list = sheet.used_Range.value
    for i in Range(1,len(sheet_list)):
        #创建空字典对象
        sheet_dic = {}
        #如何构建字典
        for j in Range(0,len(sheet_list[0])):
            if type(sheet_list[i][j]) == float:
              sheet_dic[sheet_list[0][j]] = str(sheet_list[i][j])[:-2]
            else:
                sheet_dic[sheet_list[0][j]] = sheet_list[i][j]
        list_value.append(sheet_dic)
    #保存退出
    save_close(app,workbook)
    return list_value
#保存和退出程序
def save_close(app,workbook):
    workbook.close()
    app.quit()
    app.kill()
#Python 程序执行入口
if __name__ == "__main__":
    #读取表格中的信息
    sheet_list_value = read_sheet()
    #将数据渲染到 Word 模板中
    write_data(sheet_list_value)
```

上述代码在第 17 章讲过，主要是对信息表中数据的提取，接下来定义数据渲染函数 write_data()，加载模板文件，填充数据，具体代码如下：

```
def write_data(sheet_list_value):
    for sheet_value_dic in sheet_list_value:
        #加载模板文件
        document = DocxTemplate('./A/学生通知书_模板.docx')
        #填充数据
        document.render(sheet_value_dic)
        document.save('./A/学生通知书/'+sheet_value_dic["姓名"]+'成绩单.docx') #保存目标文件
        print(sheet_value_dic["姓名"]+'.docx'+"正在保存中..."
```

将 sheet_list_value 列表中的数据传入 write_data()函数，加载模板文件，用 render 方法将数据填入 Word 模板。字符串拼接设置 Word 文档保存格式，print 输出程序执行进程。模板和渲染成功后的结果如图 19-3 和图 19-4 所示。

学 生 通 知 单

尊敬的家长：

二 0 一二至二 0 一三学年度第一学期已结束，现将{{姓名}}同学，本学期学习情况和思想品德表现通知您，希望配合学校教育，督促学生在假期中按时完成假期作业，参加社会活动，并对我校的教学工作提出宝贵意见。

学习成绩	语文	数学	思品	英语	科学		
	{{语文}}	{{数学}}	{{思品}}	{{英语}}	{{科学}}		
老师评语	{{老师评语}}						
家长评语							
学生自评							
注意事项							

希望小学 二 0 二 0 年九月十二日

图 19-3 学生通知书案例

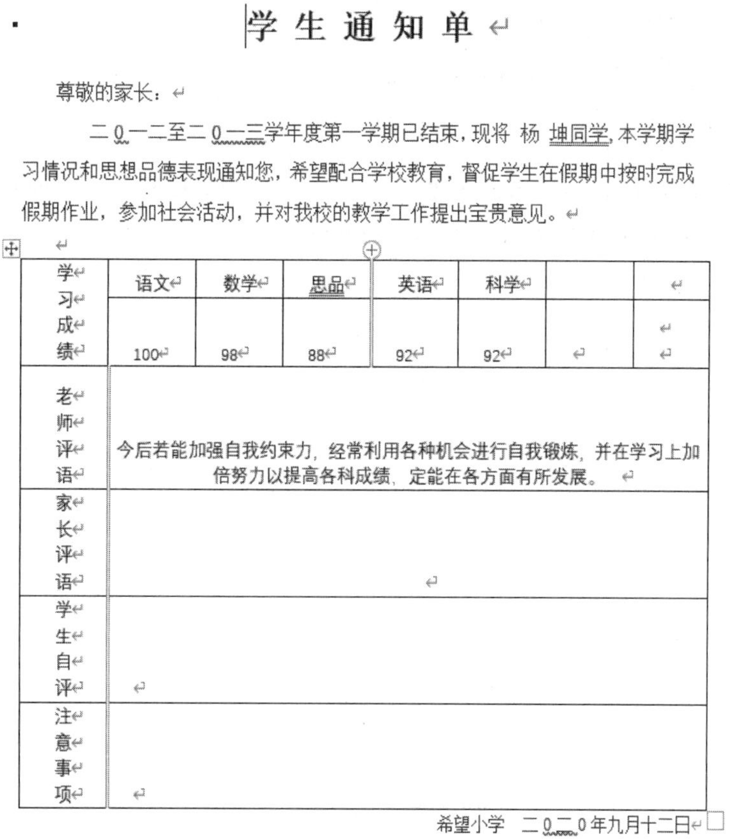

学 生 通 知 单

尊敬的家长：

二 0 一二至二 0 一三学年度第一学期已结束，现将 杨 坤同学 本学期学习情况和思想品德表现通知您，希望配合学校教育，督促学生在假期中按时完成假期作业，参加社会活动，并对我校的教学工作提出宝贵意见。

学习成绩	语文	数学	思品	英语	科学		
	100	98	88	92	92		
老师评语	今后若能加强自我约束力，经常利用各种机会进行自我锻炼，并在学习上加倍努力以提高各科成绩，定能在各方面有所发展。						
家长评语							
学生自评							
注意事项							

希望小学　二 0 二 0 年九月十二日

图 19-4　模板前后渲染对比

2. 学生通知书案例扩充

将提取信息表中数据的代码封装成 exceltodic.py 文件，在渲染模板时直接调用，节省代码量，可以多个文件同时使用，只需要编写程序执行入口和数据导入模板的函数即可。代码如下：

```
from docxtpl import DocxTemplate
from exceltodic import read_sheet
def write_data(sheet_list_value):
    for sheet_value_dic in sheet_list_value:
        #加载模板文件
        document = DocxTemplate('./A/学生通知书_模板.docx')
        #填充数据
        document.render(sheet_value_dic)
        document.save('./A/学生通知书/'+sheet_value_dic["姓名"]+'成绩单.docx') #保存目标文件
        print(sheet_value_dic["姓名"]+'.docx'+"正在保存中...")
#Python 程序执行入口
```

```
if __name__ == "__main__":
    #读取表格中的信息
    sheet_list_value = read_sheet(r"./A/学生信息表.xlsx")
    #将数据渲染到 Word 模板中
    write_data(sheet_list_value)
```

导入 exceltodic 文件的 read_sheet 函数，在程序执行入口直接调用 read_sheet 函数，读取信息表中所有数据，创建 write_data 函数并调用，按照姓名生成每位同学的通知书。

第20章 Word文档操作案例

本章学习目标

- 熟练掌握段落读取添加。
- 熟练掌握添加标题字体样式设置。
- 熟练掌握 re.sub()函数。
- 了解 isdigit()方法。
- 了解 Office VBA 中 Word 参数及其中的方法。

本章主要介绍对 Word 文档的拆分与合并，将一个 Word 文档根据段落内容拆分为多个 Word 文档，主要根据段落下标获取段落信息，以诗词名对 Word 文档命名。将多个 Word 文档合并为一个 Word 文档，获取需要处理的 Word 文档路径，InsertFile 方法将段落信息插入新文档，获取新 Word 文档中所有段落信息，设置字体样式，保存文件，关闭窗口。

20.1 拆分 Word 文档

Word 文档拆分

拆分 Word 文档是将 Word 中所有内容拆分为多个 Word 文档，并设置 word 文档中字体样式。本章案例介绍如何将 Word 文档中所有李白的古诗拆分，循环遍历每一首诗，并以诗词名作为 Word 文档名，诗词内容作为段落写入文档。代码如下：

```
#导入库
from docx import Document
import re
```

```
from docx.oxml.ns import qn
from docx.shared import Pt
#加载原有文档，绝对或者相对路径都可以
document = Document("李白古诗大全.docx")
#读取段落信息
paragraph_list = []
for paragraph in document.paragraphs:
    if len(paragraph.text) != 0:
        paragraph_list.append(paragraph.text.strip())
        #print(paragraph.text.strip())
```

导入创建 Word 文档，设置字体的库，import re 表示导入正则表达式模块。正则表达式是一个字符串处理工具。获取段落信息，for 循环遍历源文档中所有段落信息，判断段落内容是否已获取完毕，用 strip()方法去掉字符串两端的空格或换行符，并将处理过的段落信息存入 paragraph_list 列表中。为了方便理解，用 print 输出查看处理结果。

```
#将下标放进去
index_value_list =[]
for paragraph_value in paragraph_list:
    if paragraph_value[0].isdigit():
      index_value_list.append(paragraph_list.index(paragraph_value))
```

创建 index_value_list 列表存储每首诗的下标。for 循环段落信息列表 paragraph_list，paragraph_value[0]获取每个段落的第一个字符串的内容，用 isdigit()方法判断 paragraph_value[0]的值是否为整数，符合要求将段落下标存入 index_value_list 列表。

```
for index_num in index_value_list:
    if index_value_list.index(index_num)+1 < len(index_value_list):
        list_index = index_value_list[index_value_list.index(index_num)+1]
        #创建 word 文档
        document = Document()
        #设置指定字体
        document.styles['Normal'].font.name = "宋体"
        document.styles['Normal'].font.size = Pt(20)
        document.styles['Normal']._element.rPr.rFonts.set(qn('w:eastAsia'), u'宋体')
        file_names = ""
        for i in Range(index_num,list_index):
            #print(index_num,list_index)
            #判断每一段第一个字符是否为数字
            if paragraph_list[i][0].isdigit():
                file_names = re.sub(r"[0-9]{1,2}|、",""",paragraph_list[i])
                document.add_heading(file_names,0)
            else:
                paragraph = document.add_paragraph(paragraph_list[i])
        document.save(r"./李白古诗/"+file_names+".docx")
        print(file_names+"正在保存中...")
```

循环遍历 index_value_list 下标列表，当 index_value_list.index(index_num)+1 <len(index_value_list)时，继续执行，否则结束程序。创建 Word 文档，设置指定字体，for i in Range(index_num,list_index)，从 index_num 到 list_index 循环遍历。判断每一段第一个字符是否为数字，是数字则添加 0 级标题 file_names，否则添加段落信息，用 re.sub()函数进行内容替换，re.sub 共有 5 个参数，3 个必选参数：pattern、repl、string，2 个可选参数：count、flags。pattern 表示正则中的模式字符串，repl 表示要替换为的字符串，也可以是函数，string 表示要被处理，被替换的 string 字符串。以诗词名为文件名进行保存。结果如图 20-1 所示。

名称	修改日期	类型	大小
《白马篇》.docx	2020/8/17 11:03	Microsoft Word ...	37 KB
《春思》.docx	2020/8/17 11:03	Microsoft Word ...	36 KB
《登金陵凤凰台》.docx	2020/8/17 11:03	Microsoft Word ...	37 KB
《独坐敬亭山》.docx	2020/8/17 11:03	Microsoft Word ...	36 KB
《渡荆门送别》.docx	2020/8/17 11:03	Microsoft Word ...	36 KB
《对酒》.docx	2020/8/17 11:03	Microsoft Word ...	37 KB
《静夜思》.docx	2020/8/17 11:03	Microsoft Word ...	36 KB
《军行》.docx	2020/8/17 11:03	Microsoft Word ...	36 KB
《客中行》.docx	2020/8/17 11:03	Microsoft Word ...	36 KB
《菩萨蛮》.docx	2020/8/17 11:03	Microsoft Word ...	36 KB
《清平乐》.docx	2020/8/17 11:03	Microsoft Word ...	37 KB
《秋登宣城谢朓北楼》.docx	2020/8/17 11:03	Microsoft Word ...	36 KB
《蜀道难》.docx	2020/8/17 11:03	Microsoft Word ...	37 KB
《送孟浩然之广陵》.docx	2020/8/17 11:03	Microsoft Word ...	36 KB
《送郄昂谪巴中》.docx	2020/8/17 11:03	Microsoft Word ...	37 KB

图 20-1　效果图

20.2　合并 Word 文档

Word 文档合并

将多个 Word 文档合并成一个 Word 文档，例如：《静夜思》《清平乐》《蜀道难》等诗词存入一个新 Word 文档中。本案例具体操作如下所示：

```
#导入库
import os
import win32com.client as win32
#启动 word 对象应用
word = win32.gencache.EnsureDispatch('Word.Application')
word.Visible = False
#存放文件路径
path = r'C:\Users\Admin\Desktop\书稿案例 2\01 一键拆分 word 文档\01 一键拆分 word 文档\李白古诗'
#获取目录下所有文件的路径,将文件存放 files 列表中
files = []
for filename in os.listdir(path):
```

```
        filename = os.path.join(path,filename)
        files.append(filename)
```

Office win32com 接口是 MS 为自动化提供的操作接口，Python 内置了对于 win32com 接口的支持，可以方便控制。合并 Word 文档用到 pywin32 第三方库，首先 pip install pywin32 安装。导入库，启动 Word 对象应用：word = win32.gencache.EnsureDispatch('Word.Application')。Visible 表示可视化运行，用 False 表示不可视化界面。path 表示存放多个 Word 文档的路径，即需要处理的 Word 文档路径。创建 files 列表，循环遍历当前路径下所有 Word 文件，并将文件名用 append()方法存入 files 列表。

```
#创建新文档
output =Word.Documents.Add()
#拼接文档
for file in files:
    output.Application.Selection.InsertFile(file)
#获取合并后文档的内容
doc = output.Range(output.Content.Start, output.Content.End)
#设置字体样式和大小
doc.Font.Name = "宋体"
doc.Font.Size = 15
#将文件保存到指定的路径
output.SaveAs(r'C:\Users\Admin\Desktop\书稿案例 2\01 一键拆分 word 文档\李白合集.docx') #保存
output.Close()#关闭
print("合并成功")
```

创建新文档存储所有段落信息，循环遍历 files 列表调用 Selection 对象的 InsertFile 方法，将 file 文件中所有内容插入 output 新文档中。获取新文档中所有段落信息，设置文档字体样式和大小，保存 Word 文档并关闭 Word 窗口。效果如图 20-2 和图 20-3 所示。

名称	修改日期	类型	大小
《白马篇》.docx	2020/8/19 10:37	Microsoft Word ...	37 KB
《春思》.docx	2020/8/19 10:37	Microsoft Word ...	36 KB
《登金陵凤凰台》.docx	2020/8/19 10:37	Microsoft Word ...	37 KB
《独坐敬亭山》.docx	2020/8/19 10:37	Microsoft Word ...	36 KB
《渡荆门送别》.docx	2020/8/19 10:37	Microsoft Word ...	36 KB
《对酒》.docx	2020/8/19 10:37	Microsoft Word ...	37 KB
《静夜思》.docx	2020/8/19 10:37	Microsoft Word ...	36 KB
《军行》.docx	2020/8/19 10:37	Microsoft Word ...	36 KB
《客中行》.docx	2020/8/19 10:37	Microsoft Word ...	36 KB
《菩萨蛮》.docx	2020/8/19 10:37	Microsoft Word ...	36 KB
《清平乐》.docx	2020/8/19 10:37	Microsoft Word ...	37 KB
《秋登宣城谢脁北楼》.docx	2020/8/19 10:37	Microsoft Word ...	36 KB

类型: Microsoft Word 文档
作者: python-docx
generated by python-docx
大小: 35.9 KB
修改日期: 2020/8/19 10:37

图 20-2　目录下的 Word 文件

《与史中郎钦听黄鹤楼上吹笛》

一为迁客去长沙，西望长安不见家。
黄鹤楼中吹玉笛，江城五月落梅花。
《军行》

骝马新跨白玉鞍，战罢沙场月色寒。
城头铁鼓声犹震，匣里金刀血未干。
《咏苎萝山》

西施越溪女，出自苎萝山。秀色掩今古，荷花羞玉颜。
浣纱弄碧水，自与清波闲。皓齿信难开，沉吟碧云间。
勾践徵绝艳，扬蛾入吴关。提携馆娃宫，杳渺讵可攀。
一破夫差国，千秋竟不还。

图 20-3　效果图

20.3　总结回顾

本章在拆分与合并 Word 文档中用到不同的库，安装方法：pip install 第三方库名。

拆分 Word 文档中读取所有段落信息，并判断信息是否读取完毕，strip()方法处理段落两端存在的空格和换行符，用 isdigit()方法判断段落下标是否为整数，存储段落下标，创建 Word 文档，根据下标获取段落信息并存入 Word 中，创建 0 级标题，设置字体样式，以诗词名作为文档名，保存 word 文档。

合并 Word 文档首先导入模块，创建 Word 对象应用，循环遍历 Word 文档信息，存入 files 列表，循环遍历列表并用 InsertFile()方法将文档内容存入新 Word 文档中，读取新文档 output，设置文档字体样式，保存文件，关闭窗口。

第21章 PPT文件的自动化操作

本章学习目标

- 熟练掌握创建 PPT 文件。
- 熟练掌握创建文本框和插入图片。
- 熟练掌握添加段落信息。
- 熟练掌握添加折线图、柱形图等图形。
- 了解表格样式设计和添加自动形状。
- 了解图形对应的代码编号。

本章主要讲解通过第三方库 Python-pptx 实现对 PPT 文件的基本操作，包括添加文本框、添加图片、添加段落信息、添加折线图、柱形图、设计表格风格样式和自动形状等。

21.1 Python-pptx 模块简介

21.1.1 安装 Python-pptx 库

使用 Python 操作 PPT 需要安装 Python-pptx 模块，在 cmd 中输入 pip install Python-pptx 进行安装，导入模块可进行创建、修改 ppt（.pptx）文件。Python-pptx 完全面向对象，执行的任何操作都将在对象上进行，演示文稿的根对象是 Presentation。

21.1.2 创建 PPT 文件

导入 Python-pptx 模块，使用 pptx.Presentation()函数打开或创建 PPT 演示文稿，保存 PPT 文件。

```
#导入库
import pptx
#创建 PPT 文件
ppt = pptx.Presentation()
#保存
ppt.save(r'./01 创建 PPT 文件.pptx')
print("创建成功")
```

PPT 文件创建成功不代表文件中含有幻灯片和内容，创建 PPT 文件仅仅是创建一个文件，需要进行添加 PPT 幻灯片，添加文字、图片等。

21.2 PPT 相关简介

21.2.1 PPT 母版与 PPT 幻灯片

PPT 母版是一种带有相同格式设置及版面结构设置的“统一版式”，这些特征包括：文字的位置与格式，背景图案，是否在每张幻灯片上显示页码、页脚及日期等。

母版中最常用的是幻灯片母版，每个演示文稿至少包含一个幻灯片母版，幻灯片是 PPT 演示文稿的页，幻灯片版式是每一页的一种结构模型，每一页结构可以相同，也可以各页不相同。

在母版上修改会反映在每张幻灯片上，如有个别需要，直接修改该幻灯片即可。Slides 属于实例的幻灯片序列，支持索引访问、len()和迭代。创建 pptx 文档并插入一页幻灯片，代码如下：

```
#导入库
from pptx import Presentation
#创建 ppt 文件
ppt = Presentation()
#添加幻灯片，选择第二的母版
slide = ppt.slides.add_slide(ppt.slide_layouts[1])
#保存
ppt.save('./02 添加幻灯片.pptx')
print("success")
```

添加幻灯片 slide，slides 是幻灯片对象组，默认指向第一页，add_slide()方法添加幻灯片。slide_layouts 为幻灯片布局，属于母版，slide_layouts[1]表示第二个母版。

21.2.2 PPT 层次结构

1. *层次结构*

PPT 文件中包含许多张幻灯片 slide，每一张幻灯片有段落 paragraph、图表 table 等信息，每一个段落可以分为多个块 run，如图 22-1 所示。

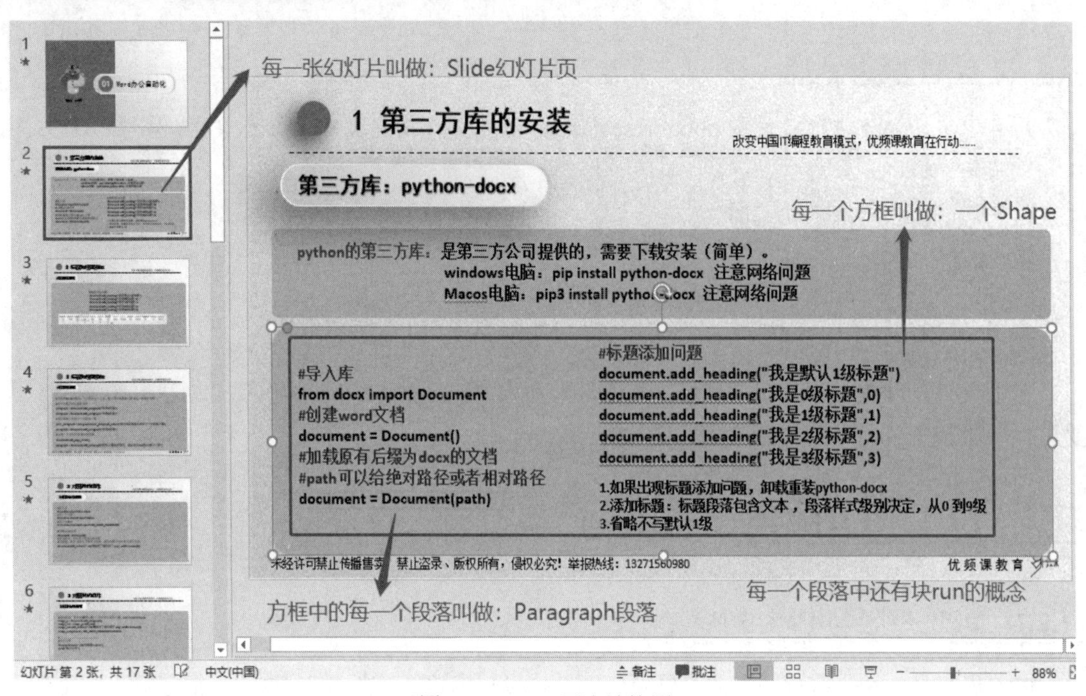

图 21-1　PPT 层次结构图

2. 获取 slide 母版和 shape 样式

加载源文件，获取文件中的母版以及样式，代码如下：

```
from pptx import Presentation
#加载源文件
ppt = Presentation("../素材/02-1 源文件.pptx")
for slide in ppt.slides:
    print(slide)
    for shape in slide.shapes:
        print(shape.text)
ppt.save("../素材/02-1 源文件.pptx")
```

效果图如图 21-2 所示。

```
<pptx.slide.Slide object at 0x041C81E0>
主标题

副标题
>>>
```

图 21-2　文件内容

返回 slide 对象，说明源文件中只存在一个 slide，shape.text 输出所有 shape 中的内容。通过图片可以看出存在空白行，空白行也属于一个段落，显示在输出结果页面。

3. 将 PPT 中的文字部分转换成 Word 文档

在 PPT 文本框中存在空白段落，转换成 Word 文档时默认保留，如果只要文字部分，则需要对空白段落进行处理，具体代码如下：

```
from pptx import Presentation
from docx import Document
doc = Document()
ppt = Presentation("../素材/02-1 源文件.pptx")
for slide in ppt.slides:
    for shape in slide.shapes:
        if shape.has_text_frame:        #判断是否存在文字
            text_box = shape.text_frame
            for para in text_box.paragraphs:
                if para.text != "":    #只导出不为空的段落
                    doc.add_paragraph(para.text)
doc.save("../素材/word.docx")
print("保存成功")
```

创建新 Word 文档，获取 PPT 源文档，循环遍历幻灯片文件，if 判断幻灯片是否存在文本，存在即获取文本框中文本内容，循环遍历文本段落，当段落不为空时在 Word 文档中添加段落，保存 Word 文档。

可以根据学习过的 Word 文档相关操作，对 Word 文档中段落信息进行字体大小、颜色、斜体等设置，确保段落信息工整。

注意：占位符与文本框有稍微区别，创建新幻灯片，占位符中不能有内容，而文本框中不能有内容。它们的效果不同：占位符可以规划幻灯片结构，在大纲视图下，系统占位符被采纳，将在大纲视图中看到文本标题。导入成功的结果如图 21-3 所示。

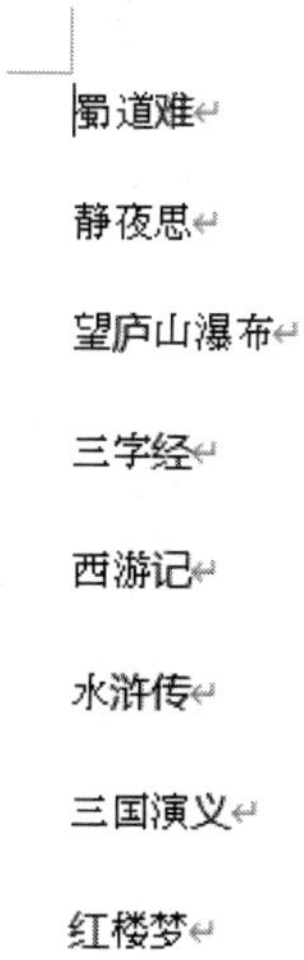

蜀道难
静夜思
望庐山瀑布
三字经
西游记
水浒传
三国演义
红楼梦

图 21-3　PPT 文件内容存入 Word 结果图

21.2.3 占位符

占位符是可以将内容放入其中的预格式化容器。占位符表示先占一个固定位置，然后再添加内容，通俗来讲，占位符就是文本框，为后续的添加文字内容做铺垫，每个模板都有默认的占位符。PPT 的占位符共有 5 种类型，分别是标题占位符、文本占位符、数字占位符、日期占位符和页脚占位符。获取占位符并添加内容代码如下：

```
#导入库
from pptx import Presentation
#创建 PPT 文件
ppt = Presentation()
#添加幻灯片
slide = ppt.slides.add_slide(ppt.slide_layouts[0])
#获取占位符
for place in slide.placeholders:
    place.text = "这里是占位符，可以添加内容"
#保存
ppt.save('./03 占位符.pptx')
print("保存成功")
```

placeholders 表示占位符，是字典辅助类，for 循环遍历幻灯片中所有占位符，并插入 text 内容，保存文件。效果图如图 21-4 所示。

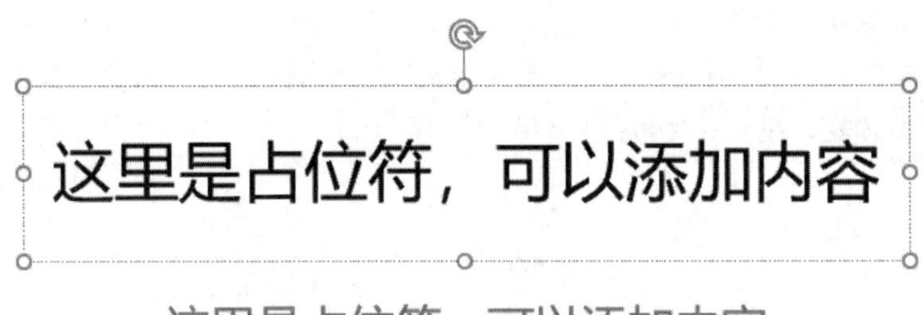

图 21-4　占位符

21.3 幻灯片相关操作

21.3.1 操作文本框

1. 添加文本框

母版中自带的文本框个数不一，当添加的幻灯片文本框不够用时，需要添加额外的文本框，添加文本框需要设置文本框的位置和大小，具体代码如下：

```
#导入库
from pptx import Presentation
from pptx.util import Inches
#创建 PPT 文件
ppt = Presentation()
#创建幻灯片
slide = ppt.slides.add_slide(ppt.slide_layouts[0])
#获取主标题占位符
title = slide.shapes.title
title.text = "主题占位符"
#获取副标题占位符
place = slide.placeholders[1]
place.text = "副标题占位符"
#设置添加文本框的位置和宽高
top = left = Inches(0)
width = Inches(3)
height = Inches(2)
#添加文本框
textbox = slide.shapes. add_textbox (top=top,left=left,width=width,height=height)
textbox.text = "添加的文本框"
#保存
ppt.save("./04 添加文本框.pptx")
print("保存成功")
```

导入设置文本框尺寸大小和位置的模块，设置文本框上边界和左边界距离幻灯片边界的位置，以及文本框的宽和高。调用 slides 类的 add_textbox()方法添加文本框，text 输入文本框内容，保存文件。效果如图 21-5 所示。

图 21-5　添加文本框

2. 设置文本框

添加文本框默认边框值为 0，通过设置文本框的颜色、边框值以及填充文本框使文本框显示在幻灯片上，具体代码如下：

```
from pptx.dml.color import RGBColor
#填充颜色调整
full = textbox.fill
full.solid() #纯色填充
full.fore_color.rgb = RGBColor(255,25,0)
#文本框边框调整
text_box = textbox.line
text_box.color.rgb = RGBColor(255,0,0)
text_box.width = Inches(0.5) #边框宽度
```

设置文本框颜色和尺寸需要导入相应的库，通过 RGB 值设置文本框颜色，width 设置边框宽度。solid()方法填充文本框，填充颜色为纯色，设置渐变等可以查看 pptx 英文文档。

设置文本框中文本对齐，文本对齐方式分为中间对齐、底部对齐和顶部对齐。在操作对齐之前先通过该代码完成模块的导入，导入模块如 from pptx.enum.text import MSO_ANCHOR, MSO_AUTO_SIZE。

```
text_box.vertical_anchor = MSO_ANCHOR.MIDDLE     #文本对齐方式：中部对齐
text_box.word_wrap = True     #框中文字自动换行
text_box.auto_size = MSO_AUTO_SIZE.NONE     #不自动调整
```

上述代码设置文本框中文本中间对齐，框中文字自动换行，字体大小不自动调整，我们可以根据自己的需求设置不同的样式，例如：MSO_ANCHOR.BOTTOM 底部对齐，MSO_ANCHOR.TOP 顶部对齐，MSO_AUTO_SIZE.TEXT_TO_FIT_SHAPE 表示文字溢出时缩排文字等样式。

21.3.2 添加段落

设置主标题，添加段落信息，指定段落内容字体样式，设置字体样式与 Word 文档设置字体样式一样，具体代码如下：

```
from pptx import Presentation
from pptx.util import Pt
ppt = Presentation()
slide = ppt.slides.add_slide(ppt.slide_layouts[1])
para = slide.shapes.placeholders
title = slide.shapes.title
title.text = "将进酒"
para_text = para[1].text_frame.add_paragraph()  #在第二个 shape 中的文本框架中添加段落
para_text.text = '君不见黄河之水天上来，奔流到海不复回。'   #段落中文字内容
para_text.font.bold = True                #文字加粗
para_text.font.italic = True              #文字斜体
para_text.font.size = Pt(25)              #文字大小
para_text.font.underline = False          #文字无下划线
para_text.level = 1                       #段落的级别
```

```
ppt.save("./06 添加段落.pptx")
print("添加成功")
```

添加第二张母版作为幻灯片，添加“将进酒”主标题，根据下标获取文本框，在第二个文本框中 add_paragraph()方法添加段落，设置字体样式，保存文件。效果如图 21-6 所示。

将进酒

– 君不见黄河之水天上来，奔流到海不复回。

图 21-6　添加段落

自定义段落等级和增加块 run，层次分明，设置段落对齐方式，para_text.alignment = PP_ALIGN.RIGHT 靠右对齐，有 5 种对齐方式见表 21-1。

表 21-1　对齐方式

CENTER	居中对齐
DISTRIBUTE	分散对齐
JUSTIFY	两端对齐
LEFT	靠左对齐
RIGHT	靠右对齐

21.3.3　添加图片

做一个美观的 PPT 文件，插入图片是必不可少的一项，插入图片需要设置图片的位置和尺寸，增加舒适度。具体代码如下：

```
#导入库
from pptx import Presentation
from pptx.util import Inches
#图片路径及名称
img_path = '../素材/pic.jpg'
#创建 ppt 文件
ppt = Presentation()
#创建幻灯片
slide = ppt.slides.add_slide(ppt.slide_layouts[6])
#设置位置
left = top = Inches(0.5)
height = Inches(5.5)
picture = slide.shapes.add_picture(img_path, left, top, height=height)
ppt.save('./05 添加图片.pptx')
print("添加成功")
```

效果如图 21-7 所示。

图 21-7　插入图片示意图

获取图片路径，“../”表示返回上一级文件夹，用 add_picture()方法将图片插入创建好的 PPT 文件中，导入 Inches 类，设置图片的尺寸以及图片与幻灯片边界的位置关系。为了更加美观，可以通过计算让图片居中。

21.3.4　添加表格

添加表格数据更加直观和使言论更具有说服力，与添加图片相似，需要设置表格的位置以及表格的宽高，添加表格代码如下：

```
from pptx import Presentation
from pptx.util import Inches
ppt = Presentation()
slide = ppt.slides.add_slide(ppt.slide_layouts[5])
shapes = slide.shapes
shapes.title.text = '添加表格'
#设置行数列数，与边界的距离以及表格的宽高
rows = cols = 4
top = Inches(2)
left = Inches(2)
width = Inches(5)
height = Inches(0.8)
#创建表格
table = shapes.add_table(rows,cols,left,top,width,height).table
#设置列的宽度
#table.columns[1].width = Inches(3.0)
#table.columns[2].width = Inches(3.0)
#数据列表
data = [
    ["姓名","学校","专业","成绩"],
    ["张三","郑州大学","会计",99],
    ["李四","清华大学","软件工程",89],
    ["王五","清华大学","金融",95],
```

```
]
#for 循环填充数据
for row in Range(rows):
    for col in Range(cols):
        table.cell(row,col).text = str(data[row][col])
#保存
ppt.save('./07 添加表格.pptx')
print("添加成功")
```

导入相应的模块，创建 PPT 文件，添加幻灯片，设置主标题，设置表格的行数 rows 和列数 cols，通过 add_table()方法根据 rows、cols、left、top、width、height 属性值添加表格，columns 通过下标设置指定列表的宽度。用 data 列表存储数据，for 循环遍历列表，根据表格行和列的下标填充数据，保存文件，如图 21-8 所示。

添加表格

姓名	学校	专业	成绩
张三	郑州大学	会计	99
李四	清华大学	软件工程	89
王五	清华大学	金融	95

图 21-8　效果图

上述代码将数据 data 作为固定数据存储在列表中，如需导入 Excel 文件中数据，调用 read_Excel 方法读取 xlsx 文件，循环遍历数据并填充表格中。既然是表格，就拥有合并单元格和取消单元格的功能，合并与取消单元格具体方法可查看 Python-pptx 英文文档。

21.3.5　添加形状

PPT 文件自带许多图形，如矩形、椭圆等，可以打开 PPT 文件单击形状查看所有形状。下列代码插入 CAN 图形，即圆柱形：

```
from pptx import Presentation
from pptx.util import Inches
from pptx.enum.shapes import MSO_SHAPE
ppt = Presentation()
slide = ppt.slides.add_slide(ppt.slide_layouts[5])
title = slide.shapes.title
title.text = "添加形状"
#预设位置及大小
left,top,width,height = Inches(1),Inches(3),Inches(1.8),Inches(1)
#在指定位置按预设值添加类型为 CAN 的形状
shape = slide.shapes.add_shape(MSO_SHAPE.CAN,left,top,width,height)
shape.text = 'Step 1'
```

```
    for n in Range(2, 6):
        left = left + width - Inches(0.3)
        shape = slide.shapes.add_shape(MSO_SHAPE.CAN,left,top,width,height)
        shape.text = 'Step{}'.format(n)
ppt.save('../素材/08 添加图形.pptx')
print("添加成功")
```

导入相应的库，添加主标题，设置插入形状的起始位置，设置图形的大小，为每一个图形命名，保存文件。在 Python-pptx 文档中查找不同形状对应的参数，根据自己喜好自定义。效果如图 21-9 所示。

添加形状

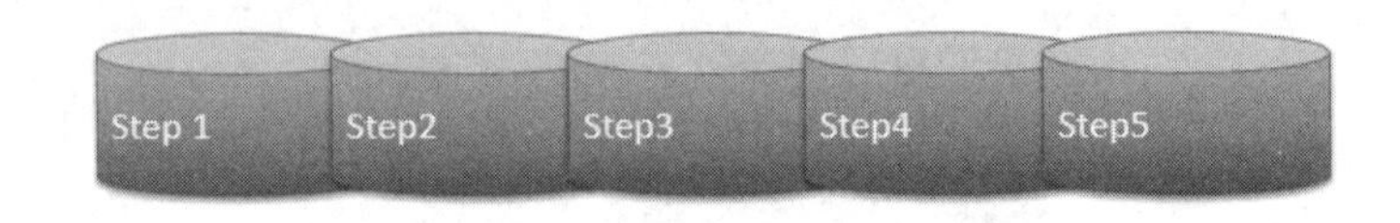

图 21-9　添加 CAN 效果图

PPT 拥有 182 种形状，可以参见MSO_AUTO_SHAPE_TYPE枚举页面进行选择。设置形状线条宽度以及颜色等。填充形状颜色，下列代码将形状填充为红色。

```
from pptx.dml.color import RGBColor
fill = shape.fill
fill.solid()
fill.fore_color.rgb = RGBColor(255,0,0)
```

21.4　模板渲染

目的：将数据添加 PPT 段落中对应的位置。

步骤：

（1）创建 PPT 模板，获取模板信息。

（2）获取模板中需要替换的下标。

（3）添加图片和数据，保存文件。

在模板中添加数据，具体代码如下：

```
from pptx import Presentation
from pptx.util import Inches
ppt = Presentation('../素材/工作证.pptx')
```

```
slide = ppt.slides.add_slide(ppt.slide_layouts[0])
#获取占位符下标
#for place in slide.placeholders:    #遍历母版中的占位符
#message = place.placeholder_format
#place.text = f'{message.idx}'
#print(place.text)
#通过获取的下标填充数据
name = slide.placeholders[11]
gender = slide.placeholders[12]
ID = slide.placeholders[13]
top = Inches(2.5)
left = Inches(2.8)
height = Inches(1.5)
picture = slide.shapes.add_picture(f'../素材/张三.jpg', left, top, height=height)
name.text = '张三'
gender.text = '男'
ID.text = '202001'
ppt.save('./09 模板渲染—工作证.pptx')
print("保存成功")
```

渲染效果如图 21-10 所示。

图 21-10　效果示意图

获取源文档：工作证.pptx，该文档中有自定义的母版文件，获取模板文件创建幻灯片。for 循环遍历，通过 f'{message.idx}获取占位符的下标，根据下标填充数据。添加图片需要在 PPT 源文档中查看图片框的位置，获取到的位置单位为 Cm，可以导入 Cm 模块，或者通过单位转换用 Inches 表示。

以上是简单的模板渲染案例，当需要渲染大量数据时，导入相应的库，打开 xlsx 文件，读取数据，以字典的形式进行存储，将数据渲染 PPT 模板，生成多个幻灯片，保存文件。

21.5　四种基本图形

21.5.1　折线图

通过图形可以一目了然，轻松分析数据。折线图便于分析数据趋势，在 PPT 文件中创建折线图代码如下：

```
from pptx import Presentation
from pptx.util import Inches
from pptx.chart.data import ChartData
from pptx.enum.chart import XL_CHART_TYPE, XL_LABEL_POSITION
#创建幻灯片
ppt = Presentation()     #初始化 PPT 文档
slide = ppt.slides.add_slide(ppt.slide_layouts[5])     #slide 幻灯片
chart = slide.shapes
title = slide.shapes.title
title.text = "GDP    单位：亿元"
#定义图表数据
x = ['郑州', '武汉', '北京', '上海']
y = [7848, 5273, 9089, 8659]
z = [3568, 2572, 3748, 4105]
chart_data = ChartData()
chart_data.categories = x     #设置 x 轴
chart_data.add_series(name='上半年',values=z)
chart_data.add_series(name='下半年',values=y)
#添加图表
left,top,width,height =Inches(0.5),Inches(1.5),Inches(9),Inches(6)
creat_chart = chart.add_chart(chart_type=XL_CHART_TYPE.LINE,     #图表类型
                              x=left, y=top,                     #图表区的位置
                              cx=width, cy=height,               #图表的宽和高
                              chart_data=chart_data)
ppt.save('../素材/10 折线图.pptx')
print("生成成功")
```

导入创建图形等模块，创建 PPT 文件，添加折线图主标题，定义图表数据，创建图表，设置 categories，categories 对象表示可以是一个或多个，每个对象代表图表上的类别标签，提供用于处理层次结构类别属性。series 对象表示一组连贯跨过每个图表中类别的观测数据的点的序列，系列对象的类型取决于图表类型。add_series 表示添加系列，输入系列名和系列值。设置图形位置以及图形的宽高，add_chart 方法添加图形，chart_type 属性表示图形类型，保存文件。生成折线图如图 21-11 所示。

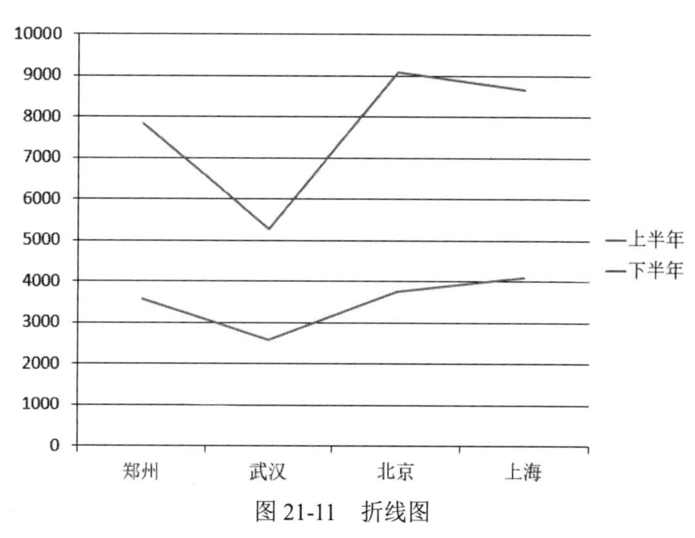

图 21-11 折线图

21.5.2 柱形图

添加柱形图与添加折线图方法类似，柱形图类型名为 XL_CHART_TYPE，学会折线图就会了柱形图。通过学习柱形图来了解设置图形样式，具体代码如下：

```
from pptx import Presentation
from pptx.util import Inches
from pptx.chart.data import ChartData
from pptx.enum.chart import XL_CHART_TYPE, XL_LABEL_POSITION
from pptx.util import Pt
from pptx.dml.color import RGBColor
from pptx.enum.chart import XL_DATA_LABEL_POSITION
#创建幻灯片
ppt = Presentation()
slide = ppt.slides.add_slide(ppt.slide_layouts[6])
chart = slide.shapes
#定义图表数据
x = ['郑州', '武汉', '北京', '上海']
y = [7848, 5273, 9089, 8659]
z = [3568, 2572, 3748, 4105]
chart_data = ChartData()
chart_data.categories = x      #设置 x 轴
chart_data.add_series(name='上半年',values=z)
chart_data.add_series(name='下半年',values=y)
#添加图表
left,top,width,height = Inches(0.5),Inches(1.5),Inches(9),Inches(6)
```

```
creat_chart = chart.add_chart(chart_type=XL_CHART_TYPE.COLUMN_CLUSTERED,  #簇状柱形图
                              x=left, y=top,              #图表区的位置
                              cx=width, cy=height,        #图表的宽和高
                              chart_data=chart_data)
get_chart = creat_chart.chart        #从生成的图表中取出图表类
get_chart.chart_style = 10           #图表整体颜色风格
#get_chart.has_title = True          #图表是否含有标题，默认为 False
#get_chart.chart_title.text_frame.clear()          #清除原标题
new_paragraph = get_chart.chart_title.text_frame.add_paragraph()    #添加一行新标题
new_paragraph.text = 'GDP    单位：亿元'           #新标题
new_paragraph.font.size = Pt(15)                   #新标题字体大小

plot = get_chart.plots[0]            #取图表中第一个 plot
plot.has_data_labels = True          #是否显示数据标签
data_labels = plot.data_labels       #数据标签控制类
data_labels.font.size = Pt(13)       #字体大小
data_labels.font.color.rgb = RGBColor(0, 0, 255)                 #字体颜色
data_labels.position = XL_DATA_LABEL_POSITION.INSIDE_END    #字体位置
ppt.save('../素材/11 柱形图.pptx')
print("生成成功")
```

导入设置颜色、字体大小、位置模块，获取已生成图表的图表类，chart_style 设置图表整体颜色风格，1 到 48 之间的一个整数，用于表示图表的样式，值不同颜色不同。获取一个 chart_title 对象，该对象表示指定图表的标题。如果该图标拥有标题并需要更改，用 text_frame.clear()方法清除原标题，再用 add_paragraph 方法添加段落，并添加段落内容，即新标题，设置标题字体大小、颜色等。为柱形图每一个图形添加数据，方便查看对比，获取图表中第一个 plot，has_data_labels=True 显示数据，通过 font.size 设置数据字体大小和 font.color.rgb 设置颜色以及 position 设置数据位置，保存文件。效果如图 21-12 所示。

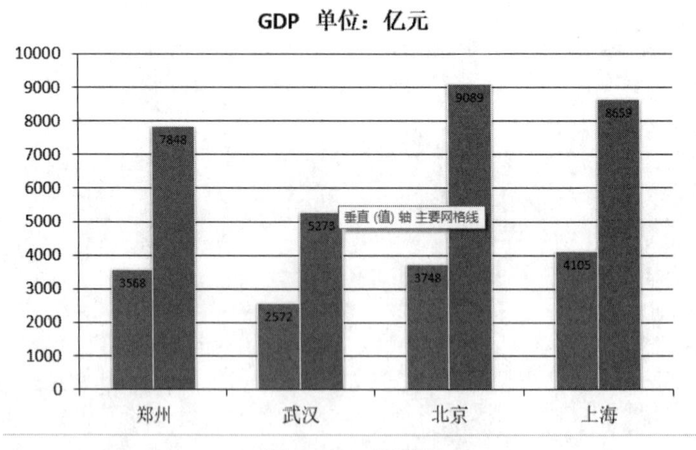

图 21-12　柱形图

21.5.3　饼图和条形图

饼图主要用于显示每一条数据占总体的百分比，条形图显示各个项目之间的比较情况，饼形图和条形图的代码实现与柱形图，折线图类似，更换图形类型即可，具体代码参考以上两个图形的实现代码，如图 21-13 所示。

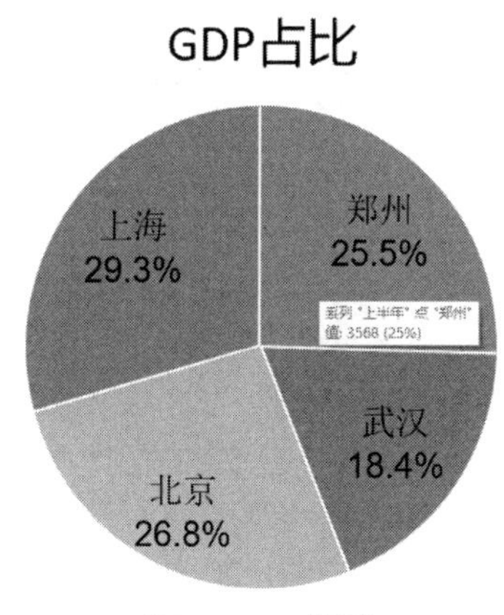

图 21-13　饼图

添加 4 种基本图形时，尽量将每一系列的数据显示，方便对比参考。由于部分数据过大，在显示数据时会导致数据重合，通过设置图表宽高、数据位置等方法进行调整。

21.6　删除指定页

合理删除多余或者不需要的页，减少冗余。删除指定的页或者删除最后一页，具体代码如下：

```
from pptx import Presentation
ppt = Presentation('../素材/删除.pptx')
page = list(ppt.slides._sldIdLst) #获取页的列表
print(len(page))
ppt.slides._sldIdLst.remove(page[0]) #指定删除页
#文件.slides._sldIdLst.remove(page[len(page)-1]) #删除最后一页
ppt.save('../素材/删除【结果】.pptx')
print('删除成功')
```

程序运行效果如图 21-14 所示。

打开源文档，slides 对象的源码中有私有属性_sldIdLst 指向幻灯片元素集合，获取幻灯片页数，通过下标用 remove 方法删除指定的页，保存文件。

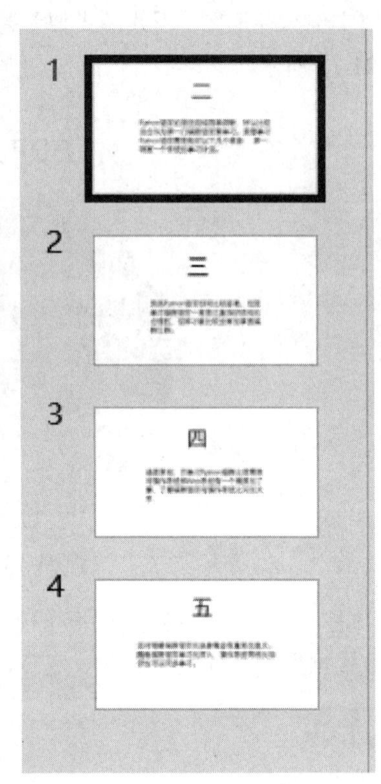

图 21-14　删除前后对比图

21.7　总结回顾

本章介绍了创建 PPT 文件所需要的第三方库、PPT 文件的创建以及对 PPT 文件的相关操作，PPT 文件比较复杂，拥有层级结构，在创建或读取段落信息需要 for 循环嵌套遍历输出结果。根据数据创建图形信息，显示系列数据。

创建 PPT 文件，选择模板，可自定义模板并保存 PPT 文件母版样式，根据模板索引调用。由于母版中文本框数量有限，需要用 add_textbox 方法添加文本框，设置文本框边距、颜色等样式。add_paragraph 方法在文本框中添加段落信息。

PPT 文件的美观需要插入图片和创建图形，通过占位符插入图片，设置图片样式。根据数据创建柱形图、折线图等图形对数据信息进行分析对比，用于演示，增强说服力。

每个文件都有创建与删除，创建多个幻灯片页，删除冗余的页。通过获取所有页的下标，根据下标删除指定的页，对操作后的文件进行保存。

21.8　小试牛刀

1．创建 PPT 文件，添加幻灯片，添加文本框和段落，插入图片。实现效果如图 21-15 所示。

图 21-15　设计效果

2．根据数据创建折线图和柱形图并显示数据信息。

第22章 邮件处理自动化操作

本章学习目标

- 了解邮件 POP3、SMTP 和 IMAP 三种协议。
- 熟练掌握发送、读取邮件。
- 了解邮件可读取参数。
- 了解定时器设置定时任务。
- 熟练掌握正文嵌套图片。

本章介绍 yagmail、keyring、schedule、imbox 模块对邮件的自动化操作，如发送、读取、删除邮件。首先向读者介绍邮箱 POP3 和 SMTP 协议，其次通过小案例讲解发送邮件，正文嵌套图片等对 yagmail 第三方库的使用。

22.1 安装 yagmail、keyring 第三方库

使用 pip install yagmail、keyring 安装，yagmail 模块用来发送邮件，keyring 模块通过 Python 访问系统密码钥环服务，方便安全地存储密码。

通过 Python 的 yagmail 模块发送邮件需要开启 SMTP 服务、开通第三方授权（需要手机短信验证、QQ 安全中心验证等）。

22.2 关于邮箱 POP3 和 SMTP 协议

邮件办公自动化简介

22.2.1 POP3 和 SMTP 简介

POP3 是 Post Office Protocol 3 的简称，即邮局协议的第三个版本，它规定怎样将个人计算机连接到 Internet 的邮件服务器和下载电子邮件的电子协议，帮助用户登录、取邮件和删除邮件等。

SMTP 全称是 Simple Mail Transfer Protocol，即简单邮件传输协议，它是一组用于由源地址到目的地址传送邮件的规则，由它来控制信件的中转方式，帮助每台计算机在发送或中转信件时找到下一个目的地。

22.2.2 开启 POP3 和 SMTP 协议

本章主要用 QQ 邮箱进行自动化处理讲解，不同的邮箱 SMTP 服务器域名不同，根据自己的需求上网查找，网易邮箱发送服务器为 smtp.163.com，QQ 邮箱发送服务器为 smtp.qq.com。

登录 QQ 邮箱，点击“设置”→“账户”，在下方找到 POP3/IMAP/SMTP 服务，点击“开启”，开通第三方授权，记录授权码，接下来将会用到，根据提示内容进行下一步操作，最后点击“保存更改”。

22.3 发送邮件

发送第一封邮件

22.3.1 发送第一封邮件

发送邮件要有发送方的账号、密码、SMTP 服务器域名，收件人的账号、邮件标题和内容，在此使用的密码不是登录 QQ 邮箱的密码，而是开通第三方授权时给的授权码，具体代码如下：

```
import yagmail
#yagmail.SMTP(user='用户名',password='授权码'host='SMTP 服务器域名')
yag = yagmail.SMTP(user='1473245360@qq.com',host='smtp.qq.com')
#正文内容
contents = ['大江东去浪淘尽',
            '千古风流人物']
subject = '三国演义主题曲'
#发送邮件    yag.send('收件人','邮件标题',邮件内容)
yag.send('1473245360@qq.com', subject ,contents)
print('发送成功')
```

使用 yagmail 模块发送邮件极其简单，如果将 password 写入代码，显示出来会泄露信息，可以将 password 保存在系统中，在发送邮件时调用 user 对应的密码即可，这样既方便又安全。将账号密码注册到系统中，具体操作如图 22-1 所示。

```
选择C:\Windows\system32\cmd.exe - python
Microsoft Windows [版本 10.0.18363.1016]
(c) 2019 Microsoft Corporation。保留所有权利。

C:\Users\Admin>python
Python 3.7.4 (tags/v3.7.4:e09359112e, Jul  8 2019, 19:29:22) [MSC v.1916 32 bit (Intel)] on win32
Type "help", "copyright", "credits" or "license" for more information.
>>> import yagmail
>>> yagmail.register("user","password")
```

图 22-1　在系统中注册账号密码

22.3.2　添加图片或链接

为邮件添加图片和链接

通常接收的文件包含有图片和网站链接，比如：腾讯超级会员发的邮件，有标题、正文内容、会员 logo、续费会员链接等。添加图片可以使邮件更加美观，当需要发送一个网站上的某些内容时，由于信息量较大，可以将网址链接写入邮件正文中进行发送。具体代码如下：

```
import yagmail
#yagmail.SMTP(user='用户名',host='SMTP 服务器域名')
yag = yagmail.SMTP(user='1473245360@qq.com',host='smtp.qq.com')
#正文内容
contents = ['说什么王权富贵',
            '怕什么戒律清规',
            yagmail.inline('草莓.jpg'),
            '<a href="https://www.baidu.com/s?ie=utf-8&wd=%E5%9B%BE%E7%89%87">图片</a>']
subject = '女儿国'
#发送邮件    yag.send('收件人','邮件标题',邮件内容)
yag.send('1473245360@qq.com',subject,contents)
yag.close()
print('发送成功')
```

yagmail.inline 方法在邮件正文添加图片，如果没有使用 inline 方法，图片将会以附件的形式发送，链接也是以字符串的形式写入邮件正文列表中。添加图片和链接成功示意图如图 22-2 所示。

图 22-2　添加图片和链接

22.3.3　群发邮件

如何群发邮件

群发邮件在采集数据和发祝福语中经常用到，例如：在问卷调查时，可以通过邮件群发将问卷链接发出去，获取想要的数据信息。用邮件群发的问卷调查代码如下：

```
import yagmail
#yagmail.SMTP(user='用户名',host='SMTP 服务器域名')
yag = yagmail.SMTP(user='1473245360@qq.com',host='smtp.qq.com')
#正文内容
contents = ['同学你好！我是咱们学校的 XXX，这有一个关于建设图书馆的问卷调查',
            '<a href="https://www.wenjuan.com/new/">图书馆问卷调查</a>',
            '希望你能认真填写，谢谢配合！',
            yagmail.inline('谢谢.jpg')]
subject = '图书馆问卷调查'
#发送邮件   yag.send('收件人','邮件标题',邮件内容)
more_mail = ['1473245360@qq.com',
             '1473245361@qq.com']   #还可以添加更多收件人
yag.send(more_mail,subject,contents)
yag.close()
print('发送成功')
```

上述代码将正文中嵌入图片和链接合理运用，如有大量收件人时，需要定义一个列表用来存储收件人邮件，在发送邮件时直接调用列表中的所有收件人信息即可。

22.4　添加附件和定时器

22.4.1　添加附件

在发送邮件时，经常用到添加附件，比如：我需要发送近几年的真题和答案。在此需要将真题和答案以附件的形式发送出去，收件人收到邮件后打开附件进行预览或下载。添加附件代码如下：

```
import yagmail
from email.mime.multipart import MIMEMultipart
from email.mime.text import MIMEText
#yagmail.SMTP(user='用户名',host='SMTP 服务器域名')
yag = yagmail.SMTP(user='1473245360@qq.com',host='smtp.qq.com',smtp_ssl=True)
#正文内容
contents = ['大江东去浪淘尽',
            '千古风流人物']
subject = u'三国演义主题曲'
fujian = ['1.txt','2.txt','strawberry.jpg']
#发送邮件   yag.send('收件人','邮件标题',邮件内容)
```

```
yag.send('1473245360@qq.com',subject,contents,fujian)
yag.close()
print('发送成功')
```

如果添加一个或两个附件可以采用字符串的形式直接添加，如果多个文件需要存入列表，既美观又方便管理。效果图如图 22-3 所示。使用 yagmail 第三方库发送邮件简单但存在弊端，发送中文名附件时会出现文件名乱码的现象。

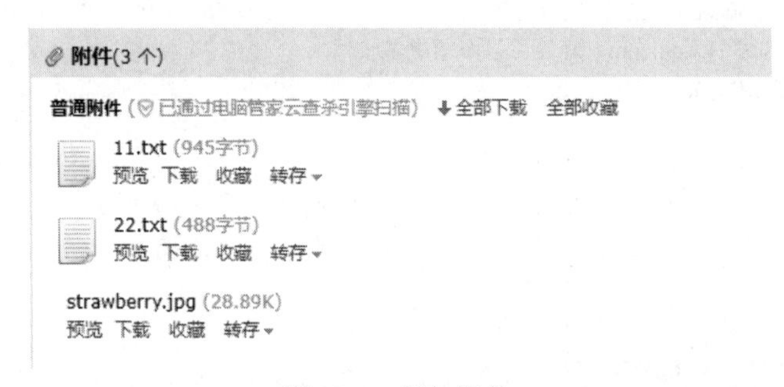

图 22-3 添加附件

上述方法在发送中文名附件时出现乱码现象，可以用 Python 内置的 smtplib 包实现发送邮件，在发送附件时对附件内容和名称进行 encode 设置，使发送的附件无乱码现象，具体代码如下：

```
#需要使用到 smtplib 包来进行邮箱的连接
import smtplib
from email import encoders
#处理邮件内容的库，email.mime
from email.mime.text import MIMEText
#处理邮件附件，需要导入 MIMEMultipart，Header，MIMEBase
from email.mime.multipart import MIMEMultipart
from email.header import Header
from email.mime.base import MIMEBase
import keyring
#获取授权码
pwd = keyring.get_password('yagmail','1473245360@qq.com')
#邮件中发送附件
#附件配置邮箱
email = MIMEMultipart()
```

```
email['Subject'] = '带有附件的邮件'                    #定义邮件主题
email['From'] = '1473245360@qq.com'                    #发件人
email['To'] = ','.join('1473245360@qq.com')            #收件人
#邮件正文内容
contents = '安能摧眉折腰事权贵，使我不得开心颜'
att = MIMEText(contents,'plain','utf-8')
email.attach(att)
#txt 附件
att1 = MIMEBase('application','octet-stream')
att1.set_payload(open('附件.txt','rb').read())
att1.add_header('Content-Disposition','attachment',filename=Header('附件.txt','gbk').encode())
encoders.encode_base64(att1)
email.attach(att1)

#发送邮件
smtp = smtplib.SMTP_SSL('smtp.qq.com',port=465)#非 QQ 邮箱，一般使用 SMTP 即可，不需要有 SSL
smtp.login('1473245360@qq.com', pwd)
smtp.sendmail('1473245360@qq.com','1473245360@qq.com',email.as_string())
smtp.quit()  #关闭连接
print('发送成功')
```

email = MIMEMultipart()创建一个带有附件的实例，定义邮件主题、发件人、收件人。添加邮件正文和附件，设置正文'utf-8'编码格式和附件'gbk'格式，发送邮件。email.as_string()将 email（MIMEText 对象或 MIMEMultipart 对象）变成 str。msg.attach(MIMEText 对象或 MIMEImage 对象)将 MIMEText 对象或 MIMEImage 对象添加到 MIMEMultipart 对象中。MIMEMultipart 对象代表邮件本身，MIMEText 对象或 MIMEImage 对象代表邮件正文。add_header 方法设置附件信息为字体格式。添加附件效果图如图 22-4 所示。

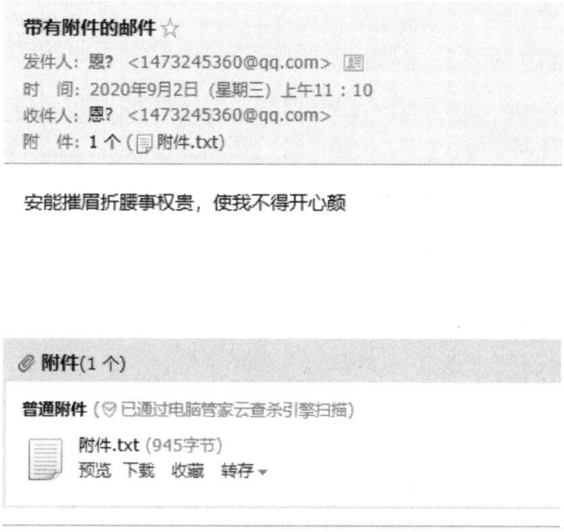

图 22-4　添加附件

22.4.2 设置定时器

设置定时器，在规定时间自动发送邮件。在此需要安装 schedule 模块，安装方法：pip install schedule，定时器与闹钟一样，通过设置 day、week、hour、minutes、second，设定时间触发函数做某些任务。代码如下：

```
import yagmail
import schedule
import time
#yagmail.SMTP(user='用户名',host='SMTP 服务器域名')
yag = yagmail.SMTP(user='1473245360@qq.com',host='smtp.qq.com')
def massage():
    print(1111)
    #message = MIMEText(content,'plain','utf-8')
    #正文内容
    contents = ['大江东去浪淘尽',
                '千古风流人物']
    subject = '三国演义主题曲'
    #发送邮件    yag.send('收件人','邮件标题',邮件内容)
    yag.send('1473245360@qq.com',subject,contents)
    print("success")
#设定时间：每分钟的第 20 秒发送邮件
schedule.every().minute.at(":20").do(massage)
while True:
    schedule.run_pending()
    time.sleep(1)
yag.close()
print('发送成功')
```

定义 massage 函数，定时触发 massage 函数发送邮件，schedule.every()后面可以是 day、hour、week 等，也可以是某一天的几时几分。例如：周一早上 8 点 10 分发送邮件，schedule.every().monday.at(08:10).do(massage)，yag.close()关闭发送邮件可根据自己需求放置相应位置。schedule.run_pending()表示运行所有可以运行的任务。通过 if datetime.datetime.now().strftime("%H:%M") == "时:分"判断，条件成立用 break 结束程序，时分是自己定义的时间，在设定的任务时间之后。

22.5 读取邮件

读取所有邮件

22.5.1 读取所有邮件

读取邮件首先需要用 pip install imbox 安装 imbox 模块，其次开启 IMAP 协议（Internet Mail Access Protocol，交互式邮件存取协议），与 POP3、SMTP 开启方法一样，邮件客户端通过该协议从邮件服务器上获取邮件信息、下载邮件等。读取所有邮件的标题和内容的代码如下：

```
from imbox import Imbox
import keyring
#读取 keying 密码
pwd = keyring.get_password('yagmail','1473245360@qq.com')
#查看所有邮件
with Imbox('imap.qq.com','1473245360@qq.com',pwd,ssl=True) as imbox:
    all_inbox_messages = imbox.messages()
    for uid,message in all_inbox_messages:
        print(message.subject)
        print(message.body['plain'])
```

imap.qq.com 是 QQ 邮箱的 imap 服务器地址，通过 keyring.get.password 获取账号密码（前面所讲的第三方授权码），防止邮箱密码泄露。all_inbox_messages = imbox.messages()获取收件箱中所有邮件。for 循环遍历所有邮件信息，输出邮件标题和内容，每个消息都是一个具有以下键的对象，如 sent_from 发件人、date 邮件日期等，根据自己的需求获取对应的邮件信息。结果如图 22-5 所示。

```
三国演义主题曲
['大江东去浪淘尽\n千古风流人物']
女儿国
['说什么王权富贵\n怕什么戒律清规\n./素材/草莓.jpg']
女儿国
['说什么王权富贵\n怕什么戒律清规\n-- img 草莓.jpg should be here -- \n<a href="https://www.baidu.com/s?ie=utf-8&wd=%E5%9B%BE%E7%89%87">图片</a>']
三国演义主题曲
['大江东去浪淘尽\n千古风流人物']
图书馆问卷调查
['同学你好！我是咱们学校的XXX，这有一个关于建设图书馆的问卷调查\n<a href="https://www.wenjuan.com/new/">图书馆问卷调查</a>\n希望你能认真填写，谢谢配合！']
图书馆问卷调查
['同学你好！我是咱们学校的XXX，这有一个关于建设图书馆的问卷调查\n<a href="https:
```

图 22-5　获取所有邮件信息

22.5.2　查看不同类型的邮件

imbox.message()读取邮件，添加不同的参数，则会获取不同的邮件。unread_inbox_messages = imbox.message(unread=True)，获取未读邮件。inbox_flagged_messages = imbox.messages(flagged=True)，获取星标邮件。inbox_message_from = imbox.messages(sent_from='某个人的邮件账号')，查看某个发件人邮件。inbox_message_to = imbox.messages(sent_to='某个人的邮件账号')，查看某个收件人邮件。

通过日期筛选邮件，需要导入 datetime 日期模块。inbox_messages_received_before = imbox.messages(date__lt=datetime.data(2020,6,20))。date__lt 表示某天前，date__gt 表示某天后，date__on 表示某一天。

22.6　删除邮件

当邮件过多时需要进行清理删除，删除邮件需要根据 uid 进行删除。具体代码如下：

```
from imbox import Imbox
import keyring
#读取 keying 密码
pwd = keyring.get_password('yagmail','1473245360@qq.com')
#查看所有邮件
with Imbox('imap.qq.com','1473245360@qq.com',pwd,ssl=True) as imbox:
    all_inbox_messages = imbox.messages()
    for uid,message in all_inbox_messages:
        if message.subject == '女儿国':
            print('匹配成功')
            imbox.delete(uid)
            print("删除成功")
print("不存在该邮件")
```

if 判断匹配的信息是否相等，如果是则进行邮件删除，删除邮件使用 delete 方法，根据匹配到邮件的 uid 进行删除，删除邮件效果图如图 22-6 所示。

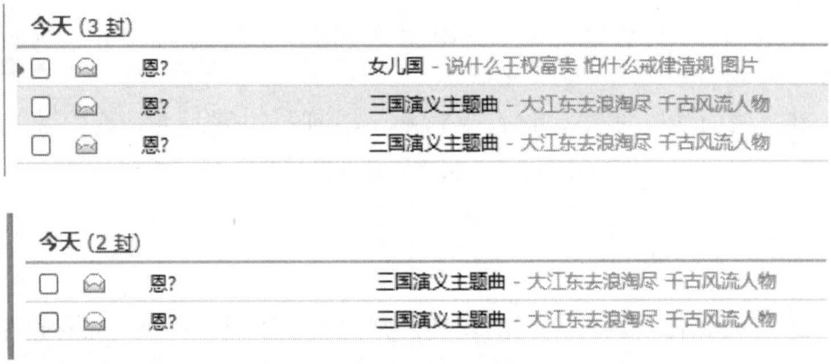

图 22-6　删除指定邮件

22.7　总结回顾

本章介绍了 POP3、SMTP 发送邮件协议、SMTP 服务地址，IMAP 接受邮件协议和 IMAP 服务地址。掌握发送邮件所涉及发件人账号密码、邮件标题、正文、图片、附件和收件人资料信息如何编写。掌握以上技能点就可以实现通过 Python 自动发送邮件。

22.8　小试牛刀

1．你的朋友即将生日，利用定时发送邮件，表达你对朋友的关心。要求：正文嵌套生日快乐图片，附件一张你们的合照或自己近期的照片。

2．删除邮箱中不需要的邮件。

第23章 Web的自动化操作

本章学习目标

- 熟练掌握 Selenium 的工作原理。
- 熟练掌握元素定位的一些方法。
- 熟练掌握自动化交互的一些基本方法。
- 掌握页面等待的使用方法。
- 了解怎么使用 Selenium 进行自动化测试。

本章讲解如何通过第三方库 Selenium 实现对网页的自动化操作，详细介绍 Selenium 的工作原理、元素定位方法、自动化交互基本方法、页面等待的使用方法和通过 Selenium 如何进行自动化测试的常见方法。

23.1 Selenium 模块简介

Selenium 模块简介

23.1.1 Selenium 是什么

Selenium 是一个用于 Web 应用程序测试的工具。Selenium 直接运行在浏览器中，就像真正的用户在操作一样。支持的浏览器包括 IE（7 以上版本）、Mozilla Firefox、Safari、Google Chrome、Opera 等。这个工具的主要功能包括：测试与浏览器的兼容性——测试你的应用程序是否能够很好地工作在不同浏览器和操作系统之上，测试系统功能——创建回归测试检验软件功能和用户需求。

Selenium 用于爬虫，主要是用来解决 javascript 渲染的问题。

Selenium 可以根据用户指令，让浏览器自动加载页面，获取需要的数据，甚至页面截屏，或者判断网站上某些动作是否发生。

Selenium 自己不带浏览器，不支持浏览器的功能，它需要与第三方浏览器结合在一起才能使用。Selenium 中有一个叫 WebDriver 的 API。WebDriver 可以加载网站也可以查找页面元素，与页面的元素进行交互（发送文本、点击等），以及执行其他动作来运行网络爬虫。

23.1.2　安装及环境配置

1. Selenium 的安装

安装方式：pip install selenium。

2. Chrome driver 的安装

在开始示例之前需要安装 Selinum 插件包，同时还需要下载 WebDriver。在我们的示例中，需要使用 Chrome 浏览器进行操作，还需要使用浏览器的驱动 WebDriver。

关于下载什么版本的 WebDriver，可以在浏览器的属性中查看，如图 23-1 所示，自行下载对应的版本，然后把下载好的浏览器驱动放在 python.exe 的同级目录下，如图 23-2 所示。如果是其他的浏览器，则需要下载对应的浏览器驱动程序。

图 23-1　版本查看

3. 配置环境变量

Path 进行编辑，在变量值后面加入 Chrome 或 Python 的安装目录，如图 23-3 所示。

npm.taobao.org/mirrors/chromedriver/

hrome 正受到自动测试软件的控制。

75.0.3770.140/	2019-07-12T18:06:25.447Z	-
75.0.3770.8/	2019-04-30T00:02:57.641Z	-
75.0.3770.90/	2019-06-13T21:21:15.477Z	-
76.0.3809.12/	2019-06-07T16:19:42.400Z	-
76.0.3809.126/	2019-08-20T18:01:27.496Z	-
76.0.3809.25/	2019-06-13T21:24:59.874Z	-
76.0.3809.68/	2019-07-16T17:09:55.657Z	-
77.0.3865.10/	2019-08-06T18:45:26.553Z	-
77.0.3865.40/	2019-08-20T18:02:46.906Z	-
78.0.3904.105/	2019-11-18T18:20:40.686Z	-
78.0.3904.11/	2019-09-12T16:45:50.292Z	-
78.0.3904.70/	2019-10-21T20:40:07.509Z	-
79.0.3945.16/	2019-10-30T16:10:56.644Z	-
79.0.3945.36/	2019-11-18T18:20:03.409Z	-
80.0.3987.106/	2020-02-13T19:21:31.091Z	-
80.0.3987.16/	2019-12-19T17:39:26.425Z	-
81.0.4044.138/	2020-05-05T20:33:58.782Z	-
81.0.4044.20/	2020-02-13T19:11:47.807Z	-
81.0.4044.69/	2020-03-17T16:16:51.579Z	-
83.0.4103.14/	2020-04-16T19:48:28.068Z	-
83.0.4103.39/	2020-05-05T20:53:36.478Z	-
84.0.4147.30/	2020-05-28T21:05:07.606Z	-
icons/	2013-09-25T17:42:04.972Z	-
70.0.3538.LATEST_RELEASE	2018-09-19T22:24:28.963Z	12(12B)
index.html	2013-09-25T16:59:18.911Z	10574(10.33kB)
LATEST_RELEASE	2020-05-19T19:09:36.783Z	12(12B)
LATEST_RELEASE_70	2019-02-21T05:37:43.183Z	12(12B)
LATEST_RELEASE_70.0.3538	2018-11-06T07:19:08.413Z	12(12B)
LATEST_RELEASE_71	2019-02-21T05:37:29.970Z	13(13B)
LATEST_RELEASE_71.0.3578	2019-01-21T19:35:43.788Z	13(13B)
LATEST_RELEASE_72	2019-02-21T05:37:17.996Z	12(12B)
LATEST_RELEASE_72.0.3626	2019-01-22T07:21:45.396Z	12(12B)
LATEST_RELEASE_73	2019-03-12T16:05:59.036Z	12(12B)
LATEST_RELEASE_73.0.3683	2019-03-07T22:34:59.301Z	12(12B)
LATEST_RELEASE_74	2019-03-12T19:25:31.583Z	11(11B)
LATEST_RELEASE_74.0.3729	2019-03-12T19:25:30.367Z	11(11B)
LATEST_RELEASE_75	2019-07-12T18:06:31.115Z	13(13B)
LATEST_RELEASE_75.0.3770	2019-07-12T18:06:29.734Z	13(13B)
LATEST_RELEASE_76	2019-08-20T18:01:32.838Z	13(13B)

图 23-2　对应版本

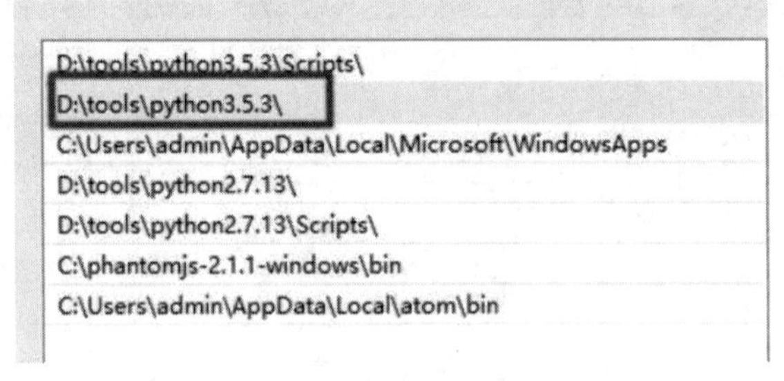

图 23-3　环境变量

23.1.3　自动加载百度页面

前面介绍了 Selenium 的安装以及环境配置，本节介绍一下 Selenium 在程序中的应用。

```
from selenium import webdriver
driver = webdriver. Chrome ()
driver.get("http://www.baidu.com/")
print(driver.page_source)
print(driver.title)
print(driver.current_url)
```

要使用 Selenium 首先要导入 WebDriver，调用环境变量指定的浏览器，创建浏览器对象，然后使用 get()方法加载指定页面，get()方法会一直等到页面被完全加载，然后才会继续程序，最后调用 page_source 的方法、title 的方法和 current_url 的方法输出网页源代码、页面标题和当前的 URL 地址。

23.2 数据解析提取

23.2.1 操控元素的基本方法

Selenium 本质是模拟人对浏览器进行输入、选择、点击等操作，因此对于目标标签的定位非常重要。

表 23-1 中已对各种定位方式进行了归纳总结。

表 23-1 元素定位方法

定位一个元素	定位多个元素	含义
find_element_by_name	find_elements_by_name	通过元素 id 定位
find_element_by_id	find_elements_by_id	通过元素 name 定位
find_element_by_xpath	find_elements_by_xpath	通过 xpath 表达式定位
find_element_by_link_text	find_elements_by_link_text	通过完整超链接定位
find_element_by_partial_link_text	find_elements_by_partial_link_text	通过部分链接定位
find_element_by_tag_name	find_elements_by_tag_name	通过标签定位
find_element_by_class_name	find_elements_by_class_name	通过类名进行定位
find_element_by_css_selector	find_elements_by_css_selector	通过 css 选择器进行定位

在找到目标标签之后，最重要的是对这些标签进行模拟操作。Selenium 库下 WebDriver 模块常用方法主要分为两类：一类是模拟浏览器、键盘操作；另一类是模拟鼠标操作。

23.2.2 自动操作鼠标键盘

Selenium 如何自动操作鼠标键盘

模拟浏览器、键盘操作的方法归纳见表 23-2。

表 23-2 模拟操作的方法

方法	说明
set-window_size()	设置浏览器的大小
back()	控制浏览器后退
forward()	控制浏览器前进
refresh()	刷新当前页面

续表

方法	说明
clear()	清除文本
send_keys()	模拟按键输入
click()	单击元素
submit()	用于提交表单
get_attribute()	获取元素属性值
is_displayed()	设置该元素是否用户可见
size	返回元素的尺寸
text	获取元素的文本

23.2.3　自动化交互——鼠标动作链

Selenium 的鼠标动作链

在页面上模拟一些鼠标操作，比如双击、右击、拖拽甚至按住不动等，可以通过导入 ActionChains 类实现。

ActionChains 执行原理：当调用 ActionChains 的方法时，不会立即执行，而是会将所有的操作按顺序存放在一个队列里，当调用 perform()方法时，队列中的时间会依次执行。

表 23-3　鼠标动作链的一些方法

方法	说明
ActionChains(driver)	构造 ActionChains 对象
context_click()	模拟鼠标右键操作，在调用时需要指定元素定位
double_click()	双击
drag_and_drop(source, target)	拖拽
move_to_element(to_element)	鼠标移动到某个元素（悬停）
perform()	提交动作，执行链中的所有动作

23.2.4　模拟百度自动化搜索

打开目标的地址 www.baidu.com，分析目标网页中目标元素的特点，如图 23-4 所示。

通过分析，很容易就找到搜索框的 id 为 kw，点击按钮的 id 为 su，余下的就是使用方法进行模拟。

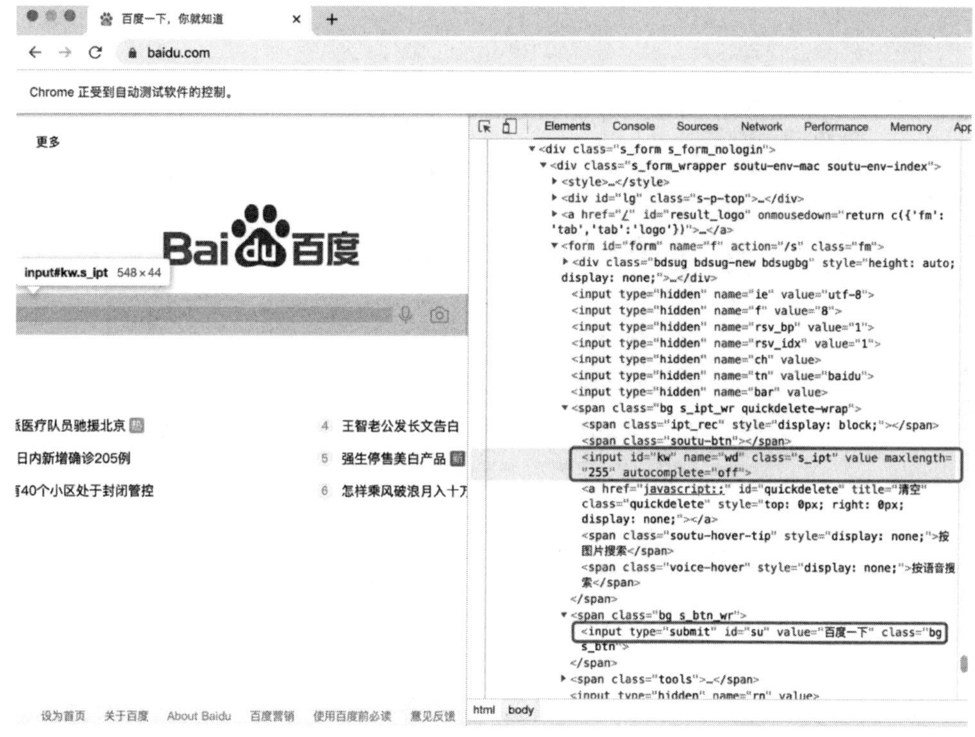

图 23-4　百度页面

实现的代码如下：

```
from selenium import webdriver
driver=webdriver.Chrome()
driver.get('http://www.baidu.com')
element_keyword = driver.find_element_by_id('kw')
element_keyword.send_keys('python  爬虫')
element_search_button = driver.find_element_by_id('su')
element_search_button.click()
driver.close()
driver.quit()
```

要使用 Selenium 首先要导入 WebDriver，调用环境变量指定的浏览器，创建浏览器对象，第一步使用 get 方法打开指定网址，第二步用操控元素的方法定位到 id="kw"是百度搜索输入框，输入字符串 'python 爬虫'，第三步定位到 id="su"是百度搜索按钮，click() 是模拟点击。完成这一系列动作后，关闭页面，关闭浏览器。

图 23-5 是加载到的页面。

图 23-5　百度搜索

23.3　页面等待

现在的网页越来越多采用了 Ajax 技术，这样程序便不能确定何时某个元素完全加载出来了。如果实际页面等待时间过长导致某个 dom 元素还没出现，但是你的代码直接使用了这个 WebElement，那么就会抛出 NullPointer 的异常。

为了避免这种元素定位困难而且会提高产生 ElementNotVisibleException 的概率，所以 Selenium 提供了两种等待方式：一种是隐式等待；一种是显式等待。

23.3.1　显式等待

显式等待是指定某一条件直到这个条件成立时继续执行。

表 23-4 是一些内置的等待条件，可以直接调用这些条件，而不用自己写某些等待条件了。

表 23-4　等待条件

方法	说明
title_is	标题是某内容
title_contains	标题包含某内容

续表

方法	说明
presence_of_element_located	元素加载出，传入定位元组，如(By.ID, 'p')
visibility_of_element_located	元素可见，传入定位元组
visibility_of	可见，传入元素对象
presence_of_all_elements_located	所有元素加载出
text_to_be_present_in_element	某个元素文本包含某文字
text_to_be_present_in_element_value	某个元素值包含某文字
frame_to_be_available_and_switch_to_it	frame 加载并切换
invisibility_of_element_located	元素不可见
element_to_be_clickable	元素可点击

显式等待是在代码中定义等待一定条件发生后再进一步执行代码。最糟糕的案例是使用 time.sleep()，它将条件设置为等待一个确切的时间段。这里有一些方便的方法让你只等待需要的时间，WebDriverWait 结合 ExpectedCondition 是实现的一种方式。代码如下：

```
from selenium import webdriver
from selenium.webdriver.common.by import By
from selenium.webdriver.support.ui import WebDriverWait
from selenium.webdriver.support import expected_conditions as EC
driver = webdriver.Chrome()
driver.get("https://www.jd.com/")
try:
    element = WebDriverWait(driver, 10).until(
        EC.presence_of_element_located((By.ID, "search"))
    )
    print(element)
finally:
    driver.quit()
```

在抛出 TimeoutException 异常之前将等待 10 秒或者在 10 秒内发现了查找的元素。WebDriverWait 默认情况下会每 500 毫秒调用一次 ExpectedCondition 直到结果成功返回。ExpectedCondition 成功的返回结果是一个布尔类型的 true 或是不为 null 的返回值。

23.3.2 隐式等待

隐式等待是等待特定的时间。隐式等待比较简单，就是设置一个等待时间，单位为秒。当然如果不设置，默认等待时间为 0。

```
from selenium import webdriver
driver = webdriver.Chrome()
driver.implicitly_wait(10)    #seconds
driver.get("https://www.jd.com/")
```

```
myDynamicElement = driver.find_element_by_id("search")
print(myDynamicElement)
```

如果某些元素不是立即可用的，隐式等待是告诉 WebDriver 去等待一定的时间后去查找元素。默认等待时间是 0 秒，一旦设置该值，隐式等待是设置该 WebDriver 的实例的生命周期。

23.4　自动获取京东商城信息

自动获取京东商城信息

23.4.1　设计思路

利用 Selenium 爬取京东商城的商品信息思路：

```
进入京东首页；
搜索关键字；
进入商品页面；
抓当前页面的商品信息；
点击下一页；
重复步骤 4，步骤 5；
到最后一页结束爬取
```

进入京东首页，如图 23-6 所示。

图 23-6　京东首页

进入商品页面，如图 23-7 所示。

图 23-7　京东商城信息

抓取当前页面信息，按 F12 键进入代码界面（图 23-8），然后提取每个商品的信息。

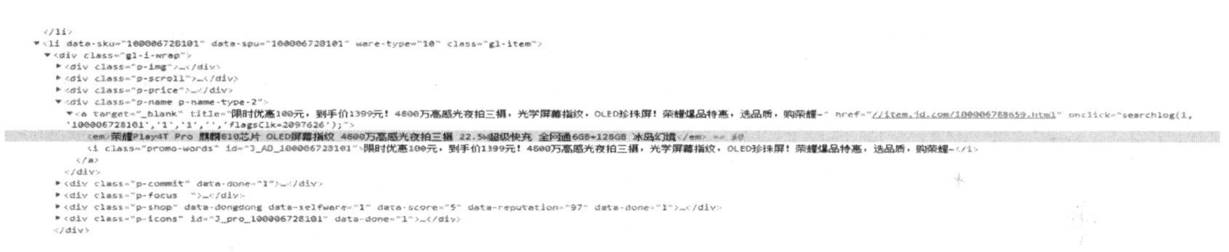

图 23-8　源码

23.4.2　代码演示

程序执行时会模拟浏览器，先打开京东首页，再根据所设定的关键字，跳转到指定的商品页面，最后捕捉所有页面中所有商品的信息。完整代码如下：

```
from selenium import webdriver
import time,  random
driver = webdriver.Chrome()
url = 'https://www.jd.com/'
driver.get(url)
tb_input = driver.find_element_by_css_selector('#key')            #搜索输入框
```

```
search_btn = driver.find_element_by_css_selector('.button')        #搜索按钮
tb_input.send_keys('手机')
time.sleep(2)
search_btn.click()
time.sleep(2)
for page in range(5):
    driver.execute_script('window.scrollTo(0,document.body.scrollHeight);')
    time.sleep(random.random() + 1)
    #商品信息的提取
ls = driver.find_elements_by_css_selector('.gl-item')
for info in ls:
    title = info.find_element_by_css_selector('.p-name.p-name-type-2 a').text.strip()
    print('title:', title)
    price = info.find_element_by_css_selector('div.p-price > strong > i').text.strip()
    print('price:', price)
    shop = info.find_element_by_css_selector('span.J_im_icon > a').text.strip()
    print('shop:', shop)
    comments = info.find_element_by_css_selector('div.p-commit > strong > a').text.strip()
    print('comments:', comments)
    print("=" * 200)
    with open('./jd.txt', mode="a", encoding='utf-8') as fp:
        fp.write('商品名：%s,价格：%s,店铺名：%s,销量：%s\n'%(title, price, shop, comments))
#翻页
time.sleep(random.random() * 2)
btn_next = driver.find_element_by_css_selector('a.pn-next')
btn_next.click()
driver.close()
```

首先要导入 selenium 库、time 库、random 库；接着根据京东网站链接，编写打开京东首页的代码；然后设定搜索关键字，所设定的关键字会自动出现京东网页的搜索文本框中，当看到程序打开的京东商城搜索栏中有关键字的时候，接下来按钮会被程序自动点击，启动浏览器对该关键字的搜索，最后就能看到京东商城所展示的产品信息。

这里输入的关键字是手机，进入到京东商城所展示的手机产品页面以后，按 F12 键进入调试模式，可以看见网页结构代码，使用 xpath 获取定位元素节点，大家根据自己的需要定位。如果该页面有下一页，则使用 browser.find_element_by_class_name('pn-next')找到指定节点（其实就是刚刚那个 a 标签所在的节点），然后执行 click 操作就可以实现翻页了。这样就可以获取到我们想要的数据了。

23.5 自动获取淘宝商城信息

23.5.1 案例分析

1. 目标

获取某种类别商品的信息，提取商品的名称与价格。

2. 可行性分析

爬取的程序不要做商业用途，仅仅只能用做技术学习。

3. 程序结构

（1）请求搜索商品，循环获取页面。

（2）解析页面内容，获取商品价格名称。

（3）输出获得的信息。

4. 结构分析

比如要获取某种类别商品的信息，提取商品的名称与价格，淘宝页面搜索手机会显示一百多页，用户查看的时候就要考虑查看多少页，如果是一页，就只需要爬取单个链接里的信息；如果是多页，就只需要爬取多个对应页面链接里的信息，所以找到链接之间的关系非常有必要。

5. 网页分析

提取以下商品信息：①价格；②商品名；③店铺名。如图 23-9 所示。

图 23-9　淘宝信息

23.5.2　代码分析

因为淘宝的 Ajax 比较复杂，所以这里使用 Selenium 来进行模拟浏览器的操作，抓取淘宝商品的信息，并将爬取到的结果保存起来。代码如下：

```
from selenium import webdriver
from selenium.webdriver.common.by import By #查询的方式
from selenium.webdriver.support.ui import WebDriverWait #智能等待
from selenium.webdriver.support import expected_conditions as EC #等待条件
from selenium.webdriver.common.action_chains import ActionChains #动作链
import time
import random
import re
browser = webdriver.Chrome()
browser.maximize_window()
#等待变量
wait = WebDriverWait(browser, 60)
try:
    browser.get('https://www.taobao.com/')
    #id 是 q 的输入框加载成功，停止等待
    tb_input = wait.until(
    EC.presence_of_element_located((By.CSS_SELECTOR, '#q'))
    )
    #搜索按钮加载成功，停止等待
    search_btn = wait.until(
    EC.presence_of_element_located((By.CSS_SELECTOR, 'div.search-button > button'))
    )
    tb_input.send_keys('手机')
    search_btn.click()
    wait.until(
    EC.presence_of_element_located((By.CSS_SELECTOR, '.m-itemlist'))
    )
    total = wait.until(
    EC.presence_of_element_located((By.CSS_SELECTOR, 'div.total'))
    )
    total = total.text.strip()
    pat = re.compile(r'(\d+)')
    match_obj = pat.search(total)
    if match_obj != None:
        total = match_obj.group(1)
    print('total:', total)
    while True:
        ls = wait.until(
            EC.presence_of_all_elements_located((By.XPATH, '//div[@class="item J_MouserOnverReq    "]'))
        )
        browser.execute_script('window.scrollTo(0,document.body.scrollHeight);')
        time.sleep(random.random()*2)
        print('len:', len(ls))
        for item in ls:
            title = item.find_element_by_xpath('.//div[@class="row row-2 title"]/a')
            detail_url = title.get_attribute('href')
```

```
                title = title.text.strip()
                print('title:', title)
                print('detail_url:', detail_url)
                price = item.find_elements_by_xpath('.//div[@class="price g_price g_price-highlight"]/strong')[0]
                price = price.text.strip()
                print('price:', price)
                shopname = item.find_elements_by_xpath('.//a[@class="shopname J_MouseEneterLeave J_ShopInfo"]/span[2]')[0]
                shopname = shopname.text.strip()
                print("shopname:", shopname)
                print('='*200)
                #with open('./taobao.txt', mode="a", encoding='utf-8') as fp:
                #     fp.write('商品名：%s,价格：%s,店铺名：%s' % (title, price, shopname))
    except Exception as e:
        print("错误")
    browser.close()
```

以上就是爬取淘宝信息的所有步骤，经过这个项目，相信大家已经学会了 Selenium 在项目中的应用。

23.6　总结回顾

本章介绍了 Selenium 的基本用法，即 Selenium 的工作原理、安装以及环境配置，还讲解了数据解析提取和页面交互。页面渲染之后的源代码的获取，即使页面是 js 渲染而成的，熟练掌握定位元素方法的使用，这样在遇到各种难以定位的问题时，才不会束手无策。